Mont Kumpugdee-Vollrath | Jens-Peter Krause (Hrsg.)

Easy Coating

Studienbücher **Chemie**

Herausgegeben von
Prof. Dr. Erwin Müller-Erlwein, Technische Fachhochschule Berlin
Prof. Dr. Wolfram Trowitzsch-Kienast, Technische Fachhochschule Berlin
Prof. Dr. Hartmut Widdecke, Fachhochschule Braunschweig/Wolfenbüttel

Die Reihe Chemie in der Praxis richtet sich an Studierende in praxisorientierten Studiengängen besonders an Fachhochschulen, aber auch im universitären Bereich. Ihnen sollen Begleittexte angeboten werden für solche Studienrichtungen, in denen die Kenntnis von und der Umgang mit chemischen Produkten, Denk- und Verfahrensweisen einen wichtigen Bestandteil bilden.

Darüber hinaus wendet sich die Reihe aber auch an Ingenieure und andere Fachkräfte, denen in ihrem Berufsbild immer wieder „chemische“ Frage- und Aufgabenstellungen unterschiedlichster Art begegnen. Ihnen bietet die Reihe Gelegenheit, fundamentales Chemie-Wissen sowohl aufzufrischen als auch neue und erweiterte Anwendungsmöglichkeiten kennen zu lernen.

Zielsetzung der Herausgeber bei der Zusammenstellung der einzelnen Titel ist, eine solide und angemessene Vermittlung von Basiswissen mit einem Höchstmaß an Aktualität in der Praxis zu verknüpfen. Hierzu wird bewusst auf eine umfangreiche Darstellung der theoretischen Grundlagen verzichtet, um statt dessen die für die Praxis relevanten Aspekte in einer verständlichen Weise darzulegen.

www.viewegteubner.de

Mont Kumpugdee-Vollrath | Jens-Peter Krause (Hrsg.)

Easy Coating

Grundlagen und Trends beim Coating pharmazeutischer Produkte

STUDIUM

VIEWEG+
TEUBNER

Bibliografische Information der Deutschen Nationalbibliothek
Die Deutsche Nationalbibliothek verzeichnet diese Publikation in der Deutschen Nationalbibliografie; detaillierte bibliografische Daten sind im Internet über <http://dnb.d-nb.de> abrufbar.

1. Auflage 2011

Lektorat: Ulrich Sandten | Kerstin Hoffmann

Vieweg+Teubner Verlag ist eine Marke von Springer Fachmedien.
Springer Fachmedien ist Teil der Fachverlagsgruppe Springer Science+Business Media.
www.viewegteubner.de

Umschlaggestaltung: KünkelLopka Medienentwicklung, Heidelberg
Druck und buchbinderische Verarbeitung: MercedesDruck, Berlin
Gedruckt auf säurefreiem und chlorfrei gebleichtem Papier.
Printed in Germany

ISBN 978-3-8348-0964-3

Autoren

Thorsten Cech

Manager European Pharma Application Lab

BASF SE, G-EMP/ET- H201, 67056 Ludwigshafen, Germany

E-Mail: thorsten.cech@basf.com

Shashank Durge

Pharmaceutical Coating Prt. Ltd., C-318, TTL MIDC Ind. Area Pawane, Thune, Belapur Road, Navi MUMBAY- 400 705 India

www.pharmacoat.com

M.Sc., Dipl-Ing. (FH) Evrin Gögebakan

Trainee

Bayer HealthCare AG, BHC AG-PS-TS-KM, D-51368 Leverkusen

www.bayerhealthcare.com

Dr. Annette Grave

Head of Pharmaceutical Development

Glatt GmbH, Process Technology, Werner-Glatt-Strasse 1, D-79589 Binzen

www.glatt.com

Dr. h. c. Herbert Hüttlin

Innojet, Daimlerstraße 7, D-79585 Steinen

E-Mail: herbert.huettlin@innojet.de

Dr. Jens-Peter Krause

Chemische und Pharmazeutische Technologie - Arbeitsgruppe Nano und Carrier Technologie

Beuth Hochschule für Technik Berlin, Luxemburger Str.10, D-13353 Berlin

E-Mail: jpkrause@beuth-hochschule.de

Prof. Dr. Mont Kumpugdee-Vollrath

Leiterin des Labors Chemische und Pharmazeutische Technologie

Beuth Hochschule für Technik Berlin, Luxemburger Str.10, D-13353 Berlin

http://prof.beuth-hochschule.de/vollrath

Prof. Dr.-Ing. habil. Dr. h. c. Lothar Mörl

Institut für Apparate- und Umwelttechnik, Otto-von-Guericke-Universität Magdeburg, Universitätsplatz 2, D-39106 Magdeburg

E-Mail: lothar.moerl@ovgu.de

Dr. Jan-Peter Mittwollen

Head of Pharma Ingredients & Services Europe, BASF SE, G-EMP/E - J550, D-67056 Ludwigshafen

E-Mail: jan-peter.mittwollen@basf.com

Ulrich Müller

Technical Sales Manager

HARKE Pharma, Xantener Straße 1, D-45479 Mülheim an der Ruhr

www.harke.com/pharma

Assoc. Prof. Dr. Jurairat Nunthanid

Department of Pharmaceutical Technology, Faculty of Pharmacy, Silpakorn University,

Nakhon Pathom 73000, Thailand.

E-Mail: jrr@su.ac.th

Dr. Norbert Pöllinger

Head of Technology Center Binzen

Glatt GmbH / Glatt Pharmaceutical Services, Werner-Glatt-Strasse 1,
D-79589 Binzen

www.glatt.com

Michael Schäffler

Produktspezialist Rheometrie & Viskosimetrie

Anton Paar Germany GmbH, Helmut-Hirth-Straße 6, 73760 Ostfildern

E-Mail: Michael.schaeffler@anton-paar.com

Assoc. Prof. Dr. Pornsak Sriamornsak

Department of Pharmaceutical Technology, Faculty of Pharmacy,
Silpakorn University, Nakhon Pathom 73000, Thailand.

E-Mail: pornsak@su.ac.th

Dipl.-Chem. Ing. Gerhard Waßmann

Lehmann & Voss & Co KG, Alsterufer 19,
D-20354 Hamburg

www.lehvoss-pharmacosmet.de

Vorwort

Mont Kumpugdee-Vollrath, Jens-Peter Krause

Pharmazeutische Überzüge (Coatings) haben eine lange Tradition. Waren es anfangs einfache Formulierungen, die Tabletten schützen oder sogar erst die Form gaben, sind es heute zunehmend komplizierter werdende Polymersysteme mit maßgeschneiderter Funktionalität.

Hohe Reproduzierbarkeit der Schlüsseleigenschaften, guter Schutz gegen Umwelteinflüsse und im erheblichen Maß Marketingaspekte treiben die Entwicklung auf dem Material- und Apparatesektor voran.

Neue Polymere und Kombinationen, möglichst lösungsmittelfrei, werden entwickelt und erprobt. Biopolymere etablieren sich am Markt, die, auch in Kombination mit gut eingeführten Produkten, neuartige Funktionen im Bereich Milieuresistenz und Wirkstofffreigabe erwarten lassen. Kosten- und Rohstoffersparnis bei einem hohen Qualitätsstandard sind die wesentlichen Triebfedern für den Einsatz fertiger Coatings („Ready Mades") im Pharmabereich. Die präzise Prüftechnik erlaubt eine qualitativ hochwertige Produktion und ergebnisorientierte Forschung.

Material und Technik auf dem Gebiet des Coatings entwickeln sich rasant. Das war Anlass genug, im Jahr 2009 einen Workshop zum Thema „Produktdesign in der Pharmaindustrie" an der ehemaligen Technischen Fachhochschule Berlin zu organisieren. Zu diesem Workshop entstand eine erste Broschüre über das „Filmcoaten im Labormaßstab", die hauptsächlich als spezifische Einführung in die Thematik für Studenten des Fachgebietes gedacht war.

Die Idee zu dem Buch war das Ergebnis vieler Diskussionen am Rande des Workshops. Schnell fanden sich ausgewiesene Fachleute bereit, an dem Buch als Autoren mitzuarbeiten. Es wurde versucht, Grundlagen des Coatings mit aktuellen Produkttrends, Forschungsergebnissen und technischen Entwicklungen zu verknüpfen, um dem erweiterten Publikum Rechnung zu tragen. Studierende als auch erfahrene Anwender finden neben Grundlagen für das eigene Studium oder die berufliche Tätigkeit auch Anregungen für Weiterentwicklungen.

Auf diesem Weg sei allen Mitwirkenden nochmals recht herzlich gedankt.

Dieses Buch konnte nur durch die Bereitschaft und aktive Mitwirkung kompetenter Autoren entstehen. Unser Dank gilt darüber hinaus Frau Kerstin Hoffmann und Herrn Ulrich Sandten von der Vieweg+Teubner | Springer Fachmedien Wiesbaden GmbH für die angenehme Zusammenarbeit und die redaktionelle Betreuung. Ebenso sind wir Frau Sabine Krause, Universität Marburg und Herrn Björn Thomas, Beuth Hochschule für Technik, für die hilfreiche lektorische Arbeit zu großem Dank verpflichtet.

Für kritische Hinweise sind wir stets dankbar.

Berlin im Oktober 2010 — Mont Kumpugdee-Vollrath und Jens-Peter Krause

Inhaltsverzeichnis

1 Einführung und Geschichte des Coatings

Gerhard Waßmann, Mont Kumpugdee-Vollrath und Jens-Peter Krause

Pharmazeutische Überzüge (Coatings) gewinnen zunehmend an Bedeutung. Aus Gründen des Marketings wird es immer wichtiger, Tabletten farblich zu kodieren, neu entwickelte Arzneistoffe gegen Umwelteinflüsse zu schützen oder eine definierte Wirkstofffreigabe zu erreichen.

Das Buch will auf dem aktuellen Stand von Wissenschaft und Technik in einfacher Weise die unterschiedlichen Aspekte des Coatings in der Pharmaindustrie dem Leser näher bringen. Es ist sowohl als erste Einführung in die Thematik als auch für vertiefende Studien geeignet.

Die Beschäftigung mit Pharma-Coatings sollte stets vor dem Hintergrund geschehen, dass Marketingaspekte maßgeblich für die Entwicklung von Filmüberzügen verantwortlich sind. Wirtschaftlichkeit und Funktionalität bilden mehr noch als in anderen Bereichen eine untrennbare Einheit.

Nach einem kurzen historischen Überblick (Kap. 1) werden die Grundlagen des Wirbelschicht-Coatings im Kapitel 2 und deren moderne apparative Auslegungen in den Kapiteln 4 und 5 beschrieben. Diese Verfahren erlauben die Herstellung sehr definierter Überzüge, die als Schluckhilfe und zur Identifikation der fertigen Tablette dienen. Einfache Überzüge sind damit reproduzierbar, mit geringsten Mengen an Material und bei hoher Farbtreue und -verteilung zu erreichen.

Kapitel 3 versucht auf grundlegende Fragestellungen bei der Auswahl von Coatings für den industriellen Einsatz zu antworten.

Neben bewährten Materialien (Kap. 6 und 7) und kostengünstigen „Ready Mades“ profilierter Hersteller (Kap. 10) stehen Biopolymeren (Kap. 8 und 9) als neuartige Coatingmaterialien zur Diskussion. Hierbei werden spezifische Polymereigenschaften für weitergehende Funktionalitäten wie Wirkstofffreigabe oder besondere Milieustabilitäten auch in Mehrkomponentensystemen erprobt. Nachteilig wirkt sich immer noch die geringe Feuchtebeständigkeit vieler Biopolymere aus.

Innovative Coatingverfahren wie Gel-, Dry-Powder- oder Hot-Melt-Coating in Kombination mit ausgewählten Materialien fasst Kapitel 11 zusammen.

Umfangreiche Testverfahren (Kap. 12) gestatten eine objektive Bewertung der Ergebnisse und werden im Qualitätsmanagement eingesetzt. Dazu gehört auch die Messung der (scheinbaren) Viskosität, die für viele Coatings zur Ermittlung der Verarbeitbarkeit ausreicht. Für strukturell anspruchsvolle Polymere und Emulsionen können rheologische Messungen wertvolle Hinweise auf Dosierbarkeit und Filmbildung liefern. Kapitel 13 gibt dazu eine leicht verständliche Einführung.

1.1 Geschichte Antike

Die Geschichte des Coatings ist eng mit der Entwicklung der Tablette verbunden. Die gemeinsamen Anfänge liegen im Dunkeln der Geschichte verborgen. Erste Quellen weisen auf Mesopotamien, dem heutigen Irak, hin. Bereits 3000 v. Chr. rollten dort die Sumerer Kügelchen aus getrockneten und gepulverten Arzneipflanzen mit Honig zusammen.

Im Ägypten des neuen Reiches zur Zeit der Pharaonin Hatschepsut (um 1479-1445 v. Chr.) erlebten Pharmazie und Kosmetik eine Blüte. Im damals verfassten Ebers Papyrus sind bereits 880 Rezepturen hinterlegt. Darin werden unter anderem verschiedene Methoden zum Überziehen von gerollten Pflanzenpulverkugeln beschrieben [1].

Vorwiegend zur Geschmacksmaskierung diente ein Verfahren, bei dem die Kugel in einen Teig eingeschlagen wird. Dies kann man sich etwa wie die handwerkliche Bonbonfabrikation vorstellen. Dem Pharao vorbehalten waren mit Gold überzogene Pellets (die der Oberschicht mit Silber), die vermutlich ein antikes Aphrodisiakum darstellten.

Im antiken Griechenland überzog man Nüsse und getrocknete Pflanzenteile mit einer Glasur aus Honig und Harzen. Dieses eher kulinarischen als medizinischen Zwecken dienende „Naschwerk“ (griech. Tragemata) gab dem Dragee den Namen [2].

Basierend auf dem Know-how der Ägypter rollten die Römer Kügelchen (lat. Pilulae, Ursprung des Namens Pille) mit Zucker aus Honig als Bindemittel und auch als Überzug.

1.2 Errungenschaften der Araber

Im Chaos der Völkerwanderung zerfiel das Römische Reich als ordnende Verwaltungsmacht. Es verschwand ein Teil des Wissens, das die großen Ärzte der Antike hinterlassen hatten. Lesen und Schreiben konnten nur wenige und Reisen war oft lebensgefährlich. So wurde der Rest des antiken Wissens isoliert und vorwiegend unabhängig voneinander in Klöstern bewahrt und entwickelt.

Im arabischen Raum dagegen wurde das Wissen aus Babylon, Ägypten, dem antiken Griechenland und Rom gesammelt und weiterentwickelt [1]. Der neu aufkommende Islam (ab 630) mit seiner toleranten Haltung gegenüber den Wissenschaften und die folgenden Eroberungen, verbreiteten dieses Wissen in der gesamten arabischen Welt. Der Araber Al Rasil (850-923) überzog Arzneimittel mit Flohsamenschleim (Psyllium) als Geschmacksmaskierung [3]. Um 1000 beschrieb Al-Jahrawie die Herstellung von gegossenen Pastillen.

Der im heutigen Usbekistan geborene Ibn Sina (980-1037) beschreibt in seinem Hauptwerk, dem Kanon der Medizin (lat. Avicenna), das Versiegeln von Pillen zur Geschmacksmaskierung durch das Überziehen mit Zucker und Polieren mit Wachs. Ibn Sina beschrieb Arzneipflanzen, Rezepturen, erkannte die Kausalität von unsauberem Wasser und Infektionskrankheiten und schilderte als Erster die psychologische Wirkung gefärbter Pillen. Er gilt nicht umsonst als der größte Arzt und Apotheker aller Zeiten [4].

In der Antike waren Arzt, Apotheker und religiöse Elemente in einer Person vereint. Ab dem 9. Jahrhundert entstanden in Bagdad professionelle Arzneizubereitungsstätten, die nach Rezeptur und Bestellung des Arztes aus pflanzlichen, tierischen und mineralischen Komponenten Arzneien fertigten, die Vorläufer der heutigen Apotheken [1].

1.3 Vom Mittelalter bis zum 18. Jahrhundert

Eine kontinuierliche Entwicklung wie im arabischen Raum fand in Mitteleuropa nicht statt. Zu tief greifend waren die Umwälzungen der Völkerwanderung. Dennoch blieben die antiken und die arabischen Texte erhalten. Sie wurden von spanischen und süditalienischen Mönchen ins Lateinische übersetzt und langsam entwickelte sich eine Heilkunst in den Klöstern [1].

So wurde etwa 722 im burgundischen Flavigny de Ozerain ein Kloster gegründet, in dem die Benediktiner irgendwann zwischen 800-1000 anfingen Pflanzenteile, vorwiegend Anissamen, in Zucker zu dragieren. Die heute noch erhältlichen Anis de Flavigny sind vermutlich der älteste Markenartikel der Welt [5].

Ein ähnliches Verfahren, bei dem die Zuckerschicht allerdings karamellisiert wurde, wandte 1220 ein Apotheker aus Verdun an. Er wollte Mandeln und Nüsse vor Feuchte schützen und damit haltbar machen. Dieses Dragee de Verdun ist heute noch, über die Firma Braquir, dort erhältlich [6].

Ein größerer Wissenstransfer fand zu Zeiten Friedrich II. (1194-1250) im Heiligen Römischen Reich statt. Der 1220 gekrönte Kaiser, von seinen Zeitgenossen „Stupor mundi" (das Erstaunen der Welt) genannt, war hoch gebildet, tolerant und weitsichtig. Er gründete 1226 die Universität Salerno für Apotheker (Pharmacognosia), die zusätzlich die Aufsicht über das Medizin- und Arzneiwesen übernahm und erstmalig den Apotheker heutiger Prägung definierte. Die Toleranz Friedrich II gegenüber den Muslimen erlaubte die Fusion arabischen Wissens mit antiken Quellen. Die Trennung von Arzt und Apotheker wurde später von der Römischen Kirche wieder aufgehoben, der Wissensschatz blieb dabei erhalten. So tauchten 1448 am Hofe der Medicis in Florenz vergoldete Tabletten arabischen Herstellungstyps auf [7].

Mehr aus finanziellen Gründen und politischem Kalkül wurde Katharina von Medici (1519-1589) 1553 mit dem späteren französischen König Heinrich II. verheiratet [8]. Als Unterpfand für die schwierigen Verhandlungen des Ehevertrages wurde sie vorab nach Marseille gesandt. Von dort schickte sie ihrer Tante Clarice Strozzi einen Brief, in dem sie sich über die Tischsitten und das Essen am Französischen Hof beschwerte: „Ich bin es nicht gewohnt, mit den Schweinen aus dem Trog zu fressen" [9].

Als Folge bekam sie als Mitgift ca. 200 Köche, Bäcker, Konditoren und Feinbäcker, die großen Einfluss auf die französische Küche hatten. Vermutlich gehörten zu dieser Mitgift auch Giftmischer oder Apotheker [10]. Diese beherrschten die Kunst giftige Substanzen in eine stabile Wachskapsel zu stecken, die man in einem Schmuckstück verbergen konnte und die sich bei Bedarf brechen ließ, um ihre tödliche Fracht in ein Getränk zu ergießen [11].

In der Folge dieses Know-how-Transfers stellte 1608 der Pariser Apotheker Jean de Renoult mit Zucker- und Goldüberzug geschmacksmaskierte Arzneien her. Da diese in Form abgeflachter Täfelchen (lat. Tabellae) auf den Markt kamen, ist hierin der Wortursprung der Tablette zu sehen [3]. Am Hofe Ludwigs des XIII. (1601-1643) und später des XIV. (1638-1715) in Versailles wurde es Mode, in Zucker gehüllte und mit Gold überzogene Dragees zu verspeisen, die wegen des großen Bedarfs bereits in einem arbeitsteiligen mechanisierten Prozess auf Basis der Anis des Flavigny und der arabischen Technologie hergestellt wurden.

Diese Dragees basierten auf einem Kern aus Anis, Minze, Melisse, Veilchen oder Rose und wurde gegen Mundgeruch, Atemnot, Nervosität oder andere Unpässlichkeiten gereicht, obwohl sicher regelmäßiges Lüften, bequeme Kleidung, Mund- und Körperhygiene und angepasstes Sozialverhalten deutlich mehr hätten bewirken können.

1.4 Fortschritte im 19. Jahrhundert

Der wissenschaftliche Fortschritt und die Möglichkeit der Patentierung zu Beginn der Neuzeit beschleunigten die Entwicklung der Tabletten und ihrer Überzüge. In Frankreich wurden 1837 und 1840 Patente über Rezepturen erteilt, in denen man den schleimlösenden aber auch sehr scharf schmeckenden Kubebenpfeffer und das entzündungshemmende und gegen Magengeschwüre und Parasiten wirkende Copaibaharz (das nach Terpentin schmeckt), mit Zucker unter Zusatz von löslichen Gumen überzog [12].

Etwa zur gleichen Zeit gelang es Garrots 1838 in Frankreich, Tabletten mit Gelatine zu überziehen. Deschamps erreichte einen ähnlichen Effekt mit Zucker und Honig.

In die USA wurden bis 1842 Tabletten aus Frankreich importiert, bis durch den findigen Apotheker Warner 1856 die erste industrielle Drageeproduktion in den USA, durch die schrittweise Substitution der manuellen Arbeiten entstand [13]. Daraus wurde später der Global Player Warner Lambert, heute ein Teil von Pfizer.

Hilfreich war bei dieser Entwicklung die Erfindung der manuellen Tablettenpresse durch Brochedon in England 1843 [3].

Lange Zeit wurde über offenem Feuer in Kupferkesseln dragiert, die von Hand gedreht werden mussten. Eine Erfindung im Jahre 1846 brachte den Durchbruch. Der junge talentierte Uhrmacher Joseph Julien Jaquin aus dem französischen Jura trat in die Kupferschmiede Peyson & Delaborde ein. Das Sortiment beinhaltete die Serienfertigung klassischer Dragierkessel. Jaquin erfand den extern angetriebenen und kontinuierlichen Dragierkessel, der sich schnell verbreitete und den Weg zur Massenfertigung ebnete [15].

In den USA wurde ab 1848 die Drageeherstellung im US-Dispensatory, eine Art Arzneibuch, beschrieben [3].

Angeregt durch den wirtschaftlichen Erfolg Warners entwickelt Henry Bower, ein Angestellter von Wyeth, die ersten Rundläufer in den USA [12]. Wyeth wurde später ein Teil von Pfizer.

Weitere Patente folgten in den USA von McFerran (1874), Remington (1875) und Dunton (1876). In Europa war es die englische Firma Burroughs-Wellcome & Co, London, die sich 1877 das Markenzeichen „Tabloid“ schützen ließ und industriell produzierte. Dort wurde auch das erste Mal systematisch der Zerfall getestet [3]. Die Firma ist in die GlaxoSmithKline aufgegangen.

Die Veröffentlichung der Grundlagen der Tablettenherstellung durch Robert Fuller in den USA und die erste kontinuierliche Tablettenproduktion durch v. Hoffmann in Deutschland beschleunigten den Prozess der industriellen Tablettenproduktion.

Ein Coating durch den Pressvorgang scheiterte trotz Entwicklungen von Kilian (1891), Noyes (1896) und Stokes (1917), wegen mangelnder Präzision und unzureichender Zentrierung (s. Kap. 11). Erst 1937 konnte Kilian das Problem technisch zufriedenstellend lösen. Die Stückzahl blieb aber weit hinter den Erwartungen zurück [3].

Die erste Erwähnung eines magensaftresistenten Filmes geht auf den Hamburger Arzt Professor Paul Unna im Jahre 1884 zurück, der Pillen mit Keratin überzog, das erst im Dünndarm verdaut wird. Paul Unna gründete mit Troplowitz später die Beiersdorf AG (Hersteller u. a. von Nivea). Die schwierige Produktion und die kleine Stückzahl ließen das Produkt jedoch schnell wieder vom Markt verschwinden [14].

1.5 Vom 20. Jahrhundert bis heute

Anfang des letzten Jahrhunderts wurden vor allem bestehende Technologien verbessert und diese auf die Massenproduktion hin optimiert. Einen Sprung nach vorn bedeutete die Erfindung des Fluidbeds der dänischen Firma Niro 1933.

Die erste kommerzielle sustained-release-Form war die von Smith-Kline und French 1945 auf den Markt gebrachte „Dexedrine-Spansule". Hierfür entwickelte der Apotheker Robert Blythe ein Konzept das später noch oft angewendet werden sollte [16]. Der Wirkstoff wurde auf Nonpareilles aufgesprüht und dann mit einer Mischung aus Mono-, Di- und Tri-Glyceriden und Carnaubawachs aus organischer Lösung überzogen. Eine definierte Mischung verschieden überzogener Pellets kommt dann in eine Kapsel.

Nach dem Zweiten Weltkrieg nahm die Pharma-Produktion einen ungeahnten Aufschwung. Maschinen und Überzüge wurden schrittweise verbessert. 1951 brachte die Firma Driam einen Dragierkessel mit perforierter Trommel auf den Markt und verbesserte damit die Prozessseite der Dragierung dramatisch [3]. Prof. Dale Wurster von der Universität Wisconsin erfand 1952 den nach ihm benannten Einsatz, der Tablettencoating in der Wirbelschicht ermöglichte und 1954 im ersten Wirbelschichtcoater umgesetzt wurde [3]. 1955 kam das Pellegrini-Tauchschwert auf den Markt und verbesserte die Dragierung wesentlich. Als Weiterentwicklung des Driam Dragierkessel kam 1964 der Hi-Coater von Freund in Japan, und 1968 der Accela-Cota von Manesty auf den Markt, bei dem die Trocknungsluft durch die rotierende perforierte Trommel streicht [2,3].

Im Bereich der Polymere gelang der amerikanischen Firma Abbott 1953 mit einer org. HPMC (Hydroxypropylmethylcellulose) der erste echte Filmüberzug auf Tabletten [12]. Als Polymer folgte relativ schnell das CAP (Celluloseacetatphthalat) von Eastman, 1955 und das Eudragit von Rhoem [17]. 1958 kam die Ethylcellulose von Dow dazu [3].

Steigendes Umweltbewusstsein und Arbeitsschutz fanden erstmals Eingang in der California Air Ressources Board Link of Toxic Wastes in the Air. Damit wurde die Anwendung des organischen Coatings erstmals stark eingeschränkt. Der 1970 verfasste Clean Air Act der EPA (amerik. Umweltbehörde) untersagte die Verwendung vieler Lösungsmittel.

Die Industrie reagierte: 1964 entwickelte man wässrig zu verarbeitende HPMC, 1972 folgte das wässrige PAMA (Polyacrylat-Methacrylat) Eudragit von Rhoem [12] und 1977 die FMC mit wässriger Ethylcellulose Latex [18]. Weitere Polymere folgten bis in die 90er Jahre.

1979 kam Colorcon als Erster mit farbigen Dispersionen auf den Markt. Nach Ablauf dieser Patente kamen einige generische Anbieter dazu. Die hohen regulatorischen Anforderungen ließen den Innovationsschwung zur Jahrtausendwende erlahmen, es wurde eher modifiziert und neu kombiniert. Letzte Neuerungen sind in den Kapiteln 6-10 zusammengefasst.

1.6 Quellenverzeichnis

[1] www.planet-wissen.de/PW/Artikel/Geschichte der Arzneien, Stand 7/2009

[2] Bauer K. H., Lehmann H., Osterwald H. D., Rothgang G. 1988, Überzogene Arzneiformen, Wissenschaftliche Verlagsgesellschaft, Stuttgart

[3] Ritschel W. A., Bauer- Brandl A. 2002, Die Tablette, Edito Cantor Verlag, Aulendorf

[4] www.wikipedia.org./Avicenna, Stand 7/2004

[5] Meuth M., Neuer-Duttenhofer B. 2001, Burgund - Küche, Land und Leute, Droemer-Knauer Verlag, München

[6] www.verdun.fr, Stand 7/2009

[7] http://de.wikipedia.org/wiki/Friedrich_II._(HRR), Stand 6/2010

[8] http://de.wikipedia.org/wiki/Caterina_de_Medici, Stand 6/2010

[9] Dominé A. 2007, Culinaria Frankreich, HF Ullmannverlag, Potsdam

[10] Pirus C., Medagiam E. 2007, Culinaria Italien, HF Ullmannverlag, Potsdam

[11] Anonym. 1920, J. Am. Med. Assoc. 84, 829

[12] Reilly W. J. 1996, Tablet Coating, in: Pharmaceutical technical training- Prereading Material, FMC tech. training

[13] Reilly W. J. 1996, Coating of Pharmaceutical Dosage Forms, in: Phamaceutical technical training- Prereading Material, FMC tech. training

[14] Porter S. C., Bruno Ch. 1990, Coating of Pharmaceutical Dosage Forms, in: Pharmaceutical Dosage Forms: Tablets, Marcel Dekker, New York

[15] Hefland W. H., Cowen D. C. 1982, Evolution of revolutionary oral dosage forms, Pharm. Int. 3, 393

[16] www.dragees-dor.com/lire/article_details, Stand 7/2009

[17] Lehmann K. 2003, Praktikum zum Filmcoaten von pharmazeutischen Arzneiformen mit EUDRAGIT, Pharma Polymere, Röhm GmbH, Darmstadt

[18] Anonym. 1985, Aquacoat ECD Broschüre, FMC Biopolymer, USA

2 Verfahrenstechnische Grundlagen des Coatings

Lothar Mörl

Einleitung

Die Ummantelung von Feststoffteilchen mit Hüllsubstanzen hat in verschiednen Industriezweigen in der letzten Zeit an Bedeutung gewonnen. Eine wichtige Ursache dafür dürfte in den immer höheren Anforderungen begründet sein, die an Feststoffformulierungen gestellt werden. Neben den hohen Ansprüchen an die Rezepturgenauigkeit wird es immer interessanter, die Freisetzung bestimmter in den Feststoffformulierungen enthaltener Wirkstoffe voraussagen zu können. So ist es zum Beispiel insbesondere in der pharmazeutischen Industrie von entscheidender Bedeutung, wann und unter welchem Milieu die in einer Tablette oder in einem Dragee enthaltenen Wirkstoffe freigesetzt werden und wie schnell diese Freisetzung geschieht. Aber auch in anderen Industriezweigen wie z. B. der Landwirtschaft können durch die Ummantelung von pflanzlichen Samen (Samenpillierung) mit Herbiziden, Fungiziden, Wachstumsstimulatoren, Düngemitteln und anderen Substanzen erhebliche Effekte bei der Einsparung von Schädlingsbekämpfungsmitteln und beim Schutz der Keimlinge bei gleichzeitiger Optimierung der Gestalt der Samenpille erreicht werden. Auch die Entwicklung von sphärisch aufgebauten Düngemittelgranulaten mit definierter Wirkstofffreisetzung und optimalen Eigenschaften der Partikel für die Ausbringung in der Landwirtschaft ist auf diese Art möglich. Auch in der Nahrungs- und Genussmittelindustrie lassen sich eine Reihe von Anwendungsgebieten nennen, wie zum Beispiel die Kandierung von Bohnenkaffe, die Verkapselung von Vitaminen u. a [1].

Für die Ummantelung (COATING) von Feststoffteilchen bzw. für die Erzeugung von definiert aufgebauten Feststoffpartikeln gibt es eine Reihe von Möglichkeiten, die in den folgenden Ausführungen diskutiert werden sollen. In der Regel handelt es sich beim Coatingprozess um das Aufbringen eines Mantels um ein Feststoffteilchen, wie die in Abb. 2-1 dargestellt ist. Ein konkretes Beispiel für eine solche Ummantelung ist in Abb. 2-2 gezeigt.

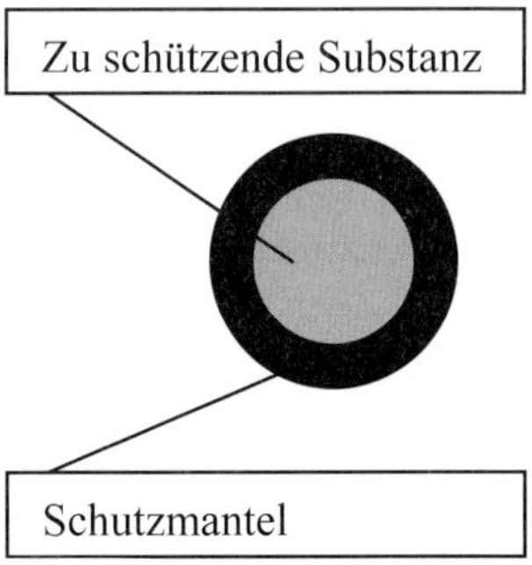

Abb. 2-1

Prinzipieller Aufbau eines ummantelten Feststoffteilchens

Abb. 2-2
Mit einer wasserabweisenden Schutzschicht ummantelte Deponiesickerwassergranulate (s.a. Anhang)

Mit dem Coatingverfahren lassen sich aber auch noch eine Reihe anderer Möglichkeiten realisieren, wie z. B. in Abb. 2-3 gezeigt sind.

Sphärisch aufgebautes Granulat

Granulat mit mehreren Inhaltsstoffen

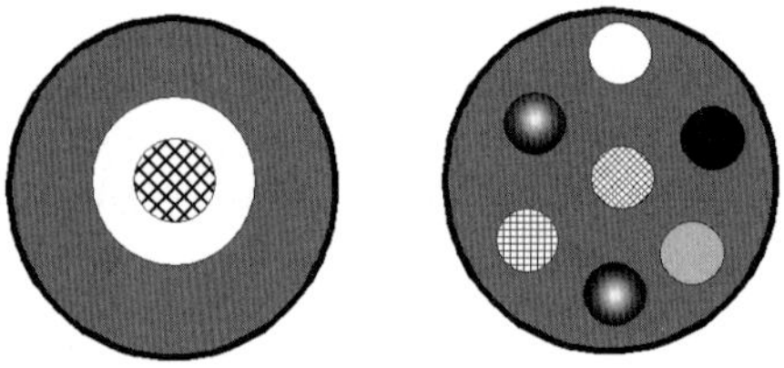

Abb. 2-3
Weitere Möglichkeiten der Gestaltung des Aufbaus von Feststoffteilchens durch Coatingprozesse

Je nach Anwendungsfall können in einem Granulat verschiedene wiederum ummantelte Mikrogranulate untergebracht werden, deren Wirkung erst nach Auflösung des äußeren Mantels einsetzt.

Eine weitere Möglichkeit besteht in der Anordnung verschiedener Schalen übereinander, also in der Erzeugung von zwiebelartigen sphärisch aufgebauten Granulaten.

Je nach Anwendung und Aufbringungsart der verschiedenen Schichten bestehen damit eine Reihe von Möglichkeiten, die gezielt eingesetzt, die Herstellung von Granulaten mit definierten Anwendungseigenschaften ermöglichen.

Grundsätzlich handelt es sich beim Coatingprozess um einen Sonderfall der Veränderung der Partikelpopulation in einem Partikelsystem mit verteilten Eigenschaften. Derartige Systeme bereiten bei der Berechnung der Populationsbilanzen zurzeit noch eine Reihe von Schwierigkeiten.

Für Sonderfälle mit nur einer Eigenschaft können sie gelöst werden, wie unter [2,3,4] gezeigt wird. Für den vergleichsweise einfachen Fall des „reinen“ Coatings monodisperser Partikel können unter vereinfachenden Bedingungen Lösungen für die Berechnung gefunden werden, wie im Folgenden erläutert werden soll.

2.1 Arten der Aufbringung des Coatingmaterials

Um einen Mantel auf ein Granulat aufzubringen, gibt es verschiedene apparative Möglichkeiten. Die am häufigsten in der Technik angewendeten Apparate sind dabei:

- Trommelcoater
- Tellercoater
- Wirbelschichtcoater mit top- oder bottom-Spray
- Wirbelschichtcoater nach dem Wurster-Prinzip
- Strahlschichtcoater nach dem ProCell-Prinzip

Die oben genannten 5 Typen von Granulatoren sollen im Folgenden kurz charakterisiert werden. Das prinzipielle Schema eines **Trommelgranulators** ist in Abb. 2-4 dargestellt.

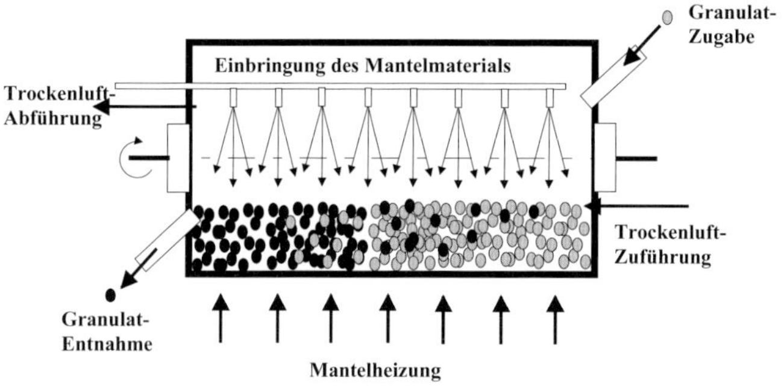

Abb. 2-4
Prinzipschema eines Trommelcoaters

Das zu ummantelnde Gut wird dabei in eine zylindrische Trommel eingefüllt, die waagerecht angeordnet ist. Die Trommel rotiert um ihre Längsachse, und die darin befindlichen Feststoffteilchen werden dadurch in Bewegung versetzt. Je nach Drehzahl der Trommel, eventuell vorhandenen Einbauten und Granulatgröße und –eigenschaften werden die Granulate dabei mehr oder weniger intensiv vermischt. Das Mantelmaterial um die Granulate wird in der Regel in flüssiger Formulierung über Düsen oder ähnliche Flüssigkeitsverteiler in die Trommel eingebracht. Dabei kommt es zu einer Kontaktierung von in der Trommel vorhandenen Granulaten und dem eingebrachten Mantelmaterial, das sich auf der Oberfläche der Granulate anlagert. Durch Beheizung des Mantels oder durch Zu- und Abführung eines Trockenluftstromes kann das Lösungsmittel aus der zugeführten Flüssigkeit verdampft werden und es kommt zu einem stetigen Wachstum der Granulate durch die Anlagerung des Mantelmaterials. Ein Trommelcoater kann sowohl diskontinuierlich-chargenweise als auch kontinuierlich betrieben werden. Auf Grund der Bewegungsabläufe im Trommelcoater, des Impulses der Feststoffteilchen und den sich durch die eingebrachte Flüssigkeit bildenden Haftkräften werden Trommelcoater für vergleichsweise große Granulate eingesetzt.

Eine Alternative zum Trommelcoater ist der **Tellercoater** (bzw. im Pharmabereich Dragierkessel), bei dem der Coatingprozess in der Regel in einem offenen tellerartigen Gefäß geschieht, das unter einem bestimmten Winkel rotiert, wodurch es ähnlich wie im Trommelcoater zu einer Vermischung der Granulate kommt (Abb. 2-5). Dadurch, dass der Teller nach oben hin geöffnet ist, kann das Mantelmaterial von oben auf die bewegte Teilchenschicht aufgegeben werden.

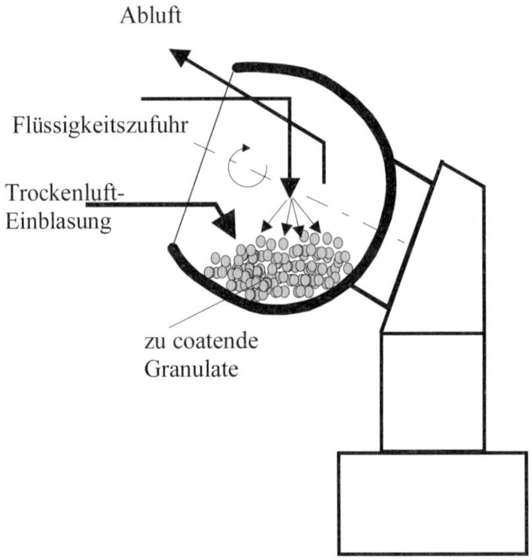

Abb. 2-5
Prinzipschema eines Tellercoaters

Dabei ist es zweckmäßig, das Mantelmaterial in flüssiger Form aufzudüsen, um eine gleichmäßige Verteilung auf die Granulatoberflächen zu erreichen. Die offene Bauart hat den Vorteil, dass der Prozess jederzeit visuell zu beobachten ist und ein Eingriff bei Unregelmäßigkeiten leicht erfolgen kann. Der Nachteil des Systems besteht allerdings darin, dass insbesondere bei Einbringung von Trockenluft die Abluft direkt an die Umgebung gelangt, was in vielen Fällen- insbesondere in der Pharmaindustrie- nicht geschehen darf.

Beim **Wirbelschichtcoater** werden die zu ummantelnden Granulate in einen fluidisierten Zustand versetzt, indem sie von unten nach oben von einem Gas, in der Regel Luft, durchströmt werden. Die Gasgeschwindigkeit muss dabei oberhalb der Lockerungsgeschwindigkeit und unterhalb der Austragsgeschwindigkeit der Granulate liegen. In die so fluidierten Granulate wird über ein Flüssigkeitsverteilungssystem (Einstoffdüse, Zweistoffdüse oder Zerstäuberscheibe) das Mantelmaterial in gelöster oder suspendierter Form eingebracht. Dabei benetzt die Flüssigkeit zunächst die Feststoffoberflächen und das Lösungsmittel verdampft. Dieser Vorgang wird durch die hohen Wärme- und Stofftransportkoeffizienten zwischen Feststoff und Gas in der Wirbelschicht begünstigt. Das Gas, das zweckmäßigerweise möglichst trocken und mit hoher Temperatur in die Wirbelschicht einströmt, nimmt das Lösungsmittel auf und führt es im Abgas ab. Der Feststoff verbleibt auf den Granulatoberflächen, die Partikel wachsen dadurch an, und es bildet sich ein Mantel um die Granulate. Durch die intensive Vermischung der Feststoffteilchen in einer gasfluidisierten Wirbelschicht und durch entsprechende Flüssigkeitsverteilersysteme lassen sich dabei sehr gleichmäßige Schichten um die Granulate erzeugen. Das Schema eines diskontinuierlich-chargenweise arbeitenden Wirbelschichtcoaters ist in Abb. 2-6 dargestellt. Der Prozess verläuft dabei so, dass die zu ummantelnden Granulate in die Wirbelschicht eingegeben werden und danach die Eindüsung der Flüssigkeit erfolgt. Wenn die gewünschte Manteldicke erreicht ist, wird die Flüssigkeitszuführung unterbrochen, und nach einer Nachtrocknungsphase werden die Granulate z.B. durch Umklappen des Anströmbodens aus der Schicht entfernt und gegebenenfalls einer nachgeschalteten Kühlstufe zugeführt.

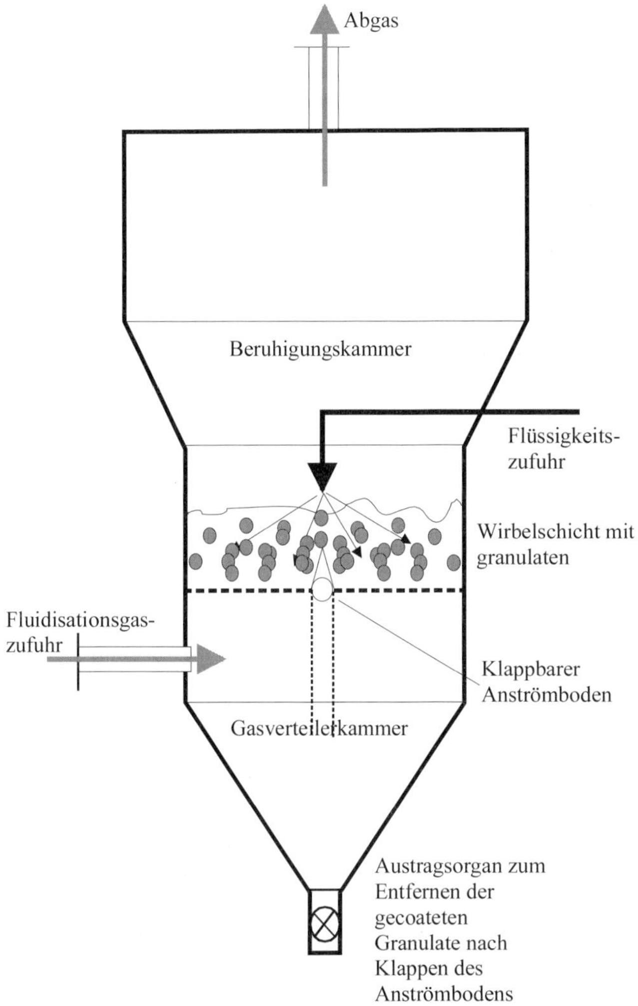

Abb. 2-6
Prinzipschema eines diskontinuierlich, chargenweise arbeitenden Wirbelschichtcoaters

Der Prozess des Wirbelschichtcoatings kann auch als kontinuierlicher Prozess durchgeführt werden, wie dies in Abb. 2-7 schematisch dargestellt ist. Bei diesem Verfahren werden den in der Wirbelschicht fluidisierten Granulaten kontinuierlich neue zu ummantelnde Granulate zugeführt. Diese und die bereits in der Wirbelschicht befindlichen Granulate wachsen durch das Aufbringen des Mantels an und erreichen schließlich eine Größe, mit der sie klassierend aus der Wirbelschicht ausgetragen werden können. Der klassierende Austrag geschieht durch ein Abzugsrohr, das bündig in den Anströmboden der Wirbelschicht ein Abzugsrohr einmündet und unten mit einem sekundären Klassierluftstrom durchströmt wird. Alle Granulate, die eine Größe erreicht haben, bei der die Geschwindigkeit im Abzugsrohr gleich der Austragsgeschwindigkeit ist, können auf diese Weise die Schicht nach unten verlassen. Alle Granulate, die noch kleiner sind, werden durch den Luftstrom in die Schicht zurückgeblasen, wo sie bis zum Zieldurchmesser weiter wachsen können.

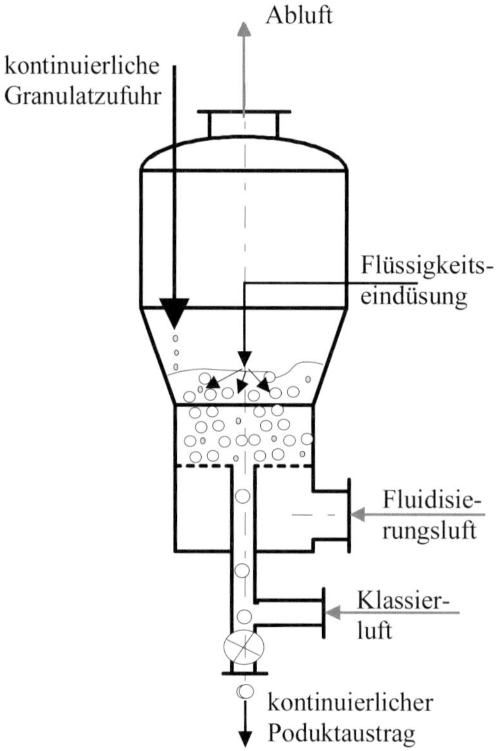

Abb. 2-7
Prinzipschema eines kontinuierlich arbeitenden Wirbelschichtcoaters

Es muss an dieser Stelle bemerkt werden, dass diese Art des Coating nur dann richtig funktioniert, wenn einerseits der Unterschied zwischen neu zugegebenen Granulaten und ummantelten Granulaten ausreichen groß ist (möglichst große Manteldicke) und dass andererseits der klassierende Abzug eine genügend große Trennschärfe besitzt. Durch die stochastischen Teilchenbewegungen in der Wirbelschicht und die gute Durchmischung der Granulate infolge der aufsteigenden Gasblasen kommt es zu einer relativ guten gleichmäßigen Verteilung des Mantelmaterials auf den Granulaten. Dabei ist es unerheblich, ob die Eindüsung der Flüssigkeit von unten (bottom spray), von oben (top spray) oder seitlich (tangential spray) erfolgt. Wenn allerdings der Apparatedurchmesser gegenüber dem sich einstellenden Düsenkegel zu groß ist, dann ist es zweckmäßig, mehrere Düsen anzuordnen.

Die apparative Gestaltung des **Wirbelschichtcoater nach dem Wurster-Prinzip** erlaubt es, die Granulate in gerichtete Bahnen gelenkt und immer wieder definiert an der Düse vorbeizuführen. Das Schema eines derartigen Apparates ist in Abb. 2-8 dargestellt. Die gerichtete Feststoffströmung wird dadurch erreicht, dass eine Zweistoffdüse von unten nach oben die Flüssigkeit in ein Rohr eindüst, wobei gleichzeitig um die Düse herum der Anströmboden ein größeres Öffnungsverhältnis besitzt als der übrige Boden. Dadurch kommt es sowohl durch die Verdüsungsluft der Düse mit ihrem Flüssigkeitsinhalt als auch durch die höhere Gasgeschwindigkeit um die Düse herum zu einem Gasstrom, der sich innerhalb des Rohres von unten nach oben bewegt. Das Rohr wiederum sitzt nicht unmittelbar auf dem Boden auf. zwischen Unterkante des Rohres und Anströmboden befindet sich noch ein Spalt, in den die fluidisierten Granulate hineingesaugt werden.

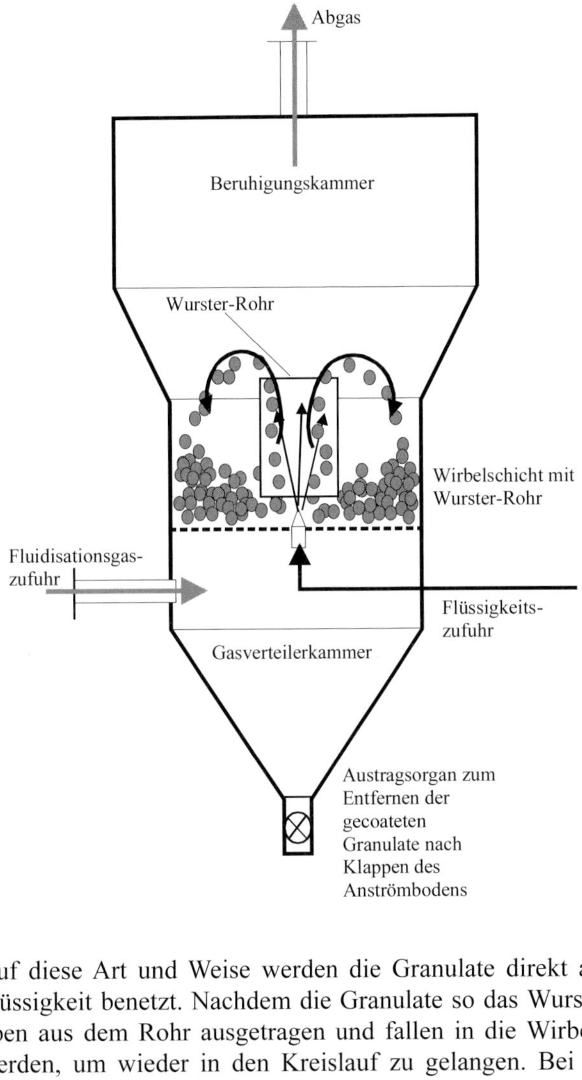

Abb. 2-8
Prinzipschema Wirbelschichtcoaters mit Wurster-Rohr

Auf diese Art und Weise werden die Granulate direkt an der Düse vorbeigeführt und mit Flüssigkeit benetzt. Nachdem die Granulate so das Wurster-Rohr passiert haben, werden sie oben aus dem Rohr ausgetragen und fallen in die Wirbelschicht zurück, wo sie getrocknet werden, um wieder in den Kreislauf zu gelangen. Bei richtiger pneumatischer Auslegung dieses Apparatetyps lassen sich damit gleichmäßigere Beschichtungen als in der ungerichteten stochastischen Wirbelschicht erzielen.

Eine weitere interessante Möglichkeit der apparativen Gestaltung eines Coaters ist der **Strahlschichtcoater nach dem ProCell-Prinzip**. Sein Schema ist in Abb. 2-9 veranschaulicht.

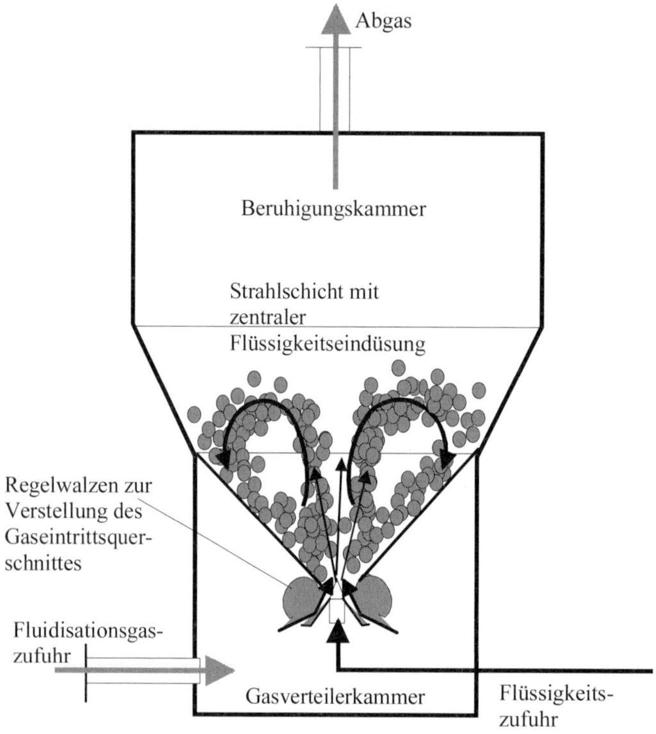

Abb. 2-9
Prinzipschema Strahlschichtcoater nach dem Procell-Prinzip

Der hier dargestellte Strahlschichtapparat hat einen rechteckigen Querschnitt, wobei der Gaseintrittsquerschnitt in die Strahlschicht durch zwei Schlitze gebildet wird, deren Öffnungswinkel durch zwei geteilte Walzen während des Betriebes der Wirbelschicht verstellbar sind. Durch diese beiden Spalte tritt das Fluidisierungsgas mit hoher Geschwindigkeit ein, saugt an den Seiten des Strahles Feststoffteilchen an und reißt diese mit nach oben, wodurch eine Fontäne entsteht. Diese Fontäne ist über die gesamte Apparatlänge ausgebildet. Gleichzeitig wird in Strahlrichtung durch Zweistoffdüsen, die längs der Mitte des Strahles angeordnet sind, Flüssigkeit eingedüst. Dabei bewegen sich Flüssigkeitströpfchen und Gas mit hoher Geschwindigkeit von unten nach oben. Durch die Erweiterung des Apparatquerschnitts nach oben nimmt die Gasgeschwindigkeit ab, die Austragsgeschwindigkeit der Granulate wird unterschritten und diese fallen entlang der seitlichen Apparatewand in die Ansaugzone zurück. Natürlich kann eine ähnliche Konfiguration auch in einem konisch-zylindrischen Apparat realisiert werden. Die rechteckige Bauweise bietet aber sowohl durch die verstellbaren Walzen als auch durch das einfache scale up des Verfahrens durch lineare Apparateverlängerung eine Reihe von Vorteilen. Hinzu kommt, dass in der Strahlzone Geschwindigkeiten möglich werden, die ein Vielfaches der Austragsgeschwindigkeit der Feststoffteilchen betragen (z. B. bis zu 100 m/s). Somit lassen sich auch Teilchen fluidisieren und coaten, deren Gestalt stark von der idealen Kugelform abweicht oder die ein sehr breites Partikelspektrum aufweisen.

2.2 Schichtaufbau beim Coatingprozess

2.2.1 Schichtaufbau beim diskontinuierlichen Coatingprozess

In der überwiegenden Mehrzahl der Anwendungsfälle wird der Coatingprozess als diskontinuierliche Prozessstufe betrieben. Das heißt, dass je nach apparativer Realisierung des Prozesses (Trommel- Teller- oder Wirbelschichtcoater) auf eine vorgegebene Charge von in der Regel gleichgroßen Partikeln kontinuierlich ein Mantel aufgebracht wird. An Beispiel des Coatingprozesses in der Wirbelschicht sollen hier die grundlegenden Zusammenhänge dargestellt werden [5].

Beim Coatingprozess in der Wirbelschicht wird eine den Feststoff der Mantelsubstanz enthaltende Flüssigkeit (Lösung, Schmelze oder Suspension) auf ein Partikelkollektiv, das sich im fluidisierten Zustand befindet, mit einem Flüssigkeitsverdüsungssystem aufgesprüht. Die Stelle der Eindüsung kann dabei unterschiedlich gewählt werden, wie die in Abb. 2-10 dargestellt ist.

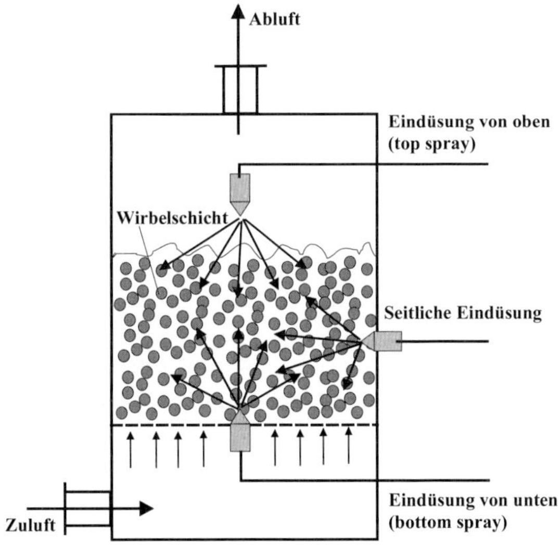

Abb. 2-10
Eindüsungsmöglichkeiten der Flüssigkeit in Wirbelschichten

Durch die Intensität der Durchmischung in einer Wirbelschicht kann davon ausgegangen werden, dass sich, bei richtiger apparativer Gestaltung (z. B. mit dem Wurster-Prinzip), die eingedüste Flüssigkeit gleichmäßig auf alle Partikeloberflächen verteilt. Wenn es sich bei der eingedüsten Flüssigkeit um eine Lösung oder Suspension handelt, wird durch die mit dem

Fluidisierungsgas zugeführte Wärme das Lösungsmittel in der Flüssigkeit verdampft und mit dem Abgas abgeführt. Wenn es sich bei der zugeführten Flüssigkeit um eine Schmelze handelt, dann muss die Schmelzwärme durch das Fluidisierungsgas abgeführt werden. Der in der Flüssigkeit enthaltene Feststoff lagert sich dabei in beiden Fällen auf der Teilchenoberfläche an und führt zu einem kontinuierlichen Wachstum der Partikel.

Der Prozess lässt sich unter folgenden vereinfachenden Annahmen modellieren:

- Alle Granulate haben ideal kugelförmige Gestalt
- Die Anzahl der Partikel ändert sich nicht während des Prozesses
- Das Partikelkollektiv ist monodispers, d. h. alle Partikel haben den selben Durchmesser
- Es soll während des Prozesses kein Abrieb, kein Bruch der Partikel und keine Agglomeration von mehreren Partikeln aneinander erfolgen
- Die Verteilung der Flüssigkeit geschieht gleichmäßig auf alle Feststoffoberflächen

Unter den oben getroffenen Voraussetzungen lässt sich mit den Bezeichnungen aus Abb. 2-11 für die Änderung der Masse eines Teilchens nach der Zeit der folgende Ausdruck aufschreiben:

$$\frac{dM_{Granulat}}{dt} = \frac{\dot{m}_{Flüss} \cdot (1-x)}{\sum n_{Granulat}} \tag{1}$$

Dabei sind $\dot{m}_{Flüss} \cdot (1-x)$ der mit der Flüssigkeit eingebrachte Feststoffstrom und $\sum n_{Granulat}$ die Gesamtzahl aller Granulate in der Wirbelschicht.

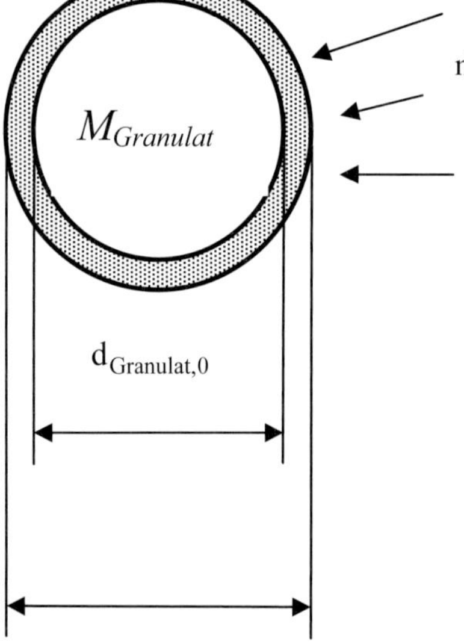

Abb. 2-11
Gewählte Bezeichnungen für den Coatingprozess

Wenn mit $V_{Granulat}$ das Volumen eines Granulates bezeichnet wird, dann wird aus (1):

$$dM_{Granulat} = \rho_{Mantel} \cdot dV_{Granulat} = \frac{\dot{m}_{Flüss} \cdot (1-x)}{\sum n_{Granulat}} \cdot dt \, . \tag{2}$$

Aus (1) und (2) wird:

$$\int_{M_{Granulat,0}}^{M_{Granulat}} dM_{Granulat} = \int_{t=0}^{t} \frac{\dot{m}_{Flüss} \cdot (1-x)}{\sum n_{Granulat}} \, . \tag{3}$$

Die Lösung des Integrals ergibt die Abhängigkeit der Partikelmasse von der Zeit unter den getroffenen Voraussetzungen:

$$M_{Granulat}(t) = M_{Granulat,0} + \frac{\dot{m}_{Flüss} \cdot (1-x)}{\sum n_{Granulat}} \cdot t \, . \tag{4}$$

Die Anzahl aller Partikel in der Schicht kann wie folgt berechnet werden:

$$\sum n_{Granulat} = \frac{M_{Bett,0}}{M_{Granulat,0}} = \frac{M_{Bett,0}}{\frac{\pi}{6} \cdot d^3_{Granulat,0} \cdot \rho_{Kern}} , \tag{5}$$

wobei $d_{Granulat,0}$ der Kerndurchmesser des Granulates zum Zeitpunkt Null und ρ_{Kern} die Dichte des Kernmaterials sind.

Aus (4) und (5) wird:

$$M_{Granulat}(t) = \frac{\pi}{6} \cdot d^3_{Granulat,0} \cdot \rho_{Kern} \cdot \left(1 + \frac{\dot{m}_{Flüss} \cdot (1-x)}{M_{Bett,0}} \cdot t \right) . \tag{6}$$

Unter Beachtung der geometrischen Verhältnisse nach Abb. 2-5 kann auch geschrieben werden:

$$M_{Granulat}(t) = \frac{\pi}{6} \cdot d^3_{Granulat,0} \cdot \rho_{Kern} + \frac{\pi}{6} \cdot \left(d^3_{Granulat}(t) - d^3_{Granulat,0} \right) \cdot \rho_{Mantel} \, . \tag{7}$$

Für eine allgemeingültige Darstellung des Problems ist es zweckmäßig, dimensionslose Parameter zu definieren. Wenn für die dimensionslose Granulatmasse der Ausdruck:

$$M^{\dim ensionslos}_{Granulat} = \frac{M_{Granulat}}{M_{Granulat,0}} \tag{8}$$

gewählt wird und eine dimensionslose Zeit der folgenden Art definiert wird,

$$\tau = \frac{\dot{m}_{Flüss} \cdot (1-x)}{M_{Bett,0}} \cdot t \, . \tag{9}$$

dann ergibt sich die folgende einfache Beziehung:

$$M_{Granulat}^{\dim ensionslos} = 1 + \tau \ . \tag{10}$$

In Abb. 2-12 ist die Abhängigkeit der dimensionslosen Partikelmasse von der dimensionslosen Zeit grafisch dargestellt.

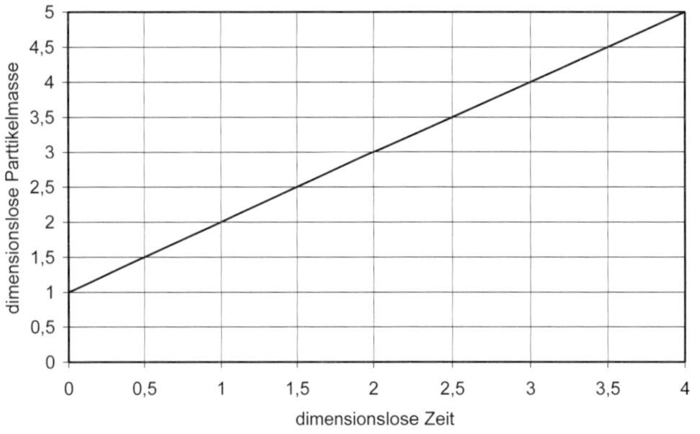

Abb. 2-12
Dimensionslose Partikelmasse als Funktion der dimensionslosen Zeit

Durch Verknüpfung von Gleichung (6) und (7) lässt sich die Abhängigkeit des Granulatdurchmessers von der Zeit wie folgt herleiten:

$$d_{Granulat}(t) = d_{Granulat,0} \cdot \sqrt[3]{1 + \frac{\dot{m}_{Flüss} \cdot (1-x)}{M_{Bett,0}} \cdot \frac{\rho_{Kern}}{\rho_{Mantel}} \cdot t} \ . \tag{11}$$

Nun soll ein dimensionsloser Partikeldurchmesser $d_{Granulat}^{\dim ensionslos}$ und ein dimensionsloses Dichteverhältnis $\rho_{Granulat}^{\dim ensionslos}$ wie folgt definiert werden:

$$d_{Granulat}^{\dim ensionslos} = \frac{d_{Granulat}}{d_{Granulat,0}} \quad \text{und} \tag{12}$$

$$\rho_{Granulat}^{\dim ensionslos} = \frac{\rho_{Kern}}{\rho_{Mantel}} \ . \tag{13}$$

Wenn alle dimensionslosen Größen nach (9), (12) und (13) in (11) eingeführt werden, dann kann der dimensionslose Partikeldurchmesser in Abhängigkeit der dimensionslosen Zeit und des dimensionslosen Dichteverhältnisses allgemein wie folgt ausgedrückt werden:

$$d_{Granulat}^{\dim ensionslos}(\tau) = \sqrt[3]{1 + \rho_{Granulat}^{\dim ensionslos} \cdot \tau} \ . \tag{14}$$

Die Abhängigkeit des dimensionslosen Partikeldurchmessers von der dimensionslosen Zeit mit dem dimensionslosen Dichteverhältnis als Parameter ist in Abb. 2-13 grafisch dargestellt. Die Kenntnis des Partikeldurchmessers und der Partikeldichte sind für die pneumatische Auslegung der Wirbelschicht von entscheidender Bedeutung. Beide Größen ändern sich während des Wirbelschicht-Coatingprozesses, so dass unter Umständen der Luftdurchsatz während des Prozesses verändert werden muss, um optimale Fluidisationsbedingungen einzuhalten.

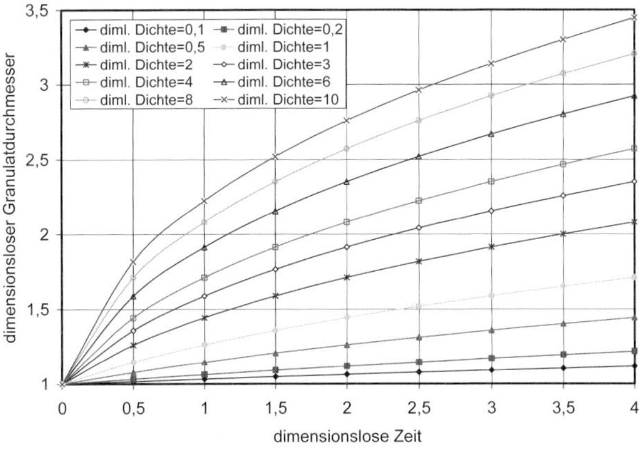

Abb. 2-13
Dimensionsloser Partikeldurchmesser als Funktion der dimensionslosen Zeit mit dem dimensionslosen Dichteverhältnis als Parameter (s.a. Anhang)

Für die Berechnung des Stoff- und Wärmeüberganges zwischen Granulaten und Fluidisierungsgas ist die Kenntnis der Oberfläche der Granulate in der Wirbelschicht erforderlich. Mit dem Durchmesser der Granulate ändert sich auch deren Oberfläche, und es kann für die Gesamtoberfläche aller Granulate in der Wirbelschicht geschrieben werden:

$$A_{Granulat}^{gesamt} = \sum n_{Granulat} \cdot \pi \cdot d_{Granulat}^{2} \quad . \tag{15}$$

Mit (5) und (11) wird daraus:

$$A_{Granulat}^{gesamt}(t) = \frac{6 \cdot M_{Bett,0}}{d_{Granulat,0} \cdot \rho_{Kern}} \cdot \left(1 + \frac{\dot{m}_{Flüss} \cdot (1-x)}{M_{Bett,0}} \cdot \frac{\rho_{Kern}}{\rho_{Mantel}} \cdot t\right)^{\frac{2}{3}} . \tag{16}$$

Wenn das Verhältnis von Schichtoberfläche an einem beliebigen Zeitpunk zu Schichtoberfläche zum Zeitpunkt Null als dimensionslose Schichtoberfläche definiert wird,

$$A_{Granulat}^{gesamt,\dim ensionslos} = \frac{A_{Granulat}^{gesamt}(t)}{A_{Granulat}^{gesamt}(t=0)}, \tag{17}$$

dann wird aus (16) mit (9) und (13):

$$A_{Granulat}^{gesamt,\dim ensionslos} = \left(1 + \rho_{Granulat}^{\dim ensionslos} \cdot \tau\right)^{\frac{2}{3}} \tag{18}$$

Dies ist die gesamte dimensionslose Schichtoberfläche als Funktion der dimensionslosen Zeit und des dimensionslosen Dichteverhältnisses. In Abb. 2-14 ist diese Abhängigkeit grafisch dargestellt.

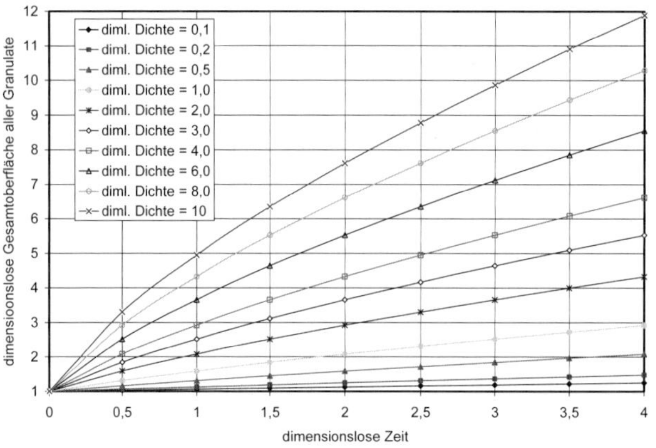

Abb. 2-14
Dimensionslose Oberfläche aller Granulate als Funktion der dimensionslosen Zeit mit dem dimensionslosen Dichteverhältnis als Parameter (s.a. Anhang)

In vielen Fällen ist es von Interesse, die Dicke des Mantels, also die Dicke des aufgebrachten Schichtmaterials, zu kennen. Sie kann nun unter den getroffenen Voraussetzungen wie folgt berechnet werden:

$$s_{Mantel} = \frac{d_{Granulat}(t) - d_{Granulat,0}}{2}. \tag{19}$$

Mit (11) wird daraus:

$$s_{Mantel}(t) = \frac{d_{Granulat,0}}{2} \cdot \left[\left(1 + \frac{\dot{m}_{Flüss} \cdot (1-x)}{M_{Bett,0}} \cdot \frac{\rho_{Kern}}{\rho_{Mantel}} \cdot t \right)^{\frac{1}{3}} - 1 \right]. \tag{20}$$

Nun soll eine dimensionslose Manteldicke wie folgt definiert werden:

$$s_{Mantel}^{\dim ensionslos} = \frac{s_{Mantel}(t)}{d_{Granulat,0}}. \tag{21}$$

Wenn (20), (13) und (9) in (21) eingesetzt werden, ergibt sich die Abhängigkeit der dimensionslosen Manteldicke von der dimensionslosen Zeit und dem dimensionslosen Dichteverhältnis:

$$s_{Mantel}^{\dim ensionslos}(\tau) = \frac{1}{2} \cdot \left[\left(1 + \rho_{Granulat}^{\dim ensionslos} \cdot \tau \right)^{\frac{1}{3}} - 1 \right]. \tag{22}$$

Die grafische Darstellung der Abhängigkeit der dimensionslosen Manteldicke von der dimensionslosen Zeit und dem dimensionslosen Dichteverhältnis ist in folgender Abb. 1-15 gezeigt.

Aus Gleichung (22) lässt sich durch Umstellung nun auch die dimensionslose Zeit berechnen, die erforderlich ist, um die dimensionslose Schichtdicke zu erreichen:

$$\tau\left(s_{Mantel}^{\dim ensionslos}\right)=\frac{\left(1+2\cdot s_{Mantel}^{\dim ensionslos}\right)^3-1}{\rho_{Granulat}^{\dim ensionslos}}. \tag{23}$$

Aus (23) kann auch die dimensionsbehaftete Abhängigkeit abgeleitet werden:

$$t\left(s_{Mantel}\right)=\left[\left(\frac{2\cdot s_{Mantel}+d_{Granulat,0}}{d_{Granulat,0}}\right)^3-1\right]\cdot\frac{M_{Bett,0}}{\dot{m}_{flüss}\cdot(1-x)}\cdot\frac{\rho_{Mantel}}{\rho_{Kern}}. \tag{24}$$

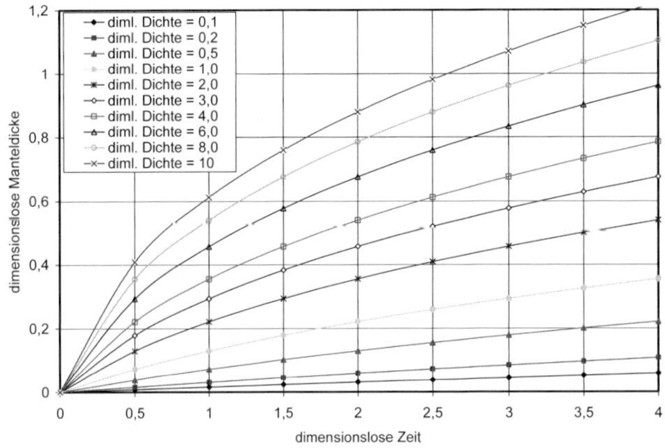

Abb. 2-15
Dimensionslose Manteldicke als Funktion der dimensionslosen Zeit mit dem dimensionslosen Dichteverhältnis als Parameter (s.a. Anhang)

Mit dem Partikeldurchmesser ändert sich bei Unterschieden zwischen Kern- und Manteldichte, also bei einem dimensionslosen Dichteverhältnis, das sich von 1 unterscheidet, auch die mittlere Granulatdichte, die für die Berechnung der Wirbelschicht benötigt wird. Sowohl die Änderung dieser mittleren Granulatdichte als auch die Änderung des Granulatdurchmessers müssen, wie bereits bemerkt, für die Berechnung der Fluidisierung der Wirbelschicht berücksichtigt werden.

Die mittlere Dichte eines Granulates soll wie folgt definiert werden:

$$\rho_{Granulat}^{mittel}(t)=\frac{M_{Granulat}(t)}{V_{Granulat}(t)}. \tag{25}$$

Mit (6) folgt daraus:

$$\rho_{Granulat}^{mittel}(t)=\frac{d_{Granulat,0}^3}{d_{Granulat}^3(t)}\cdot\rho_{Kern}+\left(1-\frac{d_{Granulat,0}^3}{d_{Granulat}^3(t)}\right)\cdot\rho_{Mantel}. \tag{26}$$

Gleichung (26) kann mit dem dimensionslosen Granulatdurchmesser nach (12) auch wie folgt geschrieben werden:

$$\rho^{mittel}_{Granulat}(t) = \left(d^{\dim ensionslos}_{Granulat}\right)^{-3} \cdot \rho_{Kern} + \left(1 - \left(d^{\dim ensionslos}_{Granulat}\right)^{-3}\right) \cdot \rho_{Mantel} \, . \tag{27}$$

Wenn in (26) $d_{Granulat}(t)$ nach (11) eingesetzt wird, ergibt sich daraus die Abhängigkeit der mittleren Granulatdichte von der Zeit wie folgt:

$$\rho^{mittel}_{Granulat}(t) = \rho_{Mantel} + \left(\rho_{Kern} - \rho_{Mantel}\right) \cdot \frac{M_{Bett,0}}{M_{Bett,0} + \dot{m}_{flüss} \cdot (1-x) \cdot \dfrac{\rho_{Kern}}{\rho_{Mantel}} \cdot t} \, . \tag{28}$$

Nun soll auch die mittlere Granulatdichte in dimensionsloser Form als folgendes Verhältnis definiert werden:

$$\rho^{mittel,\dim ensionslos}_{Granulat}(t) = \frac{\rho^{mittel}_{Granulat}(t)}{\rho_{Mantel}} \, . \tag{29}$$

Aus (27), (28) und (29) wird schließlich unter Einbeziehung der dimensionslosen Zeit die Abhängigkeit der mittleren dimensionslosen Granulatdichte von der dimensionslosen Zeit:

$$\rho^{mittel,\dim ensionslos}_{Granulat}(t) = \frac{\rho^{\dim ensionslos}_{Granulat} - 1}{d^{\dim ensionslos}_{Granulat}} + 1 \, . \tag{30}$$

Gleichung (30) kann auch wie folgt geschrieben werden:

$$\rho^{mittel,\dim ensionslos}_{Granulat}(t) = \frac{\rho^{\dim ensionslos}_{Granulat} - 1}{\rho^{\dim ensionslos}_{Granulat} \cdot \tau + 1} + 1 \, . \tag{31}$$

Die in Gleichung (31) ausgedrückte Abhängigkeit der mittleren dimensionslosen Granulatdichte vom dimensionslosen Dichteverhältnis und von der dimensionslosen Zeit ist in Abb. 2-16 grafisch dargestellt.

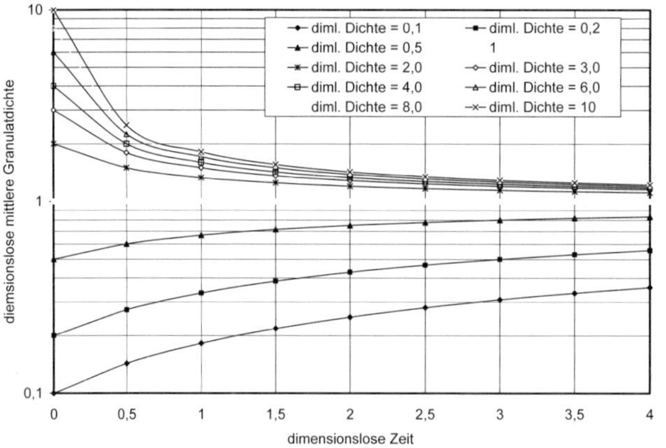

Abb. 2-16
Dimensionslose mittlere Granulatdichte als Funktion der dimensionslosen Zeit mit dem dimensionslosen Dichteverhältnis als Parameter (s.a. Anhang)

In den folgenden beiden Tabellen sind die für die Berechnung des diskontinuierlichen Coatingprozesses interessanten Größen in dimensionsloser und in dimensionsbehafteter Form zusammengestellt.

Tab. 2-1 Zusammenstellung der **Definitionen** der relevanten Parameter beim diskontinuierlichen Coatingprozess **in dimensionslose Form**

Parameter	Symbol	Definition	Gleichung Nr.
Dimensionslose Zeit	τ	$\tau = \frac{\dot{m}_{Flüss} \cdot (1-x)}{M_{Bett,0}} \cdot t$	(9)
Dimensionslose Granulatmasse	$M_{Granulat}^{\dim ensionslos}$	$M_{Granulat}^{\dim ensionslos} = \frac{M_{Granulat}}{M_{Granulat,0}}$	(8)
Dimensionsloser Granulat-durchmesser	$d_{Granulat}^{\dim ensionslos}$	$d_{Granulat}^{\dim ensionslos} = \frac{d_{Granulat}}{d_{Granulat,0}}$	(12)
Dimensionsloses Dichteverhältnis	$\rho_{Granulat}^{\dim ensionslos}$	$\rho_{Granulat}^{\dim ensionslos} = \frac{\rho_{Kern}}{\rho_{Mantel}}$	(13)
Dimensionslose Gesamt-Granulat-oberfläche	$A_{Granulat}^{gesamt,\dim ensionslos}$	$A_{Granulat}^{gesamt,\dim ensionslos} = \frac{A_{Granulat}^{gesamt}(t)}{A_{Granulat}^{gesamt}(t=0)}$	(17)
Dimensionslose Manteldicke	$s_{Mantel}^{\dim ensionslos}$	$s_{Mantel}^{\dim ensionslos} = \frac{s_{Mantel}}{d_{Granulat,0}}$	(21)
Mittlere scheinbare dimensionslose Granulatdichte	$\rho_{Granulat}^{mittel,\dim ensionslos}$	$\rho_{Granulat}^{mittel,\dim ensionslos} = \frac{\rho_{Granulat}^{mittel}(t)}{\rho_{Mantel}}$	(29)

Tab. 2-2 Zusammenstellung der **Berechnungsgleichungen** für die relevanten Parameter beim diskontinuierlichen Coatingprozess **in dimensionsloser Form**

Parameter	Definition	Gleichung Nr.
	Berechnungsgleichung	
Dimensionslose Granulatmasse	$M_{Granulat}^{\dim ensionslos} = 1 + \tau$	(10)

Dimensionsloser Granulat-durchmesser	$d_{Granulat}^{\dim ensionslos}(\tau)=\sqrt[3]{1+\rho_{Granulat}^{\dim ensionslos}\cdot\tau}$	(14)
Dimensionslose Gesamt-Granulat-oberfläche	$A_{Granulat}^{gesamt,\dim ensionslos}=\left(1+\rho_{Granulat}^{\dim ensionslos}\cdot\tau\right)^{\frac{2}{3}}$	(18)
Dimensionslose Manteldicke	$s_{Mantel}^{dimensionslos}(r)=\frac{1}{2}\left[\left(1+\rho_{Granulat}^{dimensionslos}\cdot\tau\right)^{\frac{1}{3}}-1\right]$	(22)
Mittlere scheinbare dimensionslose Granulatdichte	$\rho_{Granulat}^{mittel,\dim ensionslos}(t)=\frac{\rho_{Granulat}^{\dim ensionslos}-1}{\rho_{Granulat}^{\dim ensionslos}\cdot\tau+1}+1$	(31)

Tab. 2-3 Zusammenstellung der **Berechnungsgleichungen** für die relevanten Parameter beim diskontinuierlichen Coatingprozess **in dimensionsbehafteter Form**

Parameter	Definition	Gleichung Nr.
	Berechnungsgleichung	
Granulatmasse in kg	$M_{Granulat}(t)=\frac{\pi}{6}\cdot d_{Granulat,0}^{3}\cdot\rho_{Kern}\cdot\left(1+\frac{\dot{m}_{Flüss}\cdot(1-x)}{M_{Bett,0}}\cdot t\right)$	(6)
Granulat-durchmesser in m	$d_{Granulat}(t)=d_{Granulat,0}\cdot\sqrt[3]{1+\frac{\dot{m}_{Flüss}\cdot(1-x)}{M_{Bett,0}}\cdot\frac{\rho_{Kern}}{\rho_{Mantel}}\cdot t}$	(11)
Gesamt-Granulat-oberfläche in m^2	$A_{Granulat}^{gesamt}(t)=\frac{6\cdot M_{Bett,0}}{d_{Granulat,0}\cdot\rho_{Kern}}\cdot\left(1+\frac{\dot{m}_{Flüss}\cdot(1-x)}{M_{Bett,0}}\cdot\frac{\rho_{Kern}}{\rho_{Mantel}}\cdot t\right)^{\frac{2}{3}}$	(16)
Manteldicke in m	$s_{Mantel}(t)=\frac{d_{Granulat,0}}{2}\cdot\left[\left(1+\frac{\dot{m}_{Flüss}\cdot(1-x)}{M_{Bett,0}}\cdot\frac{\rho_{Kern}}{\rho_{Mantel}}\cdot t\right)^{\frac{1}{3}}-1\right]$	(20)
Mittlere scheinbare Granulatdichte in kg/m^3	$\rho_{Granulat}^{mittel}(t)=\frac{d_{Granulat,0}^{3}}{d_{Granulat}^{3}(t)}\cdot\rho_{Kern}+\left(1-\frac{d_{Granulat,0}^{3}}{d_{Granulat}^{3}(t)}\right)\cdot\rho_{Mantel}$	(26)

2.2.2 Schichtaufbau beim kontinuierlichen Coatingprozess

In der Regel wird der Coatingprozess in diskontinuierlich chargenweiser Fahrweise realisiert. Es ist aber auch möglich, den Prozess kontinuierlich zu gestalten. Die Umhüllung der Granulate kann dann so, wie dies in Abb. 2-17 schematisch dargestellt ist, erfolgen. Dabei werden die zu umhüllenden Granulate kontinuierlich einer Wirbelschicht zugeführt, in die die Hüllsubstanz in Lösung oder Suspension eingedüst wird. Der in der Flüssigkeit enthaltene Feststoff lagert sich dabei auf der Oberfläche der Feststoffteilchen ab, das Lösungsmittel verdampft und die Granulate wachsen [6, 8, 9, 10]. Voraussetzung dabei ist, dass es in der Schicht nicht zum Partikelzerfall, zur Agglomeration oder zur Neubildung von Partikeln z. B. durch Overspray kommt.

Wenn sich in der Wirbelschicht ein klassierender Granulatabzug befindet, wie er in der schematischen Darstellung gezeigt ist, dann werden die Granulate, die einen Durchmesser erreicht haben, der der Austragsgeschwindigkeit im klassierenden Abzug entspricht, die Wirbelschicht verlassen können. Alle Granulate, die noch nicht diese Größe erreicht haben, werden in die Wirbelschicht zurückbefördert, wo sie weiter wachsen können. Dabei kann der Apparat sowohl zylindrisch, wie in der Abbildung gezeigt, als auch rinnenförmig ausgebildet sein. Es muss an dieser Stelle bemerkt werden, dass dieses kontinuierliche Prinzip nur dann richtig funktioniert, wenn der Unterschied in den Ar-Zahlen zwischen zugegebenen und ummantelten Granulaten groß genug ist und wenn der klassierende Abzug pneumatisch richtig und mit hoher Trennschärfe funktioniert.

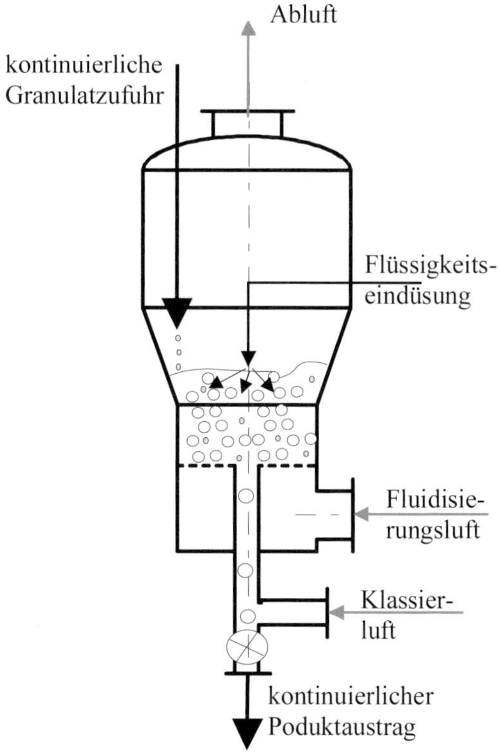

Abb. 2-17

Prinzipielles Schema des kontinuierlichen Coating in der Wirbelschicht

Der Schichtaufbau beim kontinuierlichen Coatingprozess lässt sich unter vereinfachenden Voraussetzungen berechnen. Wenn in die Wirbelschicht eine Flüssigkeit $\dot{m}_{Flüss}$ mit einem Lösungsmittelgehalt von x (kg Lösungsmittel pro kg Flüssigkeit) eingedüst wird, so soll sich der Feststoffgehalt der Flüssigkeit $\dot{m}_{Flüss} \cdot (1-x)$ auf den in der Wirbelschicht vorhandenen Granulaten gleichmäßig verteilen. Dies führt zu einem Wachstum der Granulate. Mit den Bezeichnungen in Abb. 2-18 lässt sich eine Wachstumsgeschwindigkeit der folgenden Art definieren:

$$w_{Granulat} = \frac{\dot{m}_{flüss} \cdot (1-x)}{A_{Granulat}^{gesamt} \cdot \rho_{Mantel}} \text{ [m/s]}. \quad (32)$$

Dabei sind $\dot{m}_{flüss} \cdot (1-x)$ der mit der Flüssigkeit eingedüste Feststoffmassenstrom, $A_{Granulat}^{gesamt}$ die gesamte Oberfläche der Granulate in der Schicht und ρ_{Mantel} die Dichte des aufgebrachten Mantelmaterials.

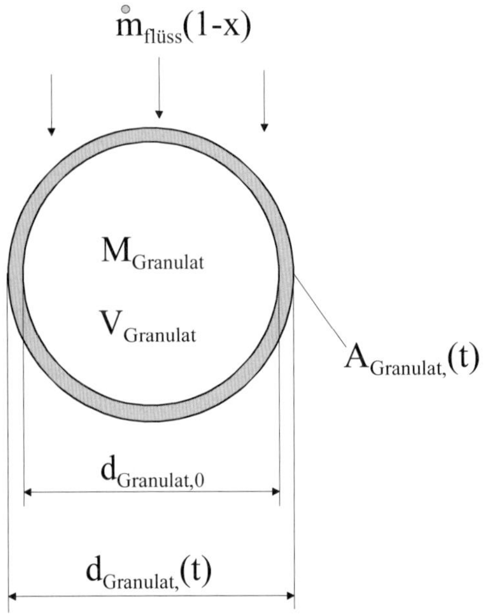

Abb. 2-18

Gewählte Bezeichnungen für den kontinuierlichen Coatingprozess

Bei gleichmäßiger Verteilung der eingedüsten Flüssigkeit auf alle Granulate beträgt die Volumenzunahme eines Granulates pro Zeit:

$$\frac{dV_{Granulat}}{dt} = \frac{\dot{m}_{flüss} \cdot (1-x)}{A_{Granulat}^{gesamt} \cdot \rho_{Mantel}} \cdot A_{Granulat}. \quad (33)$$

Aus geometrischen Gründen lässt sich dV auch wie folgt ausdrücken, wenn zunächst angenommen wird, dass gilt:

$$\rho_{Mantel} = \rho_{Kern} = \rho_{fest}\,. \tag{34}$$

Damit wird daraus

$$dV_{Granulat} = \frac{\pi}{6} \cdot \left[\left(d_{Granulat} + d\left(d_{Granulat}\right)\right)^3 - d^3_{Granulat} \right]. \tag{35}$$

Aus den beiden oben genannten Gleichungen folgt schließlich für die Änderung des Granulatdurchmessers nach der Zeit:

$$\frac{d\left(d_{Granulat}\right)}{dt} = \frac{2 \cdot \dot{m}_{flüss} \cdot (1-x)}{A^{gesamt}_{Granulat} \cdot \rho_{fest}}. \tag{36}$$

Die obige Gleichung lässt sich integrieren:

$$\int_{d_{Granulat,0}}^{d_{Granulat}} d\left(d_{Granulat}\right) = \int_{t=0}^{t} \frac{2 \cdot \dot{m}_{flüss} \cdot (1-x)}{A^{gesamt}_{Granulat} \cdot \rho_{fest}} dt\,, \tag{37}$$

und es folgt:

$$d_{Granulat}(t) = d_{Granulat,0} + \frac{2 \cdot \dot{m}_{flüss} \cdot (1-x)}{A^{gesamt}_{Granulat} \cdot \rho_{fest}} \cdot t\,, \tag{38}$$

wobei die Größe $\frac{2 \cdot \dot{m}_{flüss} \cdot (1-x)}{A^{gesamt}_{Granulat} \cdot \rho_{fest}}$ als eine lineare Wachstumsgeschwindigkeit der Granulate aufgefasst werden kann. Sie soll im Weiteren mit $w_{Granulat}$ bezeichnet werden:

$$d_{Granulat}(t) = d_{Granulat,0} + w_{Granulat} \cdot t\,, \tag{39}$$

Mit Gleichung (39) kann für die zeitabhängigen Größen der Granulatoberfläche und des Granulatvolumens geschrieben werden:

$$A_{Granulat}(t) = \pi \cdot \left(d_{Granulat,0} + w_{Granulat} \cdot t\right)^2, \tag{40}$$

und:

$$V_{Granulat}(t) = \frac{\pi}{6} \cdot \left(d_{Granulat,0} + w_{Granulat} \cdot t\right)^3. \tag{41}$$

Die Gesamtoberfläche aller Granulate in der Wirbelschicht kann als Produkt von Granulatanzahl mal Granulatoberfläche eines Granulates mit der mittleren Granulatoberfläche ausgedrückt werden:

$$A^{gesamt}_{Granulat} = \sum n_{Granulat} \cdot A^{mittel}_{Granulat}\,. \tag{42}$$

Nun haben alle Teilchen in der Wirbelschicht einen unterschiedlichen Durchmesser, der von $d_{Granulat,0}$ zum Zeitpunkt des Eintrittes des zu beschichtenden Granulates in die Wirbelschicht auf den Durchmesser $d_{Granulat,A}$, den das Granulat beim Austritt aus der Wirbelschicht erreicht hat, anwächst. Das gilt auch für die Granulatoberfläche. Wenn die Abhängigkeit der Granulatoberfläche eines einzelnen Granulates von der Zeit bekannt ist, dann lässt sich eine mittlere Granulatoberfläche der folgenden Art bilden:

$$A_{Granulat}^{mittel} = \frac{1}{t_V} \cdot \int_{t=0}^{t_V} A_{Granulat}(t)dt \,. \tag{43}$$

Dabei ist t_V die Verweilzeit, die ein Granulat benötigt, um vom Durchmesser $d_{Granulat,0}$ auf den Durchmesser $d_{Granulat,A}$ anzuwachsen. Eingesetzt ergibt sich:

$$A_{Granulat}^{mittel} = \frac{1}{t_V} \cdot \int_{t=0}^{t_V} \left[\pi \cdot \left(d_{Granulat,0} + w_{Granulat} \cdot t\right)^2\right] dt \,. \tag{44}$$

Die Lösung des Integrals lautet:

$$A_{Granulat}^{mittel} = \frac{\pi}{3 \cdot t_V \cdot w_{Granulat}} \cdot \left[\left(d_{Granulat,0} + w_{Granulat} \cdot t_V\right)^3 - d_{Granulat,0}^3\right]. \tag{45}$$

Die Wirbelschicht soll regelungstechnisch so betrieben werden, dass sich die gesamte Masse der in der Schicht befindlichen Granulate nicht ändert. Dies kann leicht dadurch erreicht werden, dass der Schichtdruckverlust als äquivalente Größe für die sich in der Wirbelschicht befindliche Teilchenmasse gemessen und danach die Klassierluft des klassierenden Abzugs geregelt wird. Unter dieser Voraussetzung gilt für die Anzahl der in der Wirbelschicht befindlichen Granulate:

$$\sum n_{Granulat} = \frac{M_{Bett}}{M_{Granulat}^{mittel}} = \frac{M_{Bett}}{V_{Granulat}^{mittel} \cdot \rho_{fest}} \,. \tag{46}$$

Das mittlere Granulatvolumen lässt sich analog zur mittleren Granulatoberfläche wie folgt berechnen:

$$V_{Granulat}^{mittel} = \frac{1}{t_V} \cdot \int_{t=0}^{t_V} V_{Granulat}(t)dt \,. \tag{47}$$

$$V_{Granulat}^{mittel} = \frac{\pi}{6 \cdot t_V} \cdot \int_{t=0}^{t_V} \left[\left(d_{Granulat,0} + w_{Granulat} \cdot t\right)^3\right] dt \,. \tag{48}$$

Die Lösung des Integrals lautet:

$$V_{Granulat}^{mittel} = \frac{\pi}{24 \cdot t_V \cdot w_{Granulat}} \cdot \left[\left(d_{Granulat,0} + w_{Granulat} \cdot t_V\right)^4 - d_{Granulat,0}^4\right]. \tag{49}$$

Wenn nun in Gleichung (39) die Verweilzeit t_V eingesetzt wird, ergibt sich:

$$d_{Granulat}(t_V) = d_{Granulat,A} = d_{Granulat,0} + w_{Granulat} \cdot t_V, \tag{50}$$

beziehungsweise:

$$w_{Granulat} \cdot t_V = d_{Granulat,A} - d_{Granulat,0}. \tag{51}$$

Wenn diese Beziehung in die Gleichungen für die mittlere Oberfläche eines Granulates und die für das mittlere Volumen eines Granulates eingesetzt wird, dann sind beide Größen nur noch vom Granulatdurchmesser bei Eintritt in die Schicht und vom Granulatdurchmesser bei Austritt über den klassierenden Abzug abhängig:

$$A_{Granulat}^{mittel} = \frac{\pi}{3} \cdot \frac{\left(d_{Granulat,A}^3 - d_{Granulat,0}^3\right)}{\left(d_{Granulat,A} - d_{Granulat,0}\right)}. \tag{52}$$

und:

$$V_{Granulat}^{mittel} = \frac{\pi}{24} \cdot \frac{\left(d_{Granulat,A}^4 - d_{Granulat,0}^4\right)}{\left(d_{Granulat,A} - d_{Granulat,0}\right)}. \tag{53}$$

Nun kann die für die Berechnung des Stoffüberganges wichtige gesamte Oberfläche der Granulate in der Wirbelschicht unter Nutzung von Gleichung (46), (52) und (53) wie folgt ausgedrückt werden:

$$A_{Granulat}^{gesamt} = \sum n_{Granulat} \cdot A_{Granulat}^{mittel} =$$

$$= \frac{M_{Bett}}{\frac{\pi}{24} \cdot \frac{\left(d_{Granulat,A}^4 - d_{Granulat,0}^4\right)}{\left(d_{Granulat,A} - d_{Granulat,0}\right)} \cdot \rho_{fest}} \cdot \frac{\pi}{3} \cdot \frac{\left(d_{Granulat,A}^3 - d_{Granulat,0}^3\right)}{\left(d_{Granulat,A} - d_{Granulat,0}\right)}, \tag{54}$$

oder:

$$A_{Granulat}^{gesamt} = \frac{8 \cdot M_{Bett}}{\rho_{fest}} \cdot \frac{\left(d_{Granulat,A}^3 - d_{Granulat,0}^3\right)}{\left(d_{Granulat,A}^4 - d_{Granulat,0}^4\right)}. \tag{55}$$

Analog dazu lässt sich nun auch die Zeit berechnen, die ein Granulat in der Wirbelschicht verweilt, bis es von der Größe $d_{Granulat.0}$ auf die Größe $d_{Granulat,A}$ angewachsen ist:

$$t_V = \frac{4 \cdot M_{Bett}}{\dot{m}_{flüss} \cdot (1-x)} \cdot \frac{\left(d_{Granulat,A}^3 - d_{Granulat,0}^3\right) \cdot \left(d_{Granulat,A} - d_{Granulat,0}\right)}{\left(d_{Granulat,A}^4 - d_{Granulat,0}^4\right)}. \tag{56}$$

und unter der weiteren Annahme, dass in der Wirbelschicht kein Abrieb, kein Partikelzerfall und kein Partikelagglomeration auftreten sollen, muss auch gelten:

$$\dot{n}_{Granulat,0} = \dot{n}_{Granulat,A} \tag{60}$$

Damit ergibt sich aus obigen Gleichungen:

$$\left(\frac{d_{Granulat,A}}{d_{Granulat,0}}\right)^3 = 1 + \frac{\dot{m}_{flüss} \cdot (1-x)}{\dot{m}_{Granulat,0}} \tag{61}$$

oder:

$$d_{Granulat,A} = d_{Granulat,0} \cdot \sqrt[3]{1 + \frac{\dot{m}_{flüss} \cdot (1-x)}{\dot{m}_{Granulat,0}}} \tag{62}$$

Unter den getroffenen Voraussetzungen, dass zunächst die Manteldicht gleich der Kerndichte sein soll, gibt es einen eindeutigen Zusammenhang zwischen Granulatdurchmesser am Eintritt in das System und Granulatdurchmesser am Austritt aus dem System mit der Eindüsungsrate und dem Keimstrom. Wenn mit $\dot{m}_{Granulat,0}$ der Massenstrom der in den Coater eintretenden Granulate und mit $\dot{m}_{Granulat,A}$ der Massenstrom der aus dem Granulator austretenden Granulate bezeichnet wird, dann muss unter den getroffenen Voraussetzungen gelten:

$$\dot{m}_{Granulat,0} + \dot{m}_{flüss} \cdot (1-x) = \dot{m}_{Granulat,A} \,. \tag{57}$$

Mit:

$$\dot{m}_{Granulat,0} = \dot{n}_{Granulat,0} \cdot \frac{\rho}{6} \cdot d^3_{Granulat,0} \cdot \rho_{fest} \tag{58}$$

und:

$$\dot{m}_{Granulat,A} = \dot{n}_{Granulat,A} \cdot \frac{\rho}{6} \cdot d^3_{Granulat,A} \cdot \rho_{fest} \,, \tag{59}$$

2.3 Grundlagen des Wirbelschicht-Coatingprozesses

2.3.1 Grundlagen des Wirbelschichtprozesses

Wenn ein Partikelkollektiv von unten nach oben von einem fluiden Medium durchströmt wird, kommt es oberhalb einer bestimmten Fluidgeschwindigkeit dazu, dass sich die Feststoffteilchen des Partikelkollektivs zu bewegen beginnen und sich das gesamte Kollektiv wie eine Pseudoflüssigkeit verhält. Diesen Zustand nennt man Wirbelschicht oder auch Fließbett. Wenn das fluide Medium ein Gas ist, bilden sich in der Wirbelschicht Gasblasen, die sich von unten nach oben bewegen und an der Oberfläche der Wirbelschicht zerplatzen. Die aufsteigenden Gasblasen führen hinter sich eine Schleppe aus Feststoffteilchen von unten nach oben mit, wodurch es zu einer intensiven Vermischung der Feststoffteilchen in der Wirbelschicht kommt. Durch diese intensive Vermischung und die vergleichsweise hohen möglichen Gasgeschwindigkeiten verlaufen die Wärme- Stoff- und Impulstranportvorgänge in Wirbelschichten sehr intensiv, und es können hohe Stoff- und Wärmeübergangskoeffizienten erreicht werden.

Der Zustand der Wirbelschicht für ein Partikelkollektiv ist hinsichtlich der Fluidgeschwindigkeit innerhalb zweier Grenzen stabil. Die untere Grenze der Fluidgeschwindigkeit ist dabei die sogenannte Lockerungs- oder Wirbelpunktgeschwindigkeit. Das ist die Geschwindigkeit, bei der sich die Teilchen zu bewegen beginnen und die Schicht sich auflockert. Die obere Grenze der Fluidgeschwindigkeit ist dann erreicht, wenn die Teilchen durch den Fluidstrom aus der Schicht ausgetragen werden. Dies ist dann die sogenannte Schwebe- oder Austragsgeschwindigkeit. Zwischen diesen beiden Grenzgeschwindigkeiten bleibt der Druckverlust den das fluide Medium beim Durchströmen der Wirbelschicht erleidet annähernd konstant, und die Schichthöhe vergrößert sich. Diese Vergrößerung der Schichthöhe ist auf eine Vergrößerung des relativen Lückenvolumens der Wirbelschicht zurückzuführen, wobei als relatives Lückenvolumen das Volumen des Gases, das sich zwischen den Feststoffpartikeln befindet, bezogen auf das Gesamtvolumen der Wirbelschicht definiert ist. Für eine ruhende Schicht monodisperser kugelförmiger Partikel beträgt der Wert des relativen Lückenvolumens einer Zufallsschüttung ca. 0,38 bis 0,42. Wenn die Gasgeschwindigkeit durch die Schüttung über den Wirbelpunkt hinaus vergrößert wird, erhöht sich das Lückenvolumen und erreicht beim Austrag der Partikel aus der Wirbelschicht den Wert 1.

Das pneumatische Verhalten einer Wirbelschicht lässt sich im Prinzip durch Kriterialgleichungen aus zwei dimensionslosen Kennzahlen beschreiben. Es sind dies die Archimedes-Zahl, die in die stoffspezifische Größen eingeht und die Reynolds-Zahl, die den Strömungszustand beschreibt. Beide Kennzahlen sind wie folgt definiert:

$$Ar = \frac{g \cdot d_{Granulat}^3 \cdot (\rho_{Granulat} - \rho_{Gas})}{\nu_{Gas}^2 \cdot \rho_{Gas}}, \tag{64}$$

und:

$$\mathrm{Re} = \frac{d_{granulat} \cdot w_{Gas}}{\nu_{Gas}}. \tag{65}$$

Dabei sind g die Erdbeschleunigung $\left[\frac{m}{s^2}\right]$, $d_{Granulat}$ der Granulatdurchmesser $[m]$, $\rho_{Granulat}$ die Granulatdichte $\left[\frac{kg}{m^3}\right]$, ρ_{Gas} die Gasdichte $\left[\frac{kg}{m^3}\right]$ und ν_{Gas} die kinematische Viskosität des Gases $\left[\frac{m^2}{s}\right]$.

Um die Grenzen des Existenzbereiches einer Wirbelschicht abschätzen zu können, ist es zweckmäßig, die Wirbelpunkt- oder Lockerungsgeschwindigkeit und die Schwebe- oder Austragsgeschwindigkeit für die betrachteten Granulate zu bestimmen. Da es sich beim Coatingprozess um annähernd kugelförmige monodisperse Granulate handelt, können dafür die folgenden Kriterialgleichungen genutzt werden. Es muss dabei allerdings beachtet werden, dass sich sowohl der Granulatdurchmesser als auch die scheinbare Granulatdichte während des Coatingprozesses ändert. Dadurch ändern sich auch die Wirbelpunkt- und Austragsgeschwindigkeit für das Partikelkollektiv und auch das relative Lückenvolumen. Diese Veränderungen können z. B. dazu führen, dass insbesondere bei großen Manteldicken die Wirbelschicht in einen instabilen Bereich gerät, was während des Prozesses aber leicht durch Veränderung der Fluidbelastung korrigiert werden kann.

Für die Re-Zahl am Wirbelpunkt gilt unter den oben getroffenen Voraussetzungen:

$$\mathrm{Re}_W = \frac{Ar}{1400 + 5{,}22 \cdot \sqrt{Ar}} . \tag{66}$$

Daraus berechnet sich die Wirbelpunktgeschwindigkeit:

$$w_W = \frac{\mathrm{Re}_W \cdot \nu_{Gas}}{d_{Granulat}} . \tag{67}$$

Für die Re-Zahl am Austragspunkt gilt unter den gleichen Voraussetzungen:

$$\mathrm{Re}_A = \frac{Ar}{18 + 0{,}61 \cdot \sqrt{Ar}} . \tag{68}$$

Daraus berechnet sich die Austragsgeschwindigkeit:

$$w_A = \frac{\mathrm{Re}_A \cdot \nu_{Gas}}{d_{Granulat}} . \tag{69}$$

Das relative Lückenvolumen $\left[\frac{m^3 Lücke}{m^3 Gesamtvolumen}\right]$ lässt sich mit folgender Kriterialgleichung berechnen:

$$\varepsilon_{eff} = \left(\frac{18 \cdot \mathrm{Re}_{eff} + 0{,}36 \cdot \mathrm{Re}_{eff}}{Ar} \right)^{0,21} , \tag{70}$$

mit:

$$\mathrm{Re}_{eff} = \frac{w_{eff} \cdot d_{Granulat}}{\nu_{Gas}} . \tag{71}$$

Dabei ist w_{eff} die effektive gewählte Gasgeschwindigkeit in der Wirbelschicht, bezogen auf den freien Apparatequerschnitt, die voraussetzungsgemäß zwischen Wirbelpunkt- und Austragsgeschwindigkeit liegen muss.

In Abb. 2-19 ist der Zusammenhang zwischen dem relativen Lückenvolumen der Wirbelschicht und der effektiven Re-Zahl für ein Beispiel dargestellt.

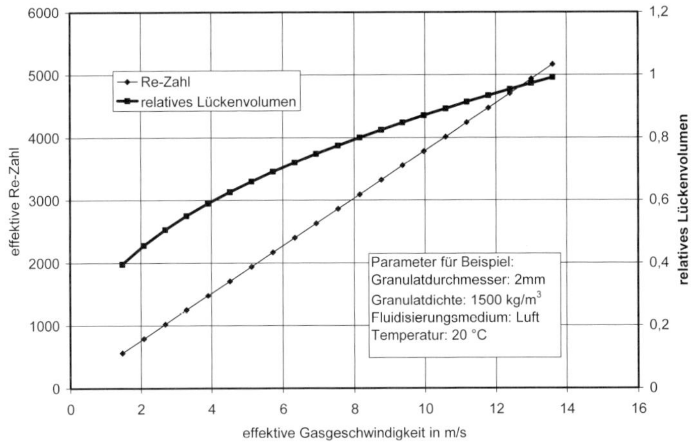

Abb. 2-19

Abhängigkeit der Re-Zahl und des relativen Lückenvolumens von der Gasgeschwindigkeit für ein Beispiel

Der Existenzbereich der Wirbelschicht liegt definitionsgemäß zwischen Wirbelpunkt- und Austragsgeschwindigkeit der Granulate. Für monodisperse annähernd kugelförmige Granulate ist dieser Existenzbereich in Abb. 2-20 grafisch veranschaulicht.

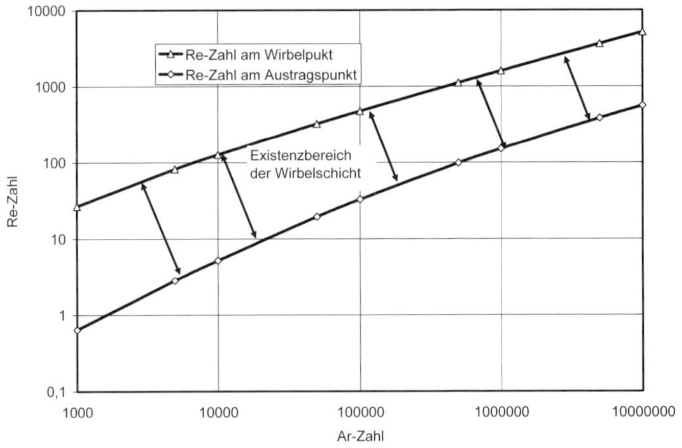

Abb. 2-20

Existenzbereich der Wirbelschicht als Funktion der Ar-Zahl

Die Abb. 2-21 zeigt den allgemeinen Zusammenhang zwischen Re-Zahl und relativen Lückenvolumen im Existenzbereich der Wirbelschicht mit der Ar-Zahl als Parameter.

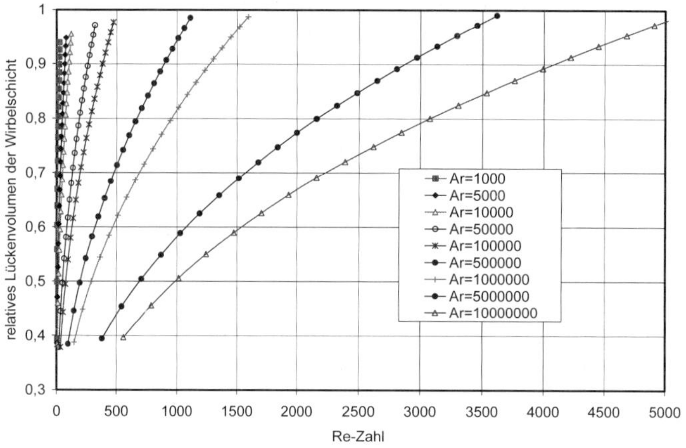

Abb. 2-21

Relatives Lückenvolumen im Existenzbereich der Wirbelschicht als Funktion der Re-Zahl

Die in Abb. 2-22 gezeigte halblogarithmische Darstellung lässt den Zusammenhang deutlicher erkennen.

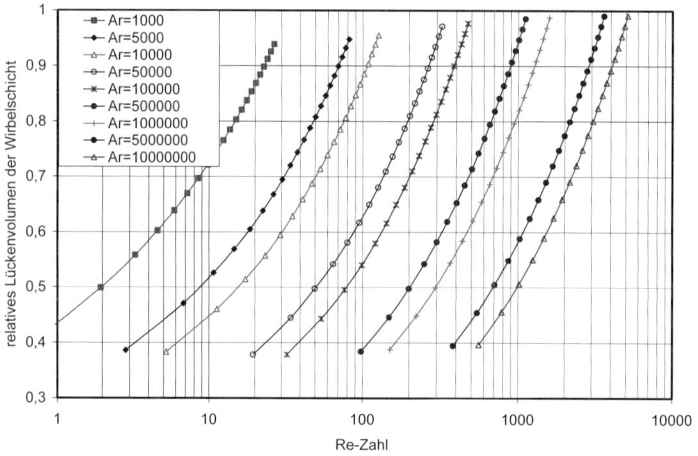

Abb. 2-22

Relatives Lückenvolumen der Wirbelschicht in Abhängigkeit von der Re-Zahl in halblogarithmischer Darstellung

2.3.2 Besonderheiten des Coatings in der Wirbelschicht

Beim Coating in der Wirbelschicht wird das Material des auf die Granulate aufzubringenden Mantels als Schmelze, Lösung oder Suspension in eine fluidisierte Schicht der zu ummantelnden Granulate fein verteilt eingebracht. Diese Einbringung geschieht in der Regel durch Verdüsen der Flüssigkeit über Ein- oder Zweistoffdüsen, in selteneren Fällen über Zerstäuberscheiben. Ein wesentlicher Vorteil des Coatingprozesses in der Wirbelschicht besteht vor allem darin, dass die in der Flüssigkeit enthaltene Lösungs- oder Suspendierungsflüssigkeit in das Fluidisierungsgas übergeht und von diesem mitgenommen wird. Da in einer Wirbelschicht die Wärme- Stoff- und Impulstransportvorgänge sehr intensiv vonstatten gehen, können somit recht hohe Flüssigkeits-Eindüsungsraten realisiert werden, wie sie z: B. bei Trommel- oder Tellercoatern nicht erreicht werden können.

2.3.3 Stoffübergang beim Coating in der Wirbelschicht auf der Grundlage eines Benetzungsgradmodells

Beim Coatingprozess in der Wirbelschicht wird in der Regel das Mantelmaterial in supendierter oder gelöster Form in einem Lösungsmittel in die fluidisierte Schicht der zu ummantelnden Granulate eingedüst. Die Flüssigkeit, in der der Mantelfeststoff suspendiert oder gelöst ist, verdampft und geht in den Fluidisierungsgasstrom über, während sich der supendierte oder gelöste Feststoff auf der Oberfläche der Granulate anlagert, wodurch die letzteren kontinuierlich wachsen. Der reine Wachstumsprozess und die Bedingungen, die zur Feststofffluidisierung führen, wurden bereits in den obigen Abschnitten beschrieben. Für die Beantwortung der Frage, welcher Massenstrom an Flüssigkeit in die Wirbelschicht eingedüst werden kann, ist es erforderlich, die Stoffübergangsbedingungen zwischen an der Oberfläche befeuchteten Granulaten und dem Fluidisierungsgas näher zu betrachten. In den folgenden Ausführungen soll angenommen werden, dass es sich bei dem Fluidisierungsgas um Luft und bei dem Lösungsmittel um Wasser handelt. Dies dürfte wohl für die meisten Fälle des Wirbelschichtcoating der Fall sein, die prinzipiellen Überlegungen gelten natürlich auch für andere Lösungsmittel oder Gase, wenn die entsprechenden Stoffwerte angepasst werden.

Für den Coatingprozess in einer Wirbelschicht wird eine den Mantelfeststoff enthaltende Flüssigkeit auf die fluidisierten Granulate in der Wirbelschicht eingedüst. Die Flüssigkeit benetzt dabei die Granulatoberflächen, und das Lösungsmittel verdampft an der Oberfläche der feuchten Granulate. Wie man sich leicht vorstellen kann, lässt sich die Flüssigkeitseindüsungsrate nicht beliebig steigern, da der die Wirbelschicht passierende Gasmassenstrom nur bis zur Sättigung Lösungsmittel aufnehmen kann. Um die Stoffübergangsprozesse in der flüssigkeitsbedüsten Wirbelschicht und damit auch die möglichen Flüssigkeitseindüsungsraten berechnen zu können, soll eine Modellvorstellung mit einem Benetzungsgradmodell zur Anwendung kommen. Ausgangspunkt ist dabei die im Abb. 2-23 gezeigte Vorstellung, dass die eingedüsten Flüssigkeitströpfchen auf die Granulate auftreffen, dort spreiten und die Granulatoberfläche teilweise benetzen [4, 6].

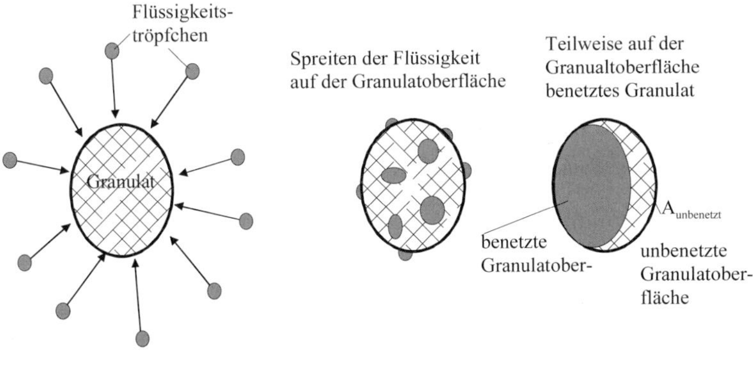

Abb. 1-23 Prinzipieller Aufbau eines ummantelten Feststoffteilchens

Der „Benetzungsgrad“ soll wie folgt definiert werden:

$$\phi = \frac{A_{benetzt}}{A_{benetzt} + A_{unbenetzt}} = \frac{A_{benetzt}}{A_{gesamt}}. \qquad (72)$$

Für diese Definition des Benetzungsgrades gilt also:

- $\phi = 0$ Teilchenoberfläche ist völlig trocken
- $\phi = 1$ Teilchenoberfläche ist völlig mit Flüssigkeit benetzt

Für die Berechnung des Stoffübergangsprozesses werden nun folgende vereinfachende Voraussetzungen getroffen:

- Der Feststoff in der Wirbelschicht ist ideal durchmischt (Modell CSTR)
- Das Gas bewegt sich in idealer Pfropfenströmung von unten nach oben durch die Wirbelschicht (Modell PFTR)
- Die Wirbelschicht ist homogen, das heißt, dass das relative Lückenvolumen an allen Stellen der Schicht gleich ist
- Der Stoffübergang vollzieht sich nur an der mit Flüssigkeit benetzten Granulatoberfläche
- Der Prozess vollzieht sich unter adiabaten Bedingungen
- Es tritt kein Abrieb, kein Partikelzerfall, keine Agglomeration von Partikeln untereinander und kein Overspray auf

Unter den oben genannten vereinfachenden Voraussetzungen kann für das im Abb. 2.24 dargestellte infinitesimale Volumenelement der Wirbelschicht unter Berücksichtigung des Stefanstromes folgende Stoffbilanz formuliert werden:

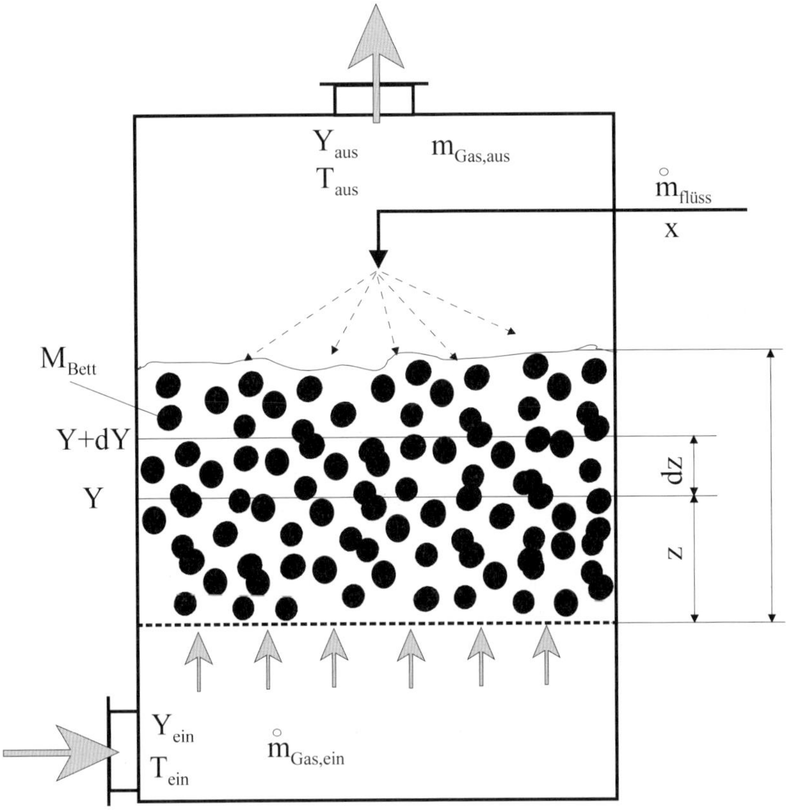

Abb. 2-24 Schema der flüssigkeitsbedüsten Wirbelschicht und Bezeichnungen

$$\frac{d\dot{m}_{Wasser}}{dA_{benetzt}} = \dot{m}_{Gas} \cdot \frac{dY}{dA_{benetzt}} = \frac{P \cdot \beta \cdot M_{Wasser}}{R \cdot T} \cdot \ln\left(\frac{P - p_{Wasser}}{P - p_{Wasser,Sät}}\right) \qquad (73)$$

Dabei sind $\dot{m}_{Wasser}$ der Wassermassenstrom, der im infinitesimalen Höhenabschnitt dz verdampft wird, $\dot{m}_{Gas}$ der Gasmassenstrom durch die Wirbelschicht, $A_{benetzt}$ der mit Flüssigkeit benetzte Oberflächenanteil im infinitesimalen Höhenabschnitt dz, Y die Wasserbeladung des Gases, P der Systemdruck, β der Stoffübergangskoeffizient, M_{Wasser} die Molmasse des Wassers, R die allgemeine Gaskonstante, T die Kelvintemperatur, p_{Wasser} der Partialdruck des Wasserdampfes im Gas, $p_{Wasser,sätt}$ der Sättigungsdampfdruck des Wassers bei der Temperatur T.

Der Zusammenhang zwischen Beladung des Gases mit Wasserdampf und Partialdruck kann durch folgende Gleichung ausgedrückt werden [4, 11]:

$$Y = \frac{M_{Wasser}}{M_{Gas}} \cdot \frac{p_{Wasser}}{P - p_{Wasser,Sät}} \tag{74}$$

oder:

$$p_{Wasser} = \frac{P \cdot Y}{\frac{M_{Wasser}}{M_{Gas}} + Y}. \tag{75}$$

Mit der obigen Gleichung ergibt sich aus der Bilanz:

$$\dot{m}_{Gas} \cdot \frac{dY}{dA_{benetzt}} = \frac{P \cdot \beta \cdot M_{Wasser}}{R \cdot T} \cdot \ln\left(\frac{\frac{M_{Gas}}{M_{Wasser}} + Y_{Sätt}}{\frac{M_{Gas}}{M_{Wasser}} + Y} \right). \tag{76}$$

Wenn der folgende Ausdruck als sogenannte Stefankorrektur definiert wird:

$$K_{SY} = \frac{\frac{M_{Wasser}}{M_{Gas}}}{\left(Y_{Sätt} - Y\right)} \cdot \ln\left(\frac{\frac{M_{Gas}}{M_{Wasser}} + Y_{Sätt}}{\frac{M_{Gas}}{M_{Wasser}} + Y} \right), \tag{77}$$

kann auch geschrieben werden:

$$\dot{m}_{Gas} \cdot \frac{dY}{dA_{benetzt}} = K_{SY} \cdot \frac{P \cdot \beta \cdot M_{Gas}}{R \cdot T} \cdot \left(Y_{Sätt} - Y\right). \tag{78}$$

Unter Einbeziehung des oben definierten Benetzungsgrades wird daraus:

. (79)

Wenn nun eine spezifische Granulatoberfläche in der Wirbelschicht wie folgt definiert wird,

$$a = \frac{A_{gesamt}}{V_{Bett}} = \frac{A_{gesamt}}{H_{Bett} \cdot A_{App}}, \tag{80}$$

dann gilt:

$$dA_{gesamt} = a \cdot A_{App} \cdot dz = \frac{A_{gesamt}}{H_{Bett} \cdot A_{App}} \cdot A_{App} \cdot dz = A_{gesamt} \cdot \frac{dz}{H_{Bett}}. \tag{81}$$

Durch einsetzten von (81) in (79) ergibt sich:

$$\frac{dY}{\phi \cdot A_{gesamt} \cdot \frac{dz}{H_{Bett}}} = K_{SY} \cdot \frac{P \cdot \beta \cdot M_{Gas}}{\dot{m}_{Gas} \cdot R \cdot T} \cdot (Y_{Sätt} - Y), \tag{82}$$

oder:

$$\frac{dY}{(Y_{Sätt} - Y)} = K_{SY} \cdot \frac{P \cdot \beta \cdot M_{Gas}}{\dot{m}_{Gas} \cdot R \cdot T} \cdot \phi \cdot A_{gesamt} \cdot \frac{dz}{H_{Bett}}, \tag{83}$$

oder mit:

$$\rho_{Gas} = \frac{P \cdot M_{Gas}}{R \cdot T} \quad \text{folgt} \tag{84}$$

$$\frac{dY}{(Y - Y_{Sätt})} = -K_{SY} \cdot \frac{\beta \cdot \rho_{Gas} \cdot A_{gesamt}}{\dot{m}_{Gas}} \cdot \phi \cdot \frac{dz}{H_{Bett}}. \tag{85}$$

Wenn nun ein NTU-Wert (number of transfer units) wie folgt definiert wird

$$NTU = \frac{\beta \cdot A_{gesamt} \cdot \rho_{Gas}}{\dot{m}_{Gas}}, \tag{86}$$

und mit $\frac{z}{H_{Bett}} = \xi_{Bett}$ eine dimensionslose Schichthöhe benannt wird, dann ergibt sich:

$$\frac{dY}{(Y - Y_{Sätt})} = -K_{SY} \cdot \phi \cdot NTU \cdot d\xi_{Bett} \tag{87}$$

Nach [12] kann bei Temperaturen unter 60 °C in erster Näherung $K_{SY} = 1$ gesetzt werden. Damit lässt sich die obige Gleichung integrieren:

$$\int_{Y_{ein}}^{Y} \frac{dY}{(Y - Y_{Sätt})} = -\phi \cdot NTU \cdot \int_{\xi=0}^{\xi} d\xi_{Bett}. \tag{88}$$

Die Integration ergibt:

$$\ln\left[\frac{(Y - Y_{Sätt})}{(Y_{ein} - Y_{Sätt})}\right] = -\phi \cdot NTU \cdot \xi. \tag{89}$$

Wenn der Ausdruck $\frac{(Y - Y_{Sätt})}{(Y_{ein} - Y_{Sätt})} = \eta_{Gas}$ als dimensionsloses Trocknungspotential der Luft bezeichnet wird, dann ergibt sich schließlich die Abhängigkeit dieses dimensionslosen Trocknungspotentials von der dimensionslosen Schichthöhe mit dem NTU-Wert und dem Benetzungsgrad als Parameter wie folgt:

$$\eta_{Gas} = \left[\frac{(Y - Y_{Sätt})}{(Y_{ein} - Y_{Sätt})} \right] = \exp(-\phi \cdot NTU \cdot \xi). \tag{90}$$

Für das dimensionslose Trocknungspotential am Austritt des Gases aus der Wirbelschicht gilt $\xi=1$ und damit:

$$\eta_{Gas,Austritt} = \left[\frac{(Y_{aus} - Y_{Sätt})}{(Y_{ein} - Y_{Sätt})} \right] = \exp(-\phi \cdot NTU). \tag{91}$$

Daraus lässt sich auch die dimensionsbehaftete Austrittsbeladung des Gases mit Lösungsmitteldampf nun leicht angeben:

$$Y_{aus} = Y_{Sätt} + (Y_{ein} - Y_{Sätt}) \cdot \exp(-\phi \cdot NTU). \tag{92}$$

In Abb. 2-25 ist das dimensionslose Trocknungspotential des Gases als Funktion der dimensionslosen Schichthöhe bei einem hundertprozentigen Benetzungsgrad dargestellt. Es zeigt sich dabei, dass das Trocknungspotential bei einem NTU-Wert von ca. 5 am Austritt des Gases aus der Schicht, also bei einem Wert von $\xi = 1$, bereits nahezu Null ist. Das heißt, dass das Gas kein Lösungsmittel mehr aufnehmen kann. Wenn z. B. durch Vergrößerung der Granulatmasse in der Schicht der NTU-Wert auf 10 vergrößert wird, so ist das Trocknungspotential des Gases bereits bei der halben Schichthöhe nahezu erschöpft, und die andere Hälfte der Schichthöhe hat keine Wirkung mehr. In der Praxis bedeutet dies, dass die Ventilatorleistung für die Überwindung des Schichtdruckverlustes doppelt so hoch wie eigentlich nötig ist.

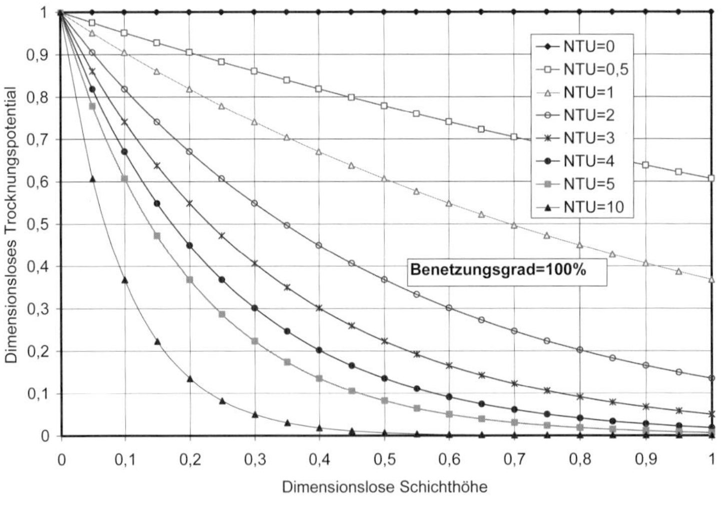

Abb. 2-25

Dimensionsloses Trocknungspotential des Gases als Funktion der dimensionslosen Schichthöhe mut dem NTU-Wert als Parameter für einen Benetzungsgrad von 100 %

Beim Coating in der Wirbelschicht wird man allerdings in den meisten Fällen auf Grund der Klebrigkeit der Coatingflüssigkeit mit Benetzungsgraden von deutlich unter 100 % arbeiten. Dies ändert natürlich den Verlauf des Trocknungspotentials über der dimensionslosen Schichthöhe, wie dies z. B. im Abb. 2-26 für einen Benetzungsgrad von 10 % gezeigt ist.

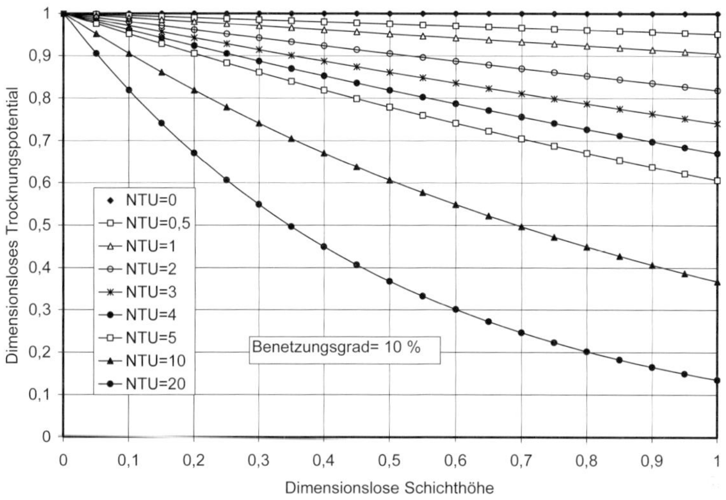

Abb. 2-26

Dimensionsloses Trocknungspotential des Gases als Funktion der dimensionslosen Schichthöhe mut dem NTU-Wert als Parameter für einen Benetzungsgrad von 10 %

Hier hat das aus der Schicht austretende Gas selbst bei einem NTU-Wert von 20 noch ein deutliches Trocknungpotential von mehr als 10 %. Für die praktische Berechnung des Stoffüberganges in einem Wirbelschichtcoater ist es deshalb wichtig den Benetzungsgrad zu kennen. Der Benetzungsgrad ist, wie leicht zu verstehen ist, sicher eine Funktion der Flüssigkeitseindüsung und des Lösungsmittelgehaltes der Flüssigkeit aber auch des Gasmassenstromes und der Lösungsmittelbeladung des in die Wirbelschicht eintretenden Gases. Seine Berechnung kann unter vereinfachenden Voraussetzungen wie folgt geschehen. Es werden folgende vereinfachenden Annahmen getroffen:

- Alles in die Wirbelschicht eingedüste Lösungsmittel wird vollständig verdampft
- Es gelten die gleichen Voraussetzungen, die zu Gleichung (92) geführt haben
- Es wird zunächst bei der diskontinuierlich chargenweisen Fahrweise nicht berücksichtigt, dass sich mit forlaufendem Prozess der NTU-Wert u. a. durch die Vergrößerung der Partikeloberläche ändert, so dass die Berechnung für einen beliebigen Zeitpunkt, bei dem gerade der NTU-Wert gilt, angewendet werden kann.
- Beim kontinuierlichen Coatigprozess ist das Modell ebenfalls anwendbar, und da sich dabei die gesamte Granulatoberfläche in der Schicht und auch die Fluidisierungsbedingungen nicht ändern, gelten die Beziehungen allgemein. Dabei muss allerdings berücksichtigt werden, dass sich die Wasserbeladung der zugeführten Keime nicht von der Wasserbeladung der die Schicht verlassenden Granulate unterscheiden darf. Wenn dies der Fall sein sollte, so kann die Differenz der Wassermasse zwischen Massenstrom der Keime und Massenstrom der abgezogenen Granulate leicht in der Berechnung berücksichtigt werden.

In Abb. 2-27 ist das Problem noch einmal veranschaulicht.

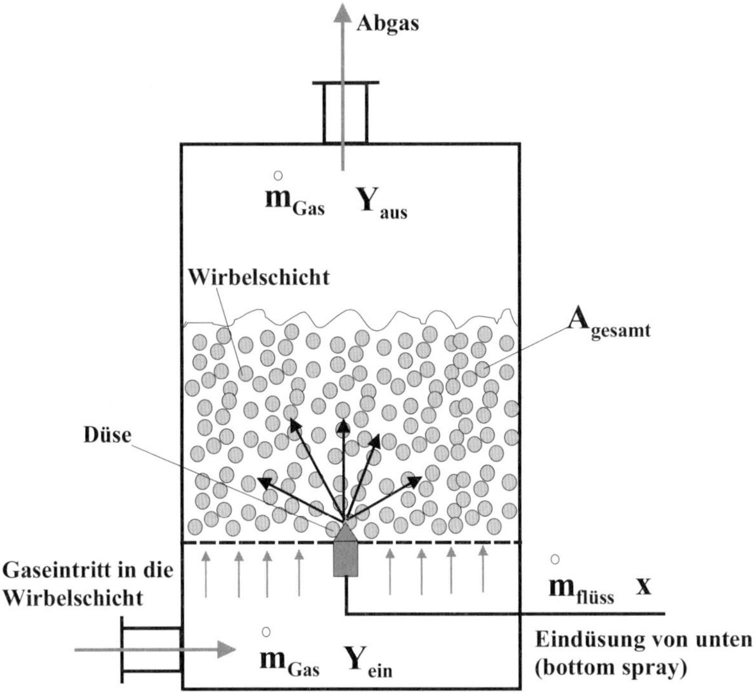

Abb. 2-27

Bilanz um den Wirbelschicht-Coater zur Ermittlung des Benetzungsgrades

Aus der Bilanz um die eingedüste Flüssigkeit ergibt sich:

$$\dot{m}_{flüss} \cdot x = \dot{m}_{Gas} \cdot \left(Y_{aus} - Y_{ein}\right), \tag{93}$$

oder:

$$Y_{aus} = Y_{ein} + \frac{\dot{m}_{flüss} \cdot x}{\dot{m}_{Gas}}. \tag{94}$$

Durch gleichsetzen von (92) und (94) erhält man:

$$Y_{ein} + \frac{\dot{m}_{flüss} \cdot}{\dot{m}_{Gas}} = Y_{Sätt} + \left(Y_{ein} - Y_{Sätt}\right) \cdot \exp\left(-\phi \cdot NTU\right). \tag{95}$$

Daraus wird:

$$\exp\left(-\phi \cdot NTU\right) = 1 - \frac{\dot{m}_{flüss} \cdot x}{\dot{m}_{Gas} \cdot \left(Y_{Sätt} - Y_{ein}\right)}, \tag{96}$$

oder:

$$\phi = -\frac{1}{NTU} \cdot \ln\left[1 - \frac{\dot{m}_{flüss} \cdot x}{\dot{m}_{Gas} \cdot \left(Y_{Sätt} - Y_{ein}\right)}\right]. \quad (97)$$

Wenn die folgende dimensionslose Flüssigkeitseindüsungsrate eingeführt wird

$$m^*_{flüss} = \frac{\dot{m}_{flüss} \cdot x}{\dot{m}_{Gas} \cdot \left(Y_{Sätt} - Y_{ein}\right)}, \quad (98)$$

dann folgt:

$$\phi = -\frac{1}{NTU} \cdot \ln\left[1 - m^*_{flüss}\right]. \quad (99)$$

In Abb. 2-28 ist der Zusammenhang zwischen Benetzungsgrad und dimensionsloser Flüssigkeitseindüsungsrate mit dem NTU-Wert als Parameter grafisch dargestellt. Dabei ist zu beachten, dass sich der Benetzungsgrad in der vorliegenden Definition nur zwischen 0 und 1 bewegen kann.

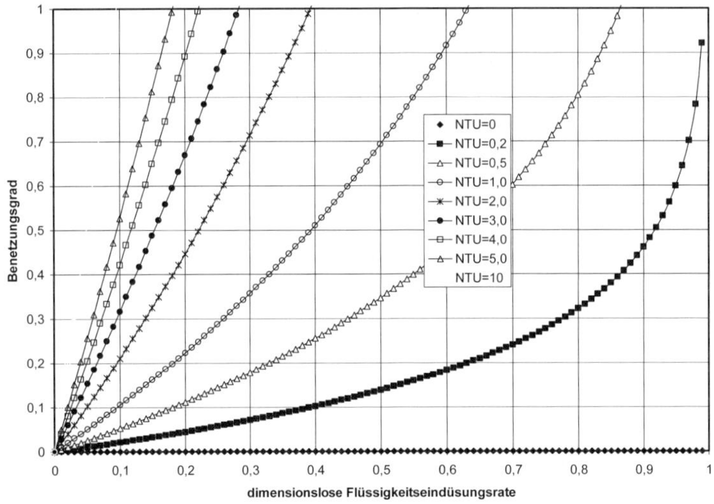

Abb. 2-28

Benetzungsgrad als Funktion der dimensionslosen Flüssigkeitseindüsungsrate mit dem NTU-Wert als Parameter oder:

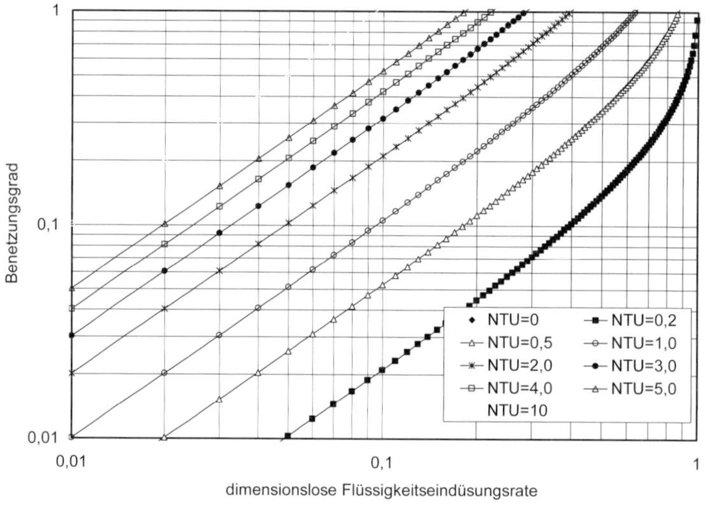

Abb. 2-29

Benetzungsgrad als Funktion der dimensionslosen Flüssigkeitseindüsungsrate mit dem NTU-Wert als Parameter (logarithmische Darstellung)

Nach diesen Überlegungen fehlt nun nur noch die Berechnung der Stoffübergangszahl β. Aus der Literatur sind dafür eine Reihe von Kriterialgleichungen bekannt, von denen hier als Beispiel nur zwei genannt werden sollen. Die Berechnung der Stoffübergangszahl erfolgt aus Kriterialgleichungen der Form:

$$Sh = f(\mathrm{Re}, Sc) . \tag{100}$$

Dabei sind die dimensionslosen Kennzahlen Sherwood-Zahl, Reynolds-Zahl und Schmidt-Zahl wie folgt definiert:

$$Sh = \frac{\beta \cdot d_{Granulat}}{D} \quad \text{und} \tag{101}$$

$$\mathrm{Re} = \frac{w_{Gas,eff} \cdot d_{Granulat}}{\nu_{Gas}} \quad \text{und} \tag{102}$$

$$Sc = \frac{\nu_{Gas}}{D} . \tag{103}$$

Dabei sind: D der Diffusionskoeffizient [10] von Lösungsmittelmolekülen in das Gas (äquimolare Diffusion), β der Stoffübergangskoeffizient, $d_{Granulat}$ der Granulatdurchmesser, $w_{Gas,eff}$ die effektive Gasgeschwindigkeit auf den freien Apparatequerschnitt bezogen und ν_{Gas} die kinematische Viskosität des Gases. Der Diffusionskoeffizient von Wasserdampf in Luft lässt sich nach Schirmer [11] als Funktion der Temperatur wie folgt bestimmen:

$$D = \frac{2{,}252}{P} \cdot \left(\frac{T + 273{,}15}{273{,}15} \right)^{1{,}81} . \tag{104}$$

Nach Romankov [13] gilt:

$$Sh = 2 + 0{,}51 \cdot \mathrm{Re}^{0{,}52} \cdot Sc^{0{,}33} . \tag{105}$$

Gnielinski [7] berücksichtigte das relative Lückenvolumen der Wirbelschicht und kam zu folgendem Ergebnis:

$$Sh_{Wirbelschicht} = [1 + 1{,}5 \cdot (1 - \varepsilon)] \cdot Sh_{Einzelkugel} . \tag{106}$$

Dabei berechnet sich:

$$Sh_{Einzelkugel} = 2 + \sqrt{Sh_{lam}^2 + Sh_{turb}^2} \tag{107}$$

und

$$Sh_{lam} = 0{,}664 \cdot \sqrt{\mathrm{Re}_\varepsilon \cdot \sqrt[3]{Sc}} \tag{108}$$

sowie

$$Sh_{turb} = \frac{0{,}037 \cdot \mathrm{Re}_\varepsilon^{0{,}8} \cdot Sc}{1 + 2{,}443 \cdot \mathrm{Re}_\varepsilon^{-0{,}1} \cdot \left(Sc^{2/3} - 1 \right)} , \tag{109}$$

wobei für Re_ε gilt:

$$\mathrm{Re}_\varepsilon = \frac{\mathrm{Re}}{\varepsilon} . \tag{110}$$

In Abb. 2-30 sind die beiden in Gleichung (105) und (106) beschriebenen Abhängigkeiten in der Form Sh = f(Re) mit ε als Parameter für eine Sc-Zahl von 0,6 dargestellt.

Es zeigt sich dabei, dass die Sh-Zahlen nach Romankov in etwas den von Gnielinski ermittelten Werten bei einem relativen Lückenvolumen von 99 % entsprechen. Darüber hinaus gibt es noch eine große Zahl von Untersuchungen in der Literatur, die die Ermittlung der oben genannten Abhängigkeit zum Inhalt haben. Einige dieser Beziehungen sind z. B. in [14] oder [15] zusammengestellt.

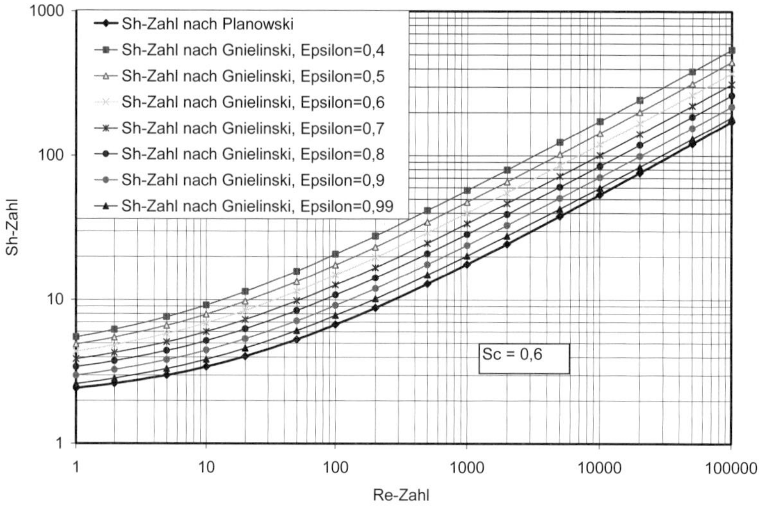

Abb. 2-30

Sherwood-Zahl als Funktion der Reynolds-Zahl nach Romankov und Gnielinski für eine konstante Schmidt-Zahl von 0,6

Mit den oben hergeleiteten Zusammenhängen sollte nun die vereinfachte Berechnung einer Anlage zum Wirbelschichtcoating und deren Leistungsparameter möglich sein.

2.4 Symbolverzeichnis

Symbol	**Dimension**	**Bedeutung**
$A_{Granulat}$	m^2	Oberfläche eines Granulates in der Wirbelschicht
$A_{benetzt}$	m^2	Mit Flüssigkeit benetzte Granulatoberfläche
$A_{unbenetzt}$	m^2	Unbenetzte Granulatoberfläche
$A_{Granulat}^{gesamt}$	m^2	Gesamtoberfläche aller Granulate in der Wirbelschicht
a	$\frac{m^2}{m^3}$	Spezifische Feststoffoberfläche in der Wirbelschicht
$A_{Granulat}^{mittel}$	m^2	Mittlere Oberfläche eines Granulates in der Wirbelschicht
$A_{Granulat}^{gesamt,\dim ensionslos}$	-	Dimensionslose Gesamtoberfläche aller Granulate in der Wirbelschicht
s_{Mantel}	-	Archimedes-Zahl
A_{App}	m^2	Apparatequerschnittsfläche
D	$\frac{m^2}{s}$	Diffusionskoeffizient
$d_{Granulat}^{\dim ensionslos}$	-	Dimensionsloser Granulatdurchmesser
$d_{Granulat}$	m	Granulatdurchmesser
K_{SY}	-	Stefankorrektur
$M_{Granulat}$	kg	Mittlere Masse eines Granulates
$M_{Granulat}^{mittels}$	kg	Dimensionslose Granulatmasse
$M_{Granulat}^{\dim ensionslos}$	-	Dimensionslose Granulatmasse
M_{Bett}	kg	Gesamte Schichtmasse
M_{Wasser}	$\frac{kg}{kmol}$	Molmasse des Lösungsmittels
$\dot{m}_{Flüss}$	$\frac{kg}{s}$	Massenstrom der eingedüsten Flüssigkeit

Symbol	Dimension	Bedeutung
$m^*_{flüss}$	-	Dimensionslose Flüssigkeitseindüsungsrate
$\dot{m}_{Wasser}$	$\frac{kg}{s}$	Verdampfter Wasser-Massenstrom
$\dot{m}_{Granulat,0}$	$\frac{kg}{s}$	Massenstrom der zugegebenen Keime
$\dot{m}_{Granulat,A}$	$\frac{kg}{s}$	Massenstrom der austretenden Granulate
$\dot{m}_{Gas}$	$\frac{kg}{s}$	Gasmassenstrom durch die Wirbelschicht
NTU	-	NTU-Wert
P	Pa	Systemdruck
p_{Wasser}	Pa	Partialdruck des Lösungsmittels
$p_{Wasser,Sätt}$	Pa	Partialdruck des Lösungsmittels bei Sättigung
R	$\frac{kJ}{kmol \cdot K}$	Allgemeine Gaskonstante
Re	-	Reynolds-Zahl
Re_ε	-	Reynolds-Zahl für die Zwischenraumgeschwindigkeit
Re_W	-	Reynolds-Zahl am Wirbelpunkt
Re_A	-	Reynolds-Zahl am Austragspunkt
Re_{eff}	-	Effektive Re-Zahl bei der gewählten Gasgeschwindigkeit
Sh	-	Sherwood-Zahl
Sh_{lam}	-	Laminarer Anteil der Sherwood-Zahl
Sh_{turb}	-	Turbulenter Anteil der Sherwood-Zahl
$Sh_{Einzelkugel}$	-	Sherwood-Zahl der Einzelkugel
s_{Mantel}	m	Manteldicke

Symbol	**Dimension**	**Bedeutung**
$s_{Mantel}^{\dim ensionslos}$	-	Dimensionslose Manteldicke
$s_{Mantel}^{mittel,\dim ensionslos}$	-	Mittlere dimensionslose Manteldicke
Sc	-	Schmidt-Zahl
T	K	Temperatur
t	s	Zeit
t_V	s	Zeit, die ein Granulat benötigt um vom Durchmesser $d_{Granulat,0}$ auf den Durchmesser $d_{Granulat,A}$ anzuwachsen
$V_{Granulat}^{mittel}$	m^3	Mittleres Granulatvolumen
V_{Bett}	m^3	Volumen der Wirbelschicht
$V_{Granulat}$	m^3	Granulatvolumen
$w_{Granulat}$	$\frac{m}{s}$	Lineare Wachstumsgeschwindigkeit der Granulate
w	$\frac{m}{s}$	Gasgeschwindigkeit
w_W	$\frac{m}{s}$	Gasgeschwindigkeit am Wirbelpunkt
w_A	$\frac{m}{s}$	Gasgeschwindigkeit am Austragspunkt
w_{eff}	$\frac{m}{s}$	Effektive gewählte Gasgeschwindigkeit
x	$\frac{kg \quad Lösungsmittel}{kg \quad Flüssigkeit}$	Massenanteil des Lösungsmittels in der Flüssigkeit
Y	$\frac{kg \quad Lösungsmittel}{kg \quad trockens \quad Gas}$	Lösungsmittelbeladung des Gases
Y_{ein}	$\frac{kg \quad Lösungsmittel}{kg \quad trockens \quad Gas}$	Lösungsmittelbeladung des in die Wirbelschicht eintretenden Gases
Y_{aus}	$\frac{kg \quad Lösungsmittel}{kg \quad trockens \quad Gas}$	Lösungsmittelbeladung des aus der Wirbelschicht austretenden Gases

Symbol	**Dimension**	**Bedeutung**
$Y_{sätt}$	$\frac{kg \quad Lösungsmittel}{kg \quad trockens \quad Gas}$	Lösungsmittelbeladung des Gases bei Sättigung
z	m	Laufende Schichthöhe
β	$\frac{m}{s}$	Stoffübergangszahl
ϕ	-	Benetzungsgrad
ε	-	Relatives Lückenvolumen
ε_{eff}	-	Relatives Lückenvolumen bei der effektiv gewählten Gasgeschwindigkeit
η_{Gas}	-	Dimensionsloses Trocknungspotential des Gases
$\eta_{Gas,Austritt}$	-	Dimensionsloses Trocknungspotential des Gases beim Austritt aus der Wirbelschicht
ρ_{Mantel}	$\frac{kg}{m^3}$	Dichtes des Mantels
ρ_{Kern}	$\frac{kg}{m^3}$	Dichtes des Kerns
$\rho_{Granulat}$	$\frac{kg}{m^3}$	Granulatdichte
ρ_{Gas}	$\frac{kg}{m^3}$	Gasdichte
$\rho_{Granulat}^{mittel}$	$\frac{kg}{m^3}$	Mittlere scheinbare Granulatdichte
$\rho_{Granulat}^{\dim ensionslos}$	-	Dimensionsloses Dichtevehältnis
$\rho_{Granulat}^{mittel,\dim ensionslos}$	-	Mittlere dimensionslose Granulatdichte
$\sum n_{Granulat}$	-	Gesamtanzahl aller Granulate in der Wirbelschicht
τ	-	Dimensionslose Zeit
ν_{Gas}	$\frac{m^2}{s}$	Kinematische Viskosität des Gases
ξ_{Bett}	-	Dimensionslose Schichthöhe

2.5 Quellenverzeichnis

[1] Uhlemann H., Mörl L. 2000, Wirbelschichtsprühgranulation, Springer-Verlag, Berlin

[2] Heinrich S., Blumschein J., Henneberg M., Ihlow,M., Peglow M., Mörl L. 2003, Study of dynamik multi-dimensional temperature and and concentration distributions in Liq-uid sprayed fluidized beds, Chem. Eng. Sci. 58, 5135-5160

[3] Peglow M., Kumar J., Warnecke G., Heinrich S., Mörl L. 2006, A new techniqueto determine rate constants for growth and agglomeration with size-andtime-depend nuclei formation, Chem Eng. Sci. 61, 282-292

[4] Heinrich S. 2000, Modellierung des Wärme- und Stoffüberganges sowie der Partikelpopulationen bei der Wirbelschicht-Sprühgranulation, Dissertation, Otto-von-Guericke-Universität Magdeburg, VDI-Fortschrittsbericht 675, Reihe 3, VDI-Verlag

[5] Mörl L. u. a.2007, Fluidized Bed Spray Granulation, in: HANDBOOK OF POWDER TECHNOLOGY, Granulation, (Salman, A. D., u. a. eds.), Elsevier-Verlag

[6] Mörl L, Mittelstrass M., Sachse J. 1977, Zum Kugelwachstum bei der Wirbelschichttrocknung von Lösungen oder Suspensionen, Chem. Techn. 29 , 540-542

[7] Gnielinski, V. 1980, Wärme- und Stoffübertragung in Festbetten, VDI-Wärmeatlas, 9. Auflage, Gf1-Gf3, VDI-Verlag, Düsseldorf

[8] Mörl L. 1980, Granulatwachstum bei der Wirbelschichtgranulationstrocknung unter Berücksichtigung sich neu bildender Granulatkeime, Wiss. Z. Techn. Hochsch. Magdeburg 24, 13-19

[9] Mörl L. 1986, Growth of granules in fluidized-bed drying, taking into account the formation of nuclei, Intern. Chem. Eng. 26, 236-242

[10] Mörl L., Künne H.-J. 1982, Granulatwachstum während des instationären Betriebszustandes in der flüssigkeitsbedüsten Wirbelschicht, Wiss. Z. Techn. Hochsch. Magdeburg 26, 5-8

[11] Schirmer R. 1938, Die Diffusionszahl von Wasserdampf-Luft-Gemischen und die Verdampfungsgeschwindigkeit, VDI Beiheft Verfahrenstechnik 170

[12] Gnielinski V., Mersmann A., Thurner F. 1993, Verdampfung, Kristallisation, Trocknung, Verlag Friedrich Vieweg & Sohn Braunschweig/Wiesbaden

[13] Romankov P. G., Raschkovskaja N. P. 1968, Sushka wo bsveschennom sosojanii (Trocknung im fluidisierten Zustand), Verlag Chemie, Moskau

[14] Mörl, L. 1980, Anwendungsmöglichkeiten und Berechnung von Wirbelschichtgranulationstrocknungsanlagen, Dissertation B, TH Magdeburg

[15] Garner F. H., Suckling R. D. 1958, Mass Transfer from a Soluble Solid Sphere, AICHE-Journal, 4, 114-124

3 Coatings in der pharmazeutischen Industrie

Mont Kumpugdee-Vollrath, Evrin Gögebakan, Jens-Peter Krause, Ulrich Müller, Gerhard Waßmann

Einleitung

Wenn Coatings in der pharmazeutischen Industrie verwendet werden sollen, sind folgende Fragen zu beantworten:

- Wofür soll dieses Coating dienen?
- Welche Materialien (Polymere, Weichmacher, Farb- und Zusatzstoffe) sollen genutzt werden?
- Sollen fertige Coatings eingesetzt oder die Formulierung selbst hergestellt werden?
- Welche Coatinganlage ist geeignet?
- Muss eine neue Coatinganlage beschafft werden?
- Wieviel darf der Gesamtprozess kosten?
- Ist ein Lohnhersteller günstiger?

Überzüge haben sehr unterschiedliche Aufgaben zu erfüllen. Sie dienen z.B.:

- dem Schutz der Wirkstoffe gegen Licht, Luftsauerstoff und Feuchtigkeit
- der mechanischen Stabilisierung während Herstellung, Verpackung und Versand
- dem Schutz des Wirkstoffs gegen den Einfluss von Verdauungssäften
- der gesteuerten Freisetzung im humanen Körper
- der Vermeidung von Nebenwirkungen des Wirkstoffs
- der Erhöhung der Arzneimittelsicherheit durch farbliche Unterscheidung der Tabletten
- der Identifizierung verschiedener Arzneimittel

In den folgenden Kapiteln sollen Antworten auf die gestellten Fragen gegeben und einige dieser Funktionen näher erläutern werden.

3.1 Coatingarten

Von funktionellen Coatings spricht man, wenn der Filmüberzug einen Einfluss auf die Freisetzung des Wirkstoffes aus dem Kern hat. Von besonderer Bedeutung sind dabei magensaftresistente Coatings (enteric coatings) und Coatings mit zeitlich verzögerter Freisetzung.

3.1.1 Magensaftresistente Coatings

Magensaftresistente Überzüge werden verwendet, um den Wirkstoff vor der Magensäure zu schützen (z.B. Pankreatin und andere Enzyme, Proteine sowie viele Antibiotika).

Die gecoatete Arzneiform passiert das saure Magenmilieu (pH 1 - 4). Erst im Dünndarm ab einem pH 5 - 7 löst das Coating sich auf und der Wirkstoff wird freigesetzt. Die Resistenz im sauren Milieu wird bei den häufig eingesetzten Coatingpolymeren üblicherweise durch den Einbau von Carboxylgruppen erreicht [1].

Bei Wurmmitteln oder Darm-Antiseptika ist eine Verdünnung des Wirkstoffes durch den Magensaft zu vermeiden. Bestimmte Wirkstoffe sollen erst im Dünndarm freigesetzt werden, weil deren Resorption dort besonders gut ist oder der Wirkstoff dort wirken soll. Ebenso häufig muss die Magenschleimhaut gegen die reizende oder schädigende Wirkung des Arzneistoffes geschützt werden (z.B. bei Acetylsalicylsäure, Diclofenac).

3.1.2 Coatings für verzögerte Freisetzung

Soll die Dosis eines Wirkstoffes über einen Zeitraum von mehreren Stunden konstant (niedrig) gehalten werden, um unerwünschte Nebenwirkungen oder Dosisspitzen zu vermeiden, wird eine verzögerte Freisetzung benutzt. Dies ist z.B. bei Antibiotika, Hormonen oder Psychopharmaka der Fall. Positiver Nebeneffekt ist die einmalige Einnahme pro Tag („Once a day"), wodurch längere Zeiträume der Verabreichung für den Patienten vereinfacht werden. Technologisch kann dies durch Ionenaustauscher, Matrixtabletten oder Schmelzeinbettung erreicht werden.

Die weitaus häufigste Methode ist jedoch die langsam freisetzende Tablette. Hierzu werden halbdurchlässige oder mikroporöse Überzüge verwendet. Häufig verwendete Polymere sind hierbei Polyacrylatmethacrylat (PAMA) oder Ethylcellulose (EC)-Latices.

3.1.3 Ästhetische Coatings

Ein rein ästhetisches Coating liegt vor, wenn der Filmüberzug die äußere Erscheinung der Tablette verändert, ohne im Idealfall die Freisetzung zu beeinflussen. Durch das Auftragen geringer Mengen eines leicht wasserlöslichen Films (1 - 5 % der Gesamtmasse) kann Farbe, Glätte und Glanz der Oberfläche geändert werden.

Dabei erfüllt das ästhetische Coating mehrere Ansprüche an das Produkt. Primär werden die Tablette vor Feuchte, Oxidation und UV-Licht geschützt, um Abbauprozesse der Inhaltsstoffe zu verhindern und die Haltbarkeit bzw. Lagerfähigkeit zu erhöhen.

Darüber hinaus kann dieses Coating aus anderen Gründen eingesetzt werden. So ist eine verbesserte Einnahmetreue („Compliance") des Patienten zu erreichen, wenn das Coating vor bitterem Geschmack bzw. unangenehmem Geruch, adstringierendem oder betäubendem Mundgefühl schützt. Bei stark färbenden Arzneistoffen schützt der Überzug Finger, Mund und Kleidung vor diesen Farbstoffen.

Eine verbesserte Schluckbarkeit erhöht ebenfalls die Compliance. Quellende Überzüge auf Basis von Pektin, Alginat oder Carrageen können durch Ausbildung einer Gelstruktur das Herunterschlucken wesentlich erleichtern.

Weiterhin dient der ästhetische Überzug auch der reinen Produktoptik. Die Akzeptanz von unästhetischen Kernen, wie Phytopharmaka, Enzym- oder Mineralstoffpräparaten wird damit verbessert.

Die Farbe erleichtert die Zuordnung und Wiedererkennung. Älteren Patienten mit Mehrfacheinnahmen fällt es leichter, Verwechslungen zu vermeiden. Die richtige Farbe unterstützt psychologisch die Wirkung durch den Placeboeffekt. Geschickte Marketingstrategen nutzen Farbe auch zur „Brand Recognition". Das beste Beispiel ist das patentierte Viagrablau von Pfizer.

In bestimmten Ländern dienen farbige Überzüge auch zur Zementierung sozialer Unterschiede. In Brasilien z.B. sind alle Tabletten aus dem Sozialprogramm für Arme aus Kostengründen ungefärbt, als Wohlhabender nimmt man also nur farbige Tabletten ein [2]. In der klinischen Prüfung egalisiert ein gleichfarbiger (weiß oder farbig) Überzug Placebo und Verum.

Ein Überzug verbessert natürlich auch wesentlich die mechanischen Eigenschaften der Oberfläche. Der Abrieb wird verringert, es verbleibt kein Staub im Blister und bei modernen Packlinien ist es möglich, bis zu 10 % höhere Geschwindigkeit zu fahren [3].

3.1.4 Weitere Arten von Coatings

Neben der klassischen Dragierung und dem weit verbreiteten modernen Tablettenüberzug gibt es einige weitere Methoden des Coatings. Wegen geringer Stückzahlen, vieler und schwierig zu validierender Prozessparameter oder einfach aus Kostengründen spielen sie nur eine untergeordnete Rolle.

Manteltabletten gibt es schon seit Anfang des letzten Jahrhunderts. Allerdings konnte erst in den 1950er Jahren eine hinreichende Genauigkeit bei der Positionierung des Kerns im umgebenden Pulver erreicht werden (s.a. Kap. 11). Vorteil ist die konsequente Vermeidung von Wasser oder Lösungsmitteln bei sensiblen Wirkstoffen. Nachteil ist die geringe Stückzahl und der komplizierte Prozess.

Beim Schmelzcoating wird der Tablettenkern bei erhöhter Temperatur im Fluidbett mit schmelzendem Pulver überzogen (s.a. Kap. 2 und Kap. 11). Nachteilig wirkt sich hier die thermische Belastung des Wirkstoffes aus.

Für kleinere Tabletten, Pellets oder Granulate eignen sich verschiedene Arten der Mikroverkapselung, wie Koazervation, Sprüh- und Schmelzverfahren. Eine Sonderform ist das „Einpacken" von Tabletten in einen fertigen Film.

Weitere Einzelheiten werden im Kap. 11 behandelt.

3.1.5 Zusammenfassung

Gegenwärtig werden hauptsächlich zwei Überzugsverfahren unterschieden - Dragierung und Filmüberzug. Das Dragieren umfasst vor allem Überzugsverfahren mit Saccharose und anderen zuckerhaltigen Überzugsmaterialien, die im Dragierkessel, Trommelcoater oder in der Wirbelschichtanlage auf den Arzneikern aufgetragen werden. Die aufgetragene Schichtdicke beim Dragieren ist größer als beim Filmüberzug. Unebenheiten der Arzneimitteloberfläche können durch die Dragierung überdeckt werden. Für das Dragieren eignen sich Tabletten mit einer hohen Wölbung und einem niedrigen Steg. Fehlerhafte Formen werden beim Auftragen der Siruplösungen ausgerundet. Der Materialverbrauch steigt bei einer nicht ovalen Form erheblich an.

Filmüberzüge werden meistens im Trommelcoater oder in der Wirbelschichtanlage aufgebracht. Die wichtigen Prozess-Parameter bei beiden Verfahren sind der Sprühdruck, die Sprühtemperatur, die Kernmenge und die Sprühgeschwindigkeit [1].

Filmüberzüge bilden dünnere Filme aus und benötigen weniger Material. Unebenheiten des Untergrunds wie Kerben und Gravuren werden nachgebildet. Außerdem können Filmüberzüge aufgrund ihrer Polymereigenschaft und ihres Löseverhaltens in verschiedenen Medien des humanen Körpers (Gastrointestinaltrakt) eingesetzt werden.

Generell ist das Herstellen von Filmüberzügen mit Dispersionslösungen weniger zeit- und energieintensiv als die Dragierung von Arzneiformen mit Siruplösungen bzw. Sirupdispersionen. Die Vorteile des Film-Coatings sind:

- um 2/3 verkürzte Prozesszeiten und deutlich weniger Energieverbrauch
- geringere Gewichtszunahme des Tablettenfilms (2-3%) gegenüber dem Überzug beim Dragieren (30-50%)
- Erhalt von Gravuren auch zur zusätzlichen Identifizierung
- erleichterte Automatisierung und Validierung aufgrund Ein-Schritt-Prozessführung
- vereinfachte Anpassung an spezifische Freisetzungsprofile
- gleichmäßigere Freisetzung
- höhere Auswahl an Polymeren

3.2 Coating von Arzneiformen

Insbesondere feste Arzneiformen wie z.B. Tabletten, Globuli, Pellets, Kapseln und Kristalle werden mit Coatingmaterialien überzogen. Dabei spielt die Auswahl der richtigen Anlage für das Coating vor allem von kleineren Partikeln eine erhebliche Rolle. In Abb. 3-1 sind verschiedene feste Arzneiformen dargestellt.

Sollen nicht kugelige Arzneiformen gecoatet werden, ist die Geometrie gesondert zu ermitteln. Bei ovalen Tabletten wird der Durchmesser gemessen. Bei Oblongtabletten wird aufgrund der Kernform zusätzlich Länge, Breite und Tiefe mit einem Messschieber ermittelt.

Generell sollten Tabletten beim Befilmen gewölbt sein, um ein Aufstapeln und Zusammenkleben der Tabletten (Twin-Bildung, Abb. 3-2) und Abrieb zu vermeiden. Für Filmüberzüge werden schwach gewölbte Formen bevorzugt [1].

3.3 Filmbildner

Bei der Auswahl von Filmbildnern ist es von Interesse, wie sich die Filme formieren, für welchen Verwendungszweck welche Polymere benötigt und welche Zusatzstoffe den Filmbildner zugefügt werden, um homogene und glatte Filme zu erhalten [4].

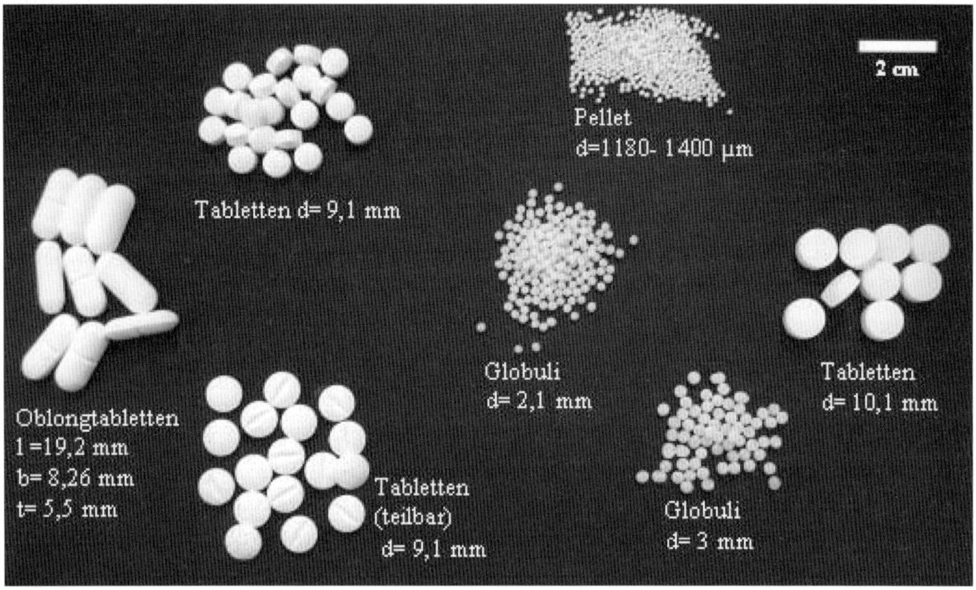

Abb. 3-1 Arzneiformen als Kern für die Überzüge

Abb. 3-2

Aufstapelung von Tabletten (planar) bzw. Twin-Bildung während des Coatingprozesses

3.3.1 Filmentstehungen

Bei der Filmentstehung erdunstet das Wasser bei konstanter Trocknungstemperatur. Die einzelnen Polymer-Partikel rücken näher zusammen und bilden eine dichteste Kugelpackung (Abb. 3-3). Die Partikel werden durch Einflüsse wie Kapillarkräfte, Partikel-Wasser- und Partikel-Luft-Wechselwirkungen verformt und füllen nach und nach die verbleibenden Hohlräume. In einem dritten Schritt kommt es zur Ausbildung eines kontinuierlichen Films [5].

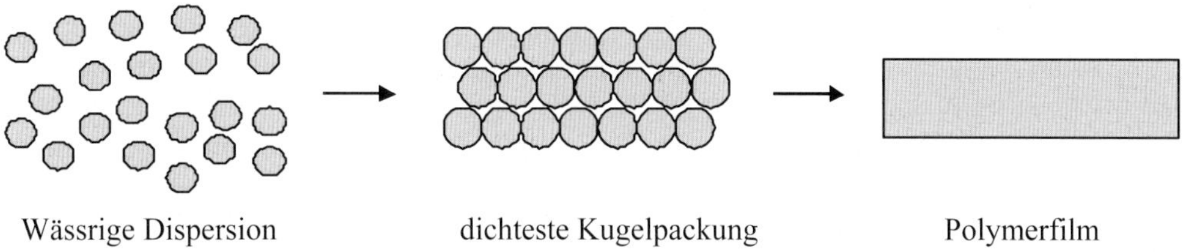

Abb. 3-3 Entstehung von homogenen Filmen [5]

3.3.2 Auswahl von Filmbildnern

Die Auswahl des eingesetzten Polymerfilms für das Coating von Arzneikernen hängt davon ab, wo und in welcher zeitlichen Spanne der Wirkstoff freigesetzt werden soll. Ist eine schnelle Freisetzung (fast release) gewünscht, können die Kerne mit magensaftlöslichen Polymeren, die sich in einem pH-Milieu von 1 - 3,5 auflösen, überzogen werden. Wirkstoffe, die verzögert freigesetzt (sustained release) werden oder eine Empfindlichkeit gegenüber der Magensaftsäure aufweisen, werden dagegen mit Polymerschichten überzogen, die sich bei einem pH-Wert von 6,5 - 8,0 auflösen oder aufquellen, damit der Wirkstoff durch den gequollenen Film diffundieren kann [5].

Die Polymere müssen folgende Bedingungen erfüllen:

- Löslichkeit oder Dispergierbarkeit im gewünschten Lösungsmittel; meist Wasser
- Löslichkeit angepasst an die beabsichtigte Verwendung, wie schnell oder langsam wasserlöslich, oder pH-abhängig löslich
- Möglichkeit eine ästhetische/schöne Oberfläche zu bilden
- Stabilität gegenüber Hitze, Licht, Feuchte, Luft und das überzogene Substrat
- keine Alterung unter definierten Bedingungen
- Geruchs-, Geschmacks- und Farblosigkeit sowie gesundheitliche Unbedenklichkeit
- Kompatibilität zu den Hilfs- und Wirkstoffen im Kern
- Kompatibilität mit den gängigen Filmzusätzen wie Weichmacher, Farb- und Füllstoffe
- Beständigkeit gegen mechanische Belastung; keine Rissbildung
- Ausbildung einer Barriere gegen Feuchte, Licht und Luft
- keine Auffüllung der Gravur

Keines der bis heute bekannten Polymere erfüllt alle Wunschkriterien für Überzugsmaterialien. Deshalb werden die Polymere jeweils für die drei Hauptanwendungen ausgewählt und mit anderen Hilfsstoffen passend kombiniert.

3.3.2.1 Magensaftresistente Überzüge

Bei den magensaftresistenten Überzügen dominierten lange die organisch aufgetragenen Celluloseacetatphthalate (CAP) den Markt und wurden dann von den wässrig eingesetzten Polyacrylatmethacrylaten (PAMA) abgelöst. Bedingt durch die isolierte Position auf dem japanischen Markt hat Hydroxypropylmethylcellulosephthalat (HPMCP) dort einen bedeutsamen Anteil. Alle anderen Produkte sind bisher Nischenprodukte geblieben. So ergibt sich etwa folgendes Ranking:

PAMA-	Polyacrylatmethacrylat	Eudragit/ Evonik, Kollicoat/ BASF
CAPorg.-	Celluloseacetatphthalat (organic)	Eastman
HPMCP-	Hydroxypropylmethylcellulose phthalat	Shin Etsu
PVAP-	Polyvinylacetatphthalat	Sureteric/ Colorcon
HPMCAS-	Hydroxypropylmethylcellulose acetatsuccinat	Shin Etsu
CAPaq.-	Celluloseacetatphthalat (aqueous)	Aquacoat CPD/ FMC

Grundsätzlich lassen sich alle diese Polymere für farbige Überzüge verwenden und bieten auch entsprechenden Spielraum dafür, da die Auftragsmenge zwischen 3 und 10 % liegt. Jedoch hat bisher nur PAMA kommerziell eine solche Bedeutung erzielt, dass es davon fertige farbige Versionen, z.B. Tabcoat TC-E Aq, auf dem Markt gibt.

Eine Sonderstellung nimmt das Nutrateric von Colorcon ein, das auf einem patentierten Ethylcellulose-Alginat-Überzug beruht und für magensaftresistente Filme im Lebensmittelbereich zugelassen ist. Wegen des großen Marktes ist es nur eine Frage der Zeit, bis hiervon eine farbige Suspension verfügbar ist.

3.3.2.2 Verzögerte Freisetzung

An Polymere für funktionelles Coating werden hohe Ansprüche bezüglich mechanischer Festigkeit und gleichmäßiger Durchlässigkeit gestellt. Während früher vorwiegend organische Lösungen mit Ethylcellulose (EC), Celluloseacetat (CA), Celluloseacetatbutyrat (CAB) benutzt wurden, werden heute vor allem Polyacrylatmethacrylat (PAMA) [7] und EC aq. verwendet.

PAMA-	Polyacrylatmethacrylat	Eudragit/ Evonik, Kollicoat/ BASF
ECaq.-	Ethylcellulose wässrig	Aquacoat/FMC, Surelease/ Colorcon

ECorg.-	Ethylcellulose, organisch	Ethocel/ Dow Chemical Company
CA-	Celluloseacetat	Eastman
CAB-		Celluloseacetatbutyrat Eastman

Überzüge für verzögerte Freisetzung sind komplizierte und störungssensible Systeme, die selten eingefärbt werden, da die Farbstoffdispersion einen Einfluss auf die Freisetzung haben kann. Hier ist ein zusätzlicher Farbüberzug mit schnell löslichen Polymeren die einfachere und ökonomischere Lösung.

3.3.2.3 Ästhetisches Coating

Beim ästhetischen Coating werden nahezu ausschließlich Polymere verwendet, die gut und schnell wasserlöslich sind. Etwa 60-70% der Überzüge enthalten Hydroxypropylmethylcellulose (HPMC), die dadurch eine Sonderstellung einnimmt [6].

HPMC- Hydroxypropylmethylcellulose

Hersteller:		Metolose/ Shin Etsu Methocel/ Dow Chemical Company
	Walocel/ Dow-Wolff-Cellulosics	HPMC/Samsung, Korea
	TaiAn/ China Ruitai, Shandong, China	Tabcoat/ Pharmaceutical Coatings Put. Ltd. (PCPT), India

HPMC ist ein weit verbreitetes und vielseitig eingesetztes wasserlösliches Polymer. Die globale Produktion beträgt etwa 200.000 Tonnen im Jahr, wovon ein Großteil in die Bauindustrie, die Papierverarbeitung und in die Lebensmittelindustrie geht.

In der pharmazeutischen Industrie wird HPMC neben den Überzügen für Matrixtabletten, zur Suspensionsstabilisierung und als Verdicker von Säften benutzt. Der Anteil am pharmazeutischen Coating beträgt etwa 10.000 Tonnen im Jahr [6].

HPMC bildet gut wasserlösliche Filme, die etwas zur Sprödigkeit neigen. Ein Zusatz von Weichmachern ergibt Filme mit guten mechanischen Eigenschaften.

MC- Methylcellulose

Hersteller: Methocel/ Dow Chemical Company
Tylose/ Shin Etsu

MC ist ein wasserlösliches Polymer. Die hohe Viskosität der Lösung erschwert jedoch die Verarbeitung. Eine Tendenz zur Retardierung wurde auch beobachtet.

NaCMC- Natriumcarboxymethylcellulose

Hersteller: Tylose/ Shin Etsu
Walocel/ Dow Chemical Company

NaCMC ist ein weit verbreitetes und sehr gut wasserlösliches Polymer mit stark verdickender Wirkung. Ein deutlicher Nachteil sind die teilweise unzureichenden mechanischen Eigenschaften der Filme aus NaCMC.

HEC- Hydroxyethylcellulose

Hersteller: Natrosol/ Aqualon-Hercules

HEC wird wegen der starken Klebrigkeit selten als Filmüberzug verwendet, sondern häufiger als Haftvermittler zugesetzt.

HPC- Hydroxypropylcellulose

Hersteller: Klucel/ Kremer-Pigmente

HPC ist ein extrem klebriges Polymer, das mechanisch stabile Filmen bildet. HPC ist allein kaum verwendet, als Co-Polymer jedoch deutlich besser zu verarbeiten.

PVP- Polyvinylpyrrolidon

Hersteller: Kollidon/ BASF
Plasdone/ ISP Pharmaceuticals

PVP allein bildet eine klebrige Lösung und einen spröden Film, erhöht aber den Glanz und die Farbhomogenität zusammen mit HPMC.

PVA- Polyvinylalkohol

Hersteller: Polyviol/Wacker Polymers

PVA als Polymer allein ist stark klebrig. Als Co-Polymer (Kollicoat/BASF) verbessert es die mechanischen Eigenschaften (s.a. Kap. 6).

Die große Auswahl an Filmbildnern kann nach ihrer chemischen Grundstruktur (Cellulose oder Polyacrylsäure) oder anhand ihrer funktionellen Gruppen (z.B. Hydroxypropyl-, Methoxyl-, Phthalyl- oder Carboxymethyl-Gruppe) eingeordnet werden. Die im pharmazeutischen Bereich gebräuchlichsten Filmbildner sind nochmals in Tab. 3-2 zusammengefasst.

3.4 Auswahl der Farbstoffe

Farben spielten schon immer eine wichtige Rolle in der Zuordnung von Prestige, Intention des Ausdrucks und Wertempfinden von Produkten. Seit der industriellen Revolution bis zum Ende des 2. Weltkrieges dominierte Schwarz als Einheitsfarbe für Maschinen und Gebrauchsgegenstände. Bezeichnend ist ein Ausspruch von Henry Ford: „Bei mir können Sie Ihr Auto in jeder Farbe bekommen, solange es schwarz ist."

3.4.1 Psychologische Aspekte

Heute wird der Farbwirkung deutlich mehr Aufmerksamkeit in der Produktgestaltung, auch in der Pharmazie, gewidmet. Jedem leuchtet unmittelbar ein, dass man keine leuchtend roten Tranquilizer auf den Markt bringen kann. Bekanntlich scheiterten schon Ideologen der chinesischen Kulturrevolution daran, als sie versuchten, die Ampelfarben zu verändern [9]. Dieses Beispiel beschreibt deutlich die Notwendigkeit einer sorgfältigen Auswahl der Farbgebung der verschiedenen Produkte. Für Mitteleuropäer sind beliebte und unbeliebte Farben in der Tab. 3-1 zusammengefasst.

Tab. 3-1 Beliebtheitsgrad von Farben in Mitteleuropa [10]

Unbeliebteste Farben	% der Bevölkerung	besonders beliebte Farben	% der Bevölkerung
Braun	27	Blau	38
Orange	11	Rot	20
Violett	11	Grün	12
Rosa	9	Schwarz	8

Verschiedene psychologische Untersuchungen haben weiterhin gezeigt, dass Blau beruhigend und entspannend wirkt. Man assoziiert mit dieser Farbe Ferne, Weite, Tiefe, Meer, Wasser und Harmonie.

Rot wirkt anregend und stärkend. Es ist die Farbe des Feuers und des Blutes und wird mit Kraft, Aktivität, Wärme, Warnung, Zorn und Verbot assoziiert.

Grün wirkt ausgleichend. Es ist die Farbe der Natur und des Wachstums und wird mit dem Leben, der Natur, der Hoffnung, der Frische, der Jugend, aber auch mit Gift assoziiert.

Weiß ist das Symbol der Reinheit, des Lichts, der Sauberkeit, der Weisheit und der Leere.

Aus der Kombination dieser Daten und empirischen Studien vieler Firmen lassen sich für den europäischen und amerikanischen Raum folgende Zusammenhänge zwischen Farbe und Arzneimittelwirkung in etwa ableiten [11,12]:

Blau: blutdrucksenkend, beruhigend, Atem entspannend

Grün: gegen Unwohlsein, Unruhe und Schlafstörungen (Image des „natürlichen" Arzneimittels)

Rot: kräftigend, stärkend, aufheiternd

Dunkelrot: Eisenpräparate, Blutbildung

Rosa: Spezifisch gegen Frauenleiden, Antidepressiva, Psychopharmaka

Orange: Vitamine, Mineralien, Kinderarzneien

Braun: Magen-Darmerkrankungen

Tab. 3-2 Gängige Filmüberzüge, die in der Industrie verwendet werden können [1,7,8]

Name	Milieu	Kommentar	Produktname
Methylcellulose	magensaftlöslich schnell zerfallend		Methocel® Metolose® SM
Hydroxy-propylmethylcellulose	magensaftlöslich schnell zerfallend	spröde, Zusatz von Weichmachern nötig	Tabcoat® TC Pharmacoat® 603 Pharmacoat® 606
Celluloseacetatphthalat	magensaftresistent darmsaftlöslich		Aquacoat® CPD
Hydroxypropyl-methylcellulosephthalat	magensaftresistent darmsaftlöslich		HP-55
Methacrylsäure-Copolymere	magensaftresistent darmsaftlöslich		Eudragit® L100/S100/ L30D/L100-55 Kollicoat® MAE 30DP/100 P
Aminoalkylmethacry-lat-Copolymer	magensaftlöslich permeabel pH>5		Eudragit® E 100
Methacrylester-Copolymer	permeabel pH-unabhängig	Substanz-polymerisation	Eudragit® RL100/RS 100/ RL30D/RS30 D
		Emulsions-polymerisation	Eudragit® NE 30 D
Polyvinylalkohol-Polyethylenglycol-Copolymer	magensaftlöslich		Kollicoat® IR
	magensaftlöslich	Kollicoat IR + Copovidone +Titan-dioxid + Kaolin	Kollicoat® IR White
		Kollicoat IR + Polyvinylalkohol	Kollicoat® Protect

Dies gilt für den „westlichen Kulturkreis“. In Japan ist ein dunkles Violett die unbeliebteste Farbe, sie symbolisiert böse Dämonen. Dunkelrot wird mit Blut, Sünde und Tod verbunden und Grau gilt als besonders unklar, als „schmutziges Weiß“. Weiß hat den höchsten Stellenwert und ist mit 90 % die häufigste Tablettenfarbe [13].

In arabischen Ländern hat Grün, als die Farbe des Korans, einen hohen Stellenwert. Darüber hinaus gilt Gold als stärkend und Silber als Potenz fördernd. Daher gibt es dort auch vergoldete und versilberte Dragees [14].

Im lateinamerikanischen Raum ist ein klares Hellblau der Jungfrau Maria zugeordnet und wird mit Stärke und Vitalität, zum Teil auch mit Fruchtbarkeit verbunden. Die „Viagra"-Farbe lässt eine Assoziation mit dem Latino-Machismo vermuten [15].

Alle diese Fakten führen zu dem Schluss, dass man sich sehr frühzeitig überlegen muss, für welche Indikation das Medikament ist, welche Erwartung man wecken möchte und an welchen Kulturkreis bzw. welchem Klientel man das Produkt vermarkten möchte. Dazu kommen die Faktoren von welchem eigenen Produkt man sich unterscheiden möchte.

Eine Differenzierung zum Wettbewerb oder Brand-Recognition machen die Auswahl noch komplexer. Wegen des hohen Wiedererkennungswertes und der Kundentreue lohnt dieser Aufwand auf jeden Fall.

3.4.2 Regulatorische Aspekte

Wenngleich die Auswahl der richtigen Farbe eine wichtige, wenn auch schwierige, Aufgabe ist, gestaltet sich die Auswahl der Pigmente albtraumhaft kompliziert. Hier hilft nur extrem systematisches Vorgehen. Dies geschieht in drei Schritten: Geographische Zuordnung, Marktordnung und spezifische Anforderungen. Bei der geographischen Zuordnung prüft man welche Farbstoffe in bestimmten Märkten oder Gültigkeitsräumen von Pharmakopoen zugelassen sind; so ist z.B. Tartrazin in Österreich, Schweiz, Griechenland und Skandinavien wegen allergischen Potentials verboten. In neuen Zulassungen darf es in Deutschland und Japan nicht mehr eingesetzt werden. Erythrosin ist in Israel, Malaysia, Mexiko, Polen, Saudi-Arabien und Venezuela verboten. Amaranth ist in den USA und Indien nicht erlaubt [6,16]. Hier gilt es sorgfältig zu recherchieren.

Die Marktzuordnung unterscheidet zwischen pharmazeutischem Produkt und Nahrungsergänzung. Während kein Pharmamarkt klar die entsprechende Pharmakopoe mit den FD&C Farben in den USP und der Ph.Eur. in Europa die zugelassenen Farben definiert, gelten für die Nahrungsergänzungsmittel die Lebensmittelgesetze. Das ist vor allem die Zusatzstoffzulassungsverordnung und die daraus resultierenden E-Nummern. Allerdings schränken Marktsegmente diätetischer Lebensmittel und Medizinprodukte diese Auswahl ein [16]. Bei Produkten, die in beiden Marktsegmenten vermarktet werden sollen, bleiben oft nur die Eisenoxide, mit denen man fast immer auf der sicheren Seite ist. Bedauerlicherweise ist damit allerdings nur die Farbpalette Hellockergelb – Rot – Orange – Rotbraun – Schwarz zu realisieren [16].

Bei den spezifischen Anforderungen ist das jeweilige typische Kundenklientel und deren Erwartungshaltung zu berücksichtigen. So werden z.B. in den USA in der Pharmazie oft Aluminium-Lacke verwendet.

In ökologischen Marktsegmenten jedoch konnte Aluminium nie den Verdacht auf Alzheimer-Mitbeteiligung loswerden.

In der Homöopathie und den ganzheitlichen Phytopharmaka werden trotz der geringen Lichtechtheit und hoher Farbvarianz Pflanzenfarbstoffe, wie Chlorophyll, Anthocyane oder Rote-Beete-Pulver eingesetzt. Im Zweifelsfall ist frühzeitig guter Rat von den Fachverbänden und den jeweiligen Lieferanten einzuholen, um unangenehme Überraschungen in der Zulassung zu vermeiden.

3.5 Rezepturfindung

Um eine neue Rezeptur zu entwickeln, ist eine schrittweise Rezepturfindung zu empfehlen wie in Tab. 3-3 dargestellt.

Tab. 3-3 Rezepturfindung modifiziert nach [1]

Schritt		Kommentar
1.	Erstellung von Grundrezepturvorschlägen	Geeignete Auswahl an Lösemitteln, Weichmachern, Zusätzen, Farbstoffen bzw. Aromastoffen
2.	Überprüfung der unter 1 hergestellten, frei gegossenen Filme	Überprüfung des Films auf wichtige Eigenschaften (Wasserdampf- und Gasdurchlässigkeit, mechanische Festigkeit, Löslichkeit, etc.)
	Überprüfung der Weichmacherauswahl	Verträglichkeit zwischen Polymer und Weichmacher durch Bestimmung der Löslichkeit des Weichmachers in Polymeren und umgekehrt. Bestimmung des mindestmöglichen Weichmachergehaltes, der noch klare Filme ergibt.
3.	Nach Erlangung von befriedigenden Ergebnissen (Ltf.2): Beginn von ersten Sprühversuchen an Kernen im Labormaßstab	Überprüfung an überzogenen Arzneiformen und durch Kurzzeitstabilitätsprüfung werden die besten Rezepturen ausgewählt.
4.	Optimierung der Rezeptur im Bezug auf die verwendeten Coatinggeräte	Optimierung der Filmbildnerkonzentration sowie der Gehalt an Antiklebemitteln (z.B. Talkum, Magnesiumstearat) und Farbpigmenten. Auf erprobten Standardrezepturen kann zurückgegriffen werden.
5.	Festlegung der Lackmenge, die auf die Kerne aufgesprüht werden soll	Die Angabe erfolgt üblicherweise in **mg** Lacktrockensubstanz pro **cm²** Kernoberfläche.
6.	Erprobung der Überzugsrezeptur im Technikumsmaßstab an größeren Chargen	Ermittlung der Parameter z.B. Zuluftmenge, Zulufttemperatur, Abluftmenge, Ablufttemperatur, Produktbetttemperatur, Zubereitungsmenge, Kernmenge, Prozesszeit, Luftfeuchte.
7.	Nach Festlegung der Sprühparameter (Ltd.6): Scaling-up-Versuche für Produktions-Maßstab	Die einzelnen Parameter sind neu zu optimieren. Beinhaltung ausreichender Anpassungsmöglichkeiten an schwankende Klimaverhältnisse (Zuluft) und Rohstoffqualitäten (Kerne).

3.6 Herstellung der Coatingflüssigkeit

Die Coatingflüssigkeit besteht meistens aus Polymer, Lösemittel (meistens Wasser) bzw. Dispergiermittel, Weichmacher und Farbstoff oder Pigmenten. Das Polymer wird in einem Teil des Lösemittels gelöst und anschließend mit dem Weichmacher versetzt. Dieser muss so lange eingerührt werden, bis die makromolekularen Strukturen des Polymers mit dem Weichmacher durchsetzt sind. Anderenfalls ändert sich die Filmqualität der überzogenen Arzneiform nach längerer Lagerung, da der Weichmacher schneller ausdiffundiert, der Film an Elastizität verliert und dadurch spröde und brüchig wird. In dem restlichen Lösemittel wird das Pigment angesetzt. Dabei wird ein Homogenisator (z.B. Ultra-Turrax®) verwendet, um die Pigmente so fein wie möglich in der Dispersion zu verteilen. Die Pigmentdispersion wird anschließend unter Rühren mit der Polymerdispersion bzw. -lösung versetzt. Es muss beachtet werden, dass anschließend kein Homogenisator mehr verwendet wird, da die entstandenen Polymerstrukturen mechanisch zerstört werden könnten. Durch z.B. veränderte Quelleigenschaften kann es dazu kommen, dass sich kein Polymerfilm mehr ausbilden kann [1,5]. Des Weiteren ist darauf zu achten, dass die Konzentration der Polymere gut mit dem Pigmentanteil abgestimmt wird, damit sich in dem Sprühsystem keine Sedimente absetzen, die Verstopfungen und somit Prozessunterbrechungen verursachen könnten. Bei Einsatz von Talkum ist Vorsicht geboten, da dieses eine hohe Dichte besitzt und somit den Prozess beeinflussen kann.

Gängige Filmbildner in Form von Fertigprodukten werden in Konzentrationen von 5 bis 15 % hergestellt. Es wird eine definierte Menge an destillierten bzw. demineralisierten Wasser in ein Becherglas gegeben und mit einem Magnetstab oder Propellerrüher so zügig gerührt, dass eine Trombe entsteht. Um die Bildung von Schaum zu unterbinden, sollte darauf geachtet werden, dass keine Blasen eingezogen werden. Anschließend wird das genau abgewogene Coatingpulver oder Granulat langsam in die entstandene Trombe vollständig eingestreut. Danach wird die Geschwindigkeit des Magnetrührers erhöht, um die Trombe zu halten. Die Rührzeit beträgt in der Regel 45 bis 60 min, bei Einsatz von HPMC's kann außerdem die Temperatur erhöht werden. Abschließend sollte die Dispersion durch einen Filter (100 µm) abfiltriert werden [8].

3.7 Befilmungstechnologie

Die Auswahl einer geeigneten Befilmungsapparatur und die Einstellung optimaler Prozessparameter richten sich nach dem zu befilmenden Kern sowie nach dem eingesetzten Filmbildner bzw. der Befilmungsrezeptur.

Wichtige Faktoren sind [17]:

- Menge und Abrieb der Kerne
- Mindestfilmbildnertemperatur
- Temperaturempfindlichkeit von Wirk- und Hilfsstoffen
- Art des Lösungs- bzw. Dispergiermittels
- Aus der Rezeptur zu entfernende Flüssigkeitsmenge

In pharmazeutischen Betrieben werden bevorzugt Arzneikerne im Trommel- und Wirbelschichtcoater befilmt. Hierbei gibt es in den technischen Verfahren zusätzlich verschiedene Prozeduren (wie zum Beispiel kontinuierliche und diskontinuierliche Verfahren). Das Wirbelschichtcoating ist ausführlich in den Kap. 2, 4 und 5 beschrieben. Deshalb wird nur kurz auf das Trommelcoating eingegangen.

3.7.1 Trommelcoater

Die Trommelcoater (Abb. 3-4a) besitzen eine rotierende, zylinderförmige Trommel, die horizontal angeordnet ist. Beim Rotieren wird das Produkt (Tablettengut) durchmischt, gleichzeitig über eine Sprühdüse mit der Coatingflüssigkeit besprüht und von einem temperierten Zuluftstrom getrocknet.

Die Trommelcoater können je nach Typ mit einer oder mehreren Ablufttaschen versehen werden. Der Einsatz von Schikanen in Trommelcoatern kann die Durchmischung des zu besprühenden Gutes erhöhen (Abb. 3-4b). Dabei ist jedoch darauf zu achten, dass keine Tot-Zonen in der Mischtrommel entstehen [1,18].

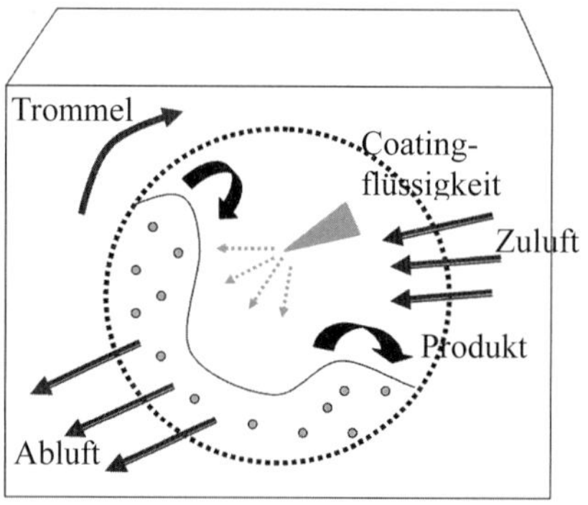

Abb. 3-4a Trommelcoater mit perforierter Trommel und Stoffströmen

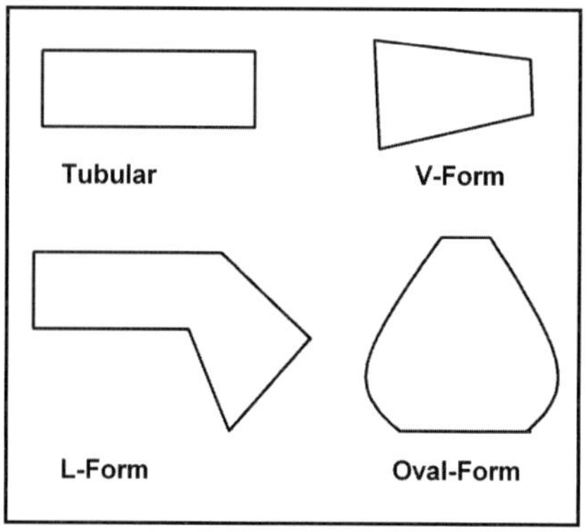

Abb. 3-4b Verschiedene Typen der Schikane für Trommelcoater [18]

3.8 Einflussfaktoren auf den Prozess

Der Prozessverlauf hängt von der Produktbewegung, dem Sprühsystem und Zerstäuberluftdruck bzw. der Produktmenge ab. Für eine ordnungsgemäße Produktbewegung ist die Einfüllmenge des Materials in den Produktbehälter (Chargengröße) zu beachten. Die maximale und minimale Befüllungsgrenze des Geräts laut Hersteller ist einzuhalten. Die Anlage darf nicht überfüllt werden, da die maximale Lufteinstellung ausreichen sollte, um eine gute Verwirbelung (im Wirbelschichtverfahren) des Materials zu gewährleisten. Jedoch sollte die Luftgeschwindigkeit wiederum nicht zu hoch sein, um Abrieb zu vermeiden.

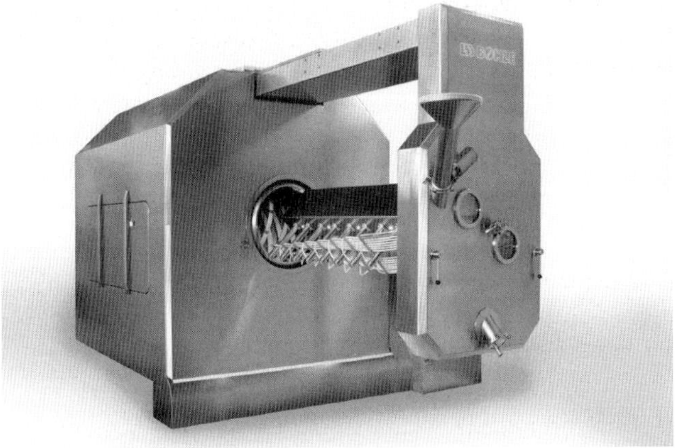

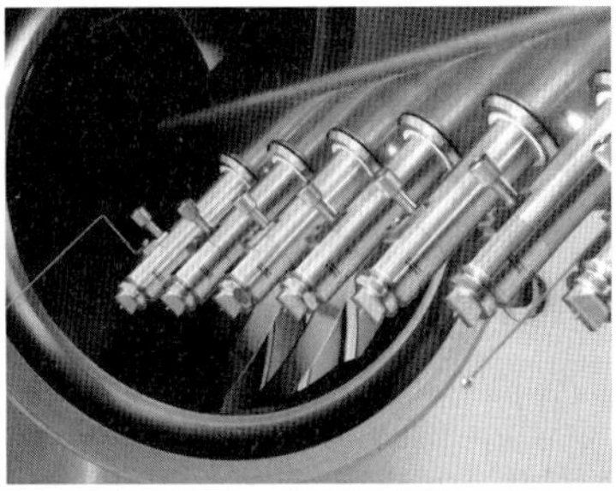

Abb. 3-5 Trommelcoater für den Industrieeinsatz (links) mit Sprüheinsatz (rechts) (Fa. Bohle)

Die Tablettenform und -größe sowie die Tablettendichte sind weitere Kriterien für eine gute Produktbewegung. Bei Trommelcoatern ist die Drehgeschwindigkeit der Trommel ausschlaggebend. Zu hohe Drehzahlen können den Abrieb der Kerne fördern und die schon bereits aufgetragene Schicht abreiben. Beim Einbau von Schikanen sind die Anzahl und das Design zu beachten, so dass für jede Technologie eine optimale Produktbewegung erfolgt [1,18]. Nachstehend werden einige Parameter und ihr Einfluss auf die Coatingergebnisse erläutert.

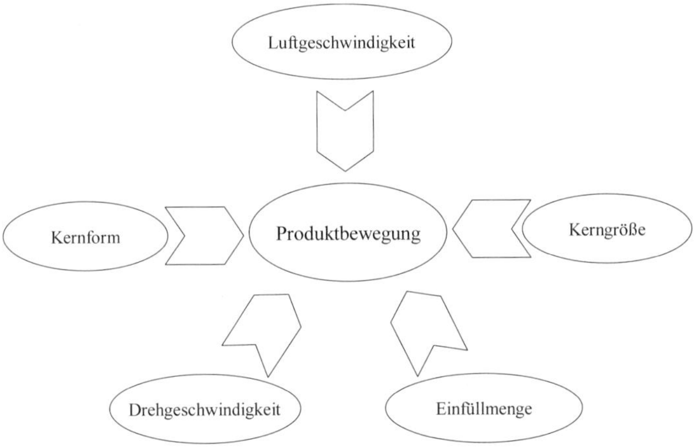

Abb. 3-6

Einflussfaktoren auf die Produktbewegung

Zuluft:

Besondere Beachtung ist der relativen Luftfeuchtigkeit der Trocknungsluft zu schenken. Saisonale Schwankungen können den Prozessablauf durch die unterschiedliche Trocknungskapazität beeinflussen.

Klimatisierte Zuluft schafft hier Abhilfe. Sollte eine solche Anlage nicht vorhanden sein, kann mit Hilfe eines Mollier h-x-Diagramms aus Messung der Temperatur und der relativen

Luftfeuchtigkeit bzw. des Taupunktes die aktuelle Trocknungskapazität ermittelt werden.

Kerne (Tabletten):

Die zu überziehenden Kerne sollten eine ausreichende Festigkeit aufweisen, um den Befilmungsprozess und die sich anschließenden Verpackungsoperationen unbeschadet zu überstehen. Zu harte Tablettenkerne mit eventuell zu glatter Oberfläche können ebenfalls Probleme im Hinblick auf die Haftung des Filmbildners haben.

Sprühen:

Der Zerstäuberdruck ist der hauptsächliche Einflussfaktor auf die Tröpfchenverteilung und die Gleichmäßigkeit des Filmüberzuges. Hohe Zerstäuberdrücke führen zur Ausbildung sehr kleiner Tropfen. Durch die Vergrößerung der für die Verdunstung zur Verfügung stehenden Oberfläche kann es zur Sprühtrocknung der Tropfen auf dem Weg zur überziehenden Arzneiform kommen. Dabei ist es möglich, dass die sprühgetrockneten Teilchen Luft einschließen und sich damit die Dichte des Films verändert [19].

Besondere Sorgfalt sollte der Pflege der Sprühdüseneinsätze gewidmet werden. Beschädigte Sprühdüseneinsätze ergeben ein anderes Sprühbild und somit einen anderen Sprühauftrag. Die Anzahl der Sprühdüsen und deren Abstand zum Tablettenbett sollten sorgsam gewählt werden. Überschneidungen der einzelnen Sprühdüsen können zu lokalen Überfeuchtungen und dem Kleben der Kerne an der Trommelwand oder zu einem ungleichmäßigen Filmüberzug führen. Dies gilt ebenso für einen zu geringen Abstand der Sprühdüse zum Bett. Ein zu großer Abstand der Sprühdüse zum Bett kann hingegen die Gefahr der Sprühtrocknung erhöhen. Bei thermosensitiven Polymeren sollten niedrige Filmbildungstemperatur ausgewählt werden. Die Optimierung der Sprührate sowie des Flüssigkeitsdurchsatzes an der Sprühdüse muss sorgfältig erfolgen.

Technologisch ist es auch möglich, die Polymerdispersion und den Weichmacher unter Verwendung einer Dreistoffdüse erst am Düsenausgang zu vermischen. Dabei kann es notwendig sein, höhere Polymerkonzentrationen einzusetzen als es bei wässrigen Polymerdispersionen sonst der Fall ist [20].

Allgemein gilt, dass die Trocknungskapazität an die Sprührate angepasst werden muss. Beim Ansatz der Sprühlösung sollte die Angaben der Polymerhersteller beachtet werden. Dies gilt insbesondere für die Verwendung eines geeigneten Weichmachers.

Mischen:

Die Durchmischung der Kerne im Coater sollte gleichmäßig und ohne zu große mechanische Beanspruchung der Kerne erfolgen. Eine nicht ausreichende homogene Bewegungsführung der Kerne führt in der Regel auch zu nicht befriedigenden Filmüberzügen. Diese Filmüberzüge zeichnen sich dann eventuell durch veränderte Zerfallszeiten oder Freisetzungseigenschaften aus. Die Form der Prallbleche und die Neigung der Trommel beeinflussen ebenfalls die Bewegungsführung der Kerne. Zusammengefasst bleibt zu erwähnen, dass die Trommelgeschwindigkeit dem jeweiligen Produkt (Polymer) und Beladungszustand angepasst sein sollte, um einen Filmüberzug mit den gewünschten technologischen Eigenschaften zu erhalten.

Polymerauswahl:

Je nach Zielsetzung des verwendeten Polymers und seiner gewünschten Funktion im Filmüberzug (mit oder ohne Veränderung der Freisetzungseigenschaften), sollte die Polymerauswahl stattfinden. Dabei sind die Verträglichkeit des Polymers mit dem Wirkstoff, die Lagerstabilität der jeweiligen Arzneiform sowie die mögliche Verarbeitungstechnik in Betracht zu ziehen.

Bei der Notwendigkeit eines Subcoatings (Zwischenschicht) ist die Verträglichkeit mit dem späteren Topcoating (Aussenschicht) zu prüfen. Bezüglich der Durchführung des Ansatzes der Polymere und den notwendigen Filmauftragsmengen im Prozessablauf sollte auf die Erfahrungen des Polymerherstellers zurückgegriffen werden. Beim Ansatz der Polymerlösungen oder Polymerdispersionen sind insbesondere die Reihenfolge und Zeitdauer der Einarbeitung der Komponenten zu beachten. Dispersionen sollten gekühlt gelagert und verarbeitet werden, um die Koagulationsneigung zu reduzieren. Der Sedimentationsneigung von Dispersionen ist durch ständiges aber moderates Rühren entgegenzuwirken. Ein zu hoher Energieeintrag durch zu intensives Rühren kann die Koagulationsneigung vergrößern. Bei einem Heißansatz oder bei der Verwendung von Lösungsmitteln sind die Verdunstungsverluste zu beachten.

Der Polymerhersteller oder dessen Vertriebspartner verfügen meist über Beispielformulierungen. Diese Beispielformulierungen enthalten dann auch oft die Angaben der jeweiligen Prozessparameter. Dies kann wertvolle Entwicklungszeit sparen.

Anlagenwartung:

Die Anlagen zum Filmcoating sollten regelmäßig gewartet und Instand gehalten werden. Dies gilt insbesondere für die prozessrelevanten Temperaturfühler sowie Vorfilter und Filter.

Reinigung:

Vor dem Einsatz eines Polymers sollte man sich Gedanken über die spätere Reinigung des vorhandenen Coaters machen. Im Idealfall wird man dies eng mit der Qualitätssicherung abstimmen, um keine Überraschungen bei der Reinigungsvalidierung zu erleben. Weitere Möglichkeit ist die Erstellung einer Standardarbeitsanweisung (SOP) [22].

3.8.1 Risikoanalyse

In der Praxis ist es auf Grund der vielen Einflussfaktoren kompliziert, ein optimales Coatingverfahren zu finden. Eine Risikoanalyse hilft, die jeweils entscheidenden Parameter für den Prozess zu ermitteln und einer genaueren Analyse zu unterziehen. Hierdurch kann die Zeit gespart und die Versuchsanzahl reduziert werden. In diesem Abschnitt werden zwei Methoden der Risikoanalyse vorgestellt [21]:

- die Fischgräten-Methode bzw. Ishikawa-Diagramm
- die Fehlerbaumanalyse oder Fault Tree Analysis (FTA)

Beide Methoden können verschiedene Einflussmöglichkeiten erfassen und einen guten Überblick geben. Das Ishikawa-Diagramm ermöglicht einen Überblick über alle Ursachen, die zu einem Problem beim Coating (Abb. 3-7) oder am überzogenen Produkt (Abb. 3-8) führen können. Die FTA-Methode beinhaltet mehrere Ebenen. Die höchste Ebene wird Top-Event genannt. Um ein Top-Event zu erreichen, müssen alle Ursachen oder wenigstens eine Ursache in der mittleren Ebene (Intermediate-Event) auftreten. Um die mittlere Ebene zu erreichen, muss mindestens eine Ursache von allen Grund-Ebenen (Basic-Event) auftreten. Die Abhängigkeit kann somit auf mehrere Ebenen heruntergebrochen werden. Deshalb ermöglicht die FTA-Methode den Einblick auch in die Tiefe, nicht nur als Überblick.

Am Beispiel der Twin-Bildung soll die Methode kurz erläutert werden (Abb. 3-9). Viele Ursachen können der Grund für die Twin-Bildung sein. Tritt nur eine Ursache auf, führt dies nicht zwangsläufig zur Twin-Bildung. Wenn aber alle Ursachen gleichzeitig auftreten, ist die Wahrscheinlichkeit sehr hoch, dass Twins entstehen.

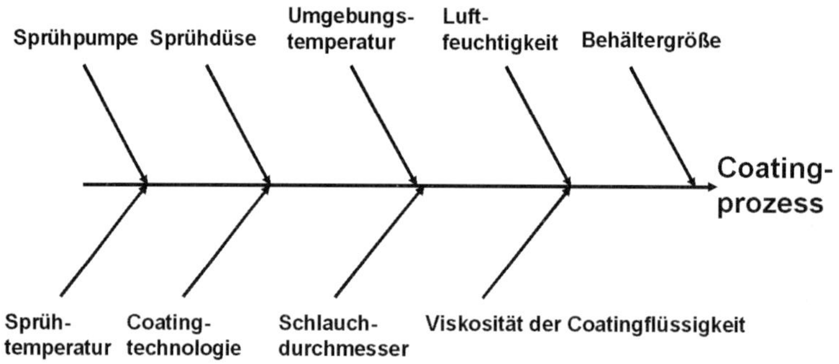

Abb. 3-7 Ishikawa-Diagramm der Einflüsse auf den Coatingprozess

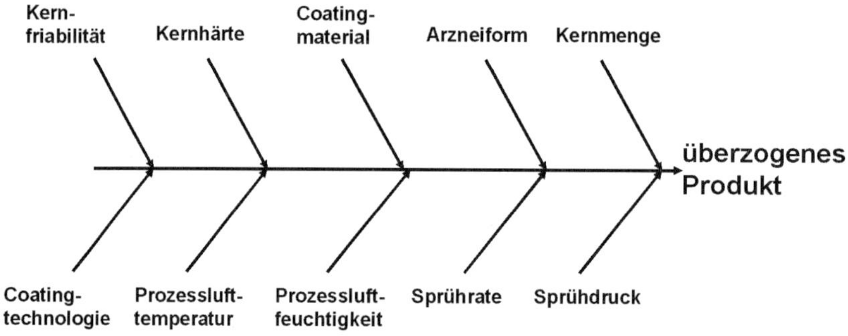

Abb. 3-8 Ishikawa-Diagramm der Einflüsse auf das überzogene Produkt

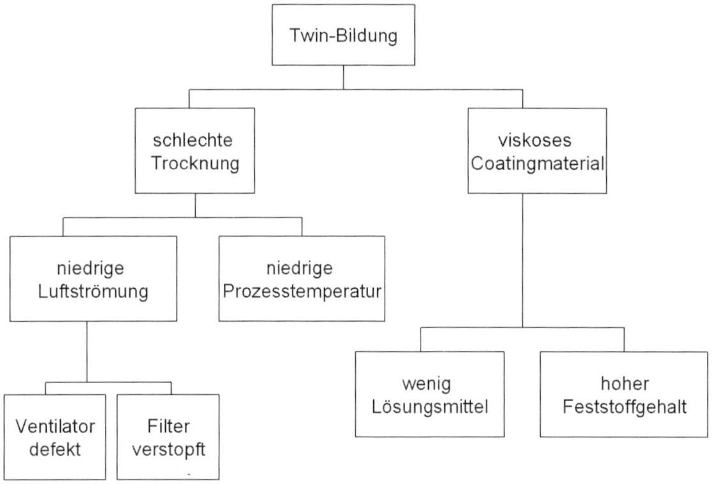

Abb. 3-9 FTA-Diagramm der Einflüsse auf die Twin-Bildung

3.9 Probleme beim Coating

Bei nicht sachgerechter Abstimmung können während des Coatingprozesses Probleme auftreten, die in Extremfällen zum Verlust ganzer Chargen führen. Beispiele der Probleme sind in diesem Abschnitt aufgeführt.

Die Abbildungen befinden sich am Ende des Kapitels und in Farbe im Anhang.

3.9.1 Orangenhaut

In Abb. 3-10 sind dünn überzogene Tabletten zu erkennen, deren Oberfläche rauh und das Coatingmaterial inhomogen verteilt ist. Dieser Zustand wird Orangenhaut (engl. „orange skin") genannt und kann durch eine zu große Distanz zwischen Sprühdüse und Tablettengut oder durch einen zu großen oder falschen Sprühwinkel entstehen. Der Sprühtrocknungsprozess kann auch die Ursache sein. Weiterhin ist die Rührgeschwindigkeit in der Filmdispersion ein wichtiger Faktor. Wenn die Drehzahl zu niedrig ist, können sich die Pigmente und andere Bestandteile im Behälter, Schlauch und letztendlich in der Düse absetzen. Auch hier entsteht eine raue inhomogene Oberfläche.

Mögliche Abhilfe:

- Sprührate erhöhen und / oder Trocknungskapazität senken
- Zerstäuberluftdruck verringern
- Lösungsmittelanteil erhöhen
- Düsenabstand verringern

3.9.2 Abblättern (Peeling and Flaking)

In Abb. 3-11 ist ein Abblättern des Films zu erkennen [8]. Dieser Effekt kann durch eine hohe Drehzahl der Trommel zustande kommen. Durch eine zu geringe Menge an Weichmacher und zu hohem Feststoffgehalt in der Filmbildner-Dispersion wird die Elastizität des Coatingmaterials herabgesetzt, was wiederum zum Abblättern führt. Auch Tablettenkerne mit hoher Abriebseigenschaft und geringer Härte fördern diesen Effekt.

Mögliche Abhilfe:

- Drehzahl der Trommel reduzieren
- Menge an Weichmacher erhöhen
- Feststoffgehalt reduzieren
- Rezeptur des Tablettenkernes überarbeiten

3.9.3 Abplatzen

Wenn sich quellbare Hilfsstoffe in der Arzneiform befinden und sehr viel Wasser in den Kern eindringen kann, kommt es zum Abplatzen des Films (Abb. 3-12).

In manchen Fällen platzt der Film an der Oberfläche ab [23]. Das Erscheinungsbild ähnelt dem von abblätternder Farbe.

Mögliche Abhilfe:

- Erhöhung der Filmbildnerkonzentration
- Erhöhung des Weichmacheranteils
- Trommeldrehzahl reduzieren
- Sprührate erhöhen

3.9.4 Pickelbildung

Pickelbildung entsteht durch Überfeuchtung des Arzneimittelgutes oder durch eine zu niedrige Prozesstemperatur. Auch inhomogene Verteilung des Weichmachers kann zu diesem Problem führen. Wenn der Prozess beim Filmcoaten inhomogen anfängt, muss er abgebrochen werden, da dieser Zustand nicht mehr korrigierbar ist. Dieses könnte durch eine zu hohe Viskosität der Filmdispersion verursacht werden und die Öffnungen der Sprühdüse werden blockiert. Die Dispersion wird inhomogen und diskontinuierlich auf das Sprühgut aufgetragen (Abb. 3-13) [23].

Mögliche Abhilfe:

- Erhöhung der Prozesstemperatur
- Rezeptur der Coatingflüssigkeit überarbeiten

3.9.5 Twin-Bildung / Zwillingsbildung / Agglomeratbildung

Durch einen zu hohen Feuchtegehalt während des Sprühens und durch eine zu geringe Prozessluftmenge haften zwei oder mehrere Kerne aneinander fest. Leicht konvexe Kerne eignen sich daher besser zum Befilmen, da sie sich beim Prozess nicht aufstapeln können und ihr Mangel an planarer Oberfläche weniger Anhaftungsmöglichkeiten bietet. Der Ausschuss wird in Massenprozent angegeben. Im Extremfall kann es statt zur Twin-Bildung (Abb. 3-2) sogar zur Agglomeratbildung kommen, in deren Folge eine gesamte Charge verworfen werden muss (Abb. 3-14).

Mögliche Abhilfe:

- Sprührate reduzieren
- Trocknungskapazität erhöhen
- Vermeidung zu flacher Tablettenkerne
- Vermeidung zu hoher Stege

3.9.6 Bruchstellen /Krater auf der Filmoberfläche

Durch zu hoher mechanischer Beanspruchung während des Coatingprozesses platzen Teile der befilmten Oberfläche ab. Bei einer zu geringen Prozesstemperatur, Drehzahl bzw. zu geringem Zuluftstrom und Sprühdruck können Bruchstellen und Krater entstehen. Dieses wird noch verstärkt, wenn bereits Agglomeratbildung vorliegt und wenn die Agglomerate durch starke Luftbewegung zerfallen (Abb. 3-15).

Mögliche Abhilfe:

- Einsatz von Trennmitteln

3.9.7 Porenbildung

In Abb. 3-16 ist die Oberfläche eines befilmten Pellets dargestellt. Das Bild wurde mittels Raster-Elektronen-Mikroskopie (REM) aufgenommen [23]. Die Oberfläche ist nicht glatt, sondern es sind Poren zu erkennen.

Mögliche Abhilfe:

- Erhöhung der Prozesstemperatur

3.9.8 Faserige Struktur

Eine faserige Struktur (Abb. 3-17) kann durch zu niedrige Prozesstemperatur, keine kontinuierliche Filmbildung oder zu niedrigen Weichmacheranteil entstehen [23].

Mögliche Abhilfe:

- Erhöhung der Prozesstemperatur
- Rezeptur der Coatingflüssigkeit überarbeiten

3.9.9 Rissbildung

Die Rissbildung entsteht beim Einsatz von Coatingmaterialien, die zu wenig oder nicht homogen verteilte Weichmacher enthalten, bei einer zu hohe Sprührate oder einer zu hohen Zulufttemperatur. Es kann aber auch von der Quellung des Tablettenkerns verursacht werden. (Abb. 3-18) [8,23].

Mögliche Abhilfe:

- mögliche Quellung des Kerns durch Subcoating verhindern
- Formulierung überarbeiten (wenn möglich)
- Anfangs langsamer sprühen

3.9.10 Inselbildung

Abb. 3-19 zeigt ein befilmtes Pellet. An der Oberfläche haben sich inselartige Wölbungen gebildet [23]. Ein zu hoher Feuchtegehalt während des Besprühens und eine zu geringe Zulufttemperatur können die Ursache sein.

Mögliche Abhilfe:

- Erhöhung der Prozesstemperatur

3.9.11 Luftblaseneinschlüsse

Luftblaseneinschlüsse sind in Abb. 3-20 an der Filmoberfläche zu erkennen. Diese kommen durch einen zu großen Druck der Sprühluft zustande. Die Luftblasen werden beim Sprühprozess in das Coatingmaterial eingeschlossen. Auch eine zu hohe Sprühgeschwindigkeit der Filmdispersion kann Blasen und Schaumbildung verursachen, die nach dem Prozess an der Oberfläche oder innerhalb der Filme erkennbar sind.

Mögliche Abhilfe:

- Reduzierung des Sprühdrucks
- Reduzierung der Sprühgeschwindigkeit

3.9.12 Nasenbildung (bzw. Nabelbildung)

Die Nasenbildung kann durch den Einsatz von hochviskosen Sprühflüssigkeiten und durch einen zu hohen Abrieb des Arzneikerns entstehen (Abb. 3-21).

Mögliche Abhilfe:

- Reduzierung der Viskosität der Sprühflüssigkeit

3.9.13 Deckelbildung

Der Grund für die Deckelbildung ist die Diffusion von zuviel Feuchtigkeit in dem Kern. Die Feuchtigkeit quillt den Kern auf und verursacht das Aufsprengen. Ein verstärkter Effekt tritt bei Zusatz von quellbaren Hilfstoffen z.B. Sprengmittel im Arzneigut auf (Abb. 3-22).

Mögliche Abhilfe:

- Erhöhung der Prozesstemperatur
- Einsatz von Subcoating

3.9.14 Scuffing

Die grauen Punkte auf der Filmoberfläche werden Scuffing genannt (Abb. 3-23) [24]. Dieser Effekt wird durch zu hohem Anteil von Titandioxid in dem Coatingmaterial erzeugt. Besonders nach der Trocknung werden diese Punkte sichtbar.

Mögliche Abhilfe:

- Reduzierung des Titandioxidanteils

3.9.15 Farbvariationen (Ausbleichen, Wolkenbildung, Fleckenbildung)

Die wasserlöslichen Farbstoffe können aus dem Film diffundieren oder die Farbe wird durch Lichteinflüsse gebleicht. Es entstehen unterschiedliche, inhomogene Farbschattierungen. Dieses wird „Ausbleichen" (Abb. 3-24) genannt. Eine weitere Farbvariation ist die Wolkenbildung (Abb. 3-25), welche durch die inhomogene Verteilung der Farbe erzeugt wird. Die Fleckenbildung entsteht durch flächenweise Ansammlung von Farbstoff, sodass einige Stellen mehr Farbstoff enthalten und dadurch eine dunkle Färbung auftritt.

Mögliche Abhilfe:

- Einsatz von wasserunlöslichen Farbpigmenten

3.9.16 Brückenbildung (bei Prägungen, Logos, etc.)

Die Prägung oder das Logo wirken unklar und sind stellenweise nicht mehr lesbar oder erkennbar, sodass sie bei näherer Betrachtung wie übermalt wirken.

Mögliche Abhilfe:

- Sprührate kontrollieren (eventuelle Schwankung der Sprührate)
- Trocknungskapazität optimieren

3.10 Abbildungen zum Kapitel (s.a. Anhang)

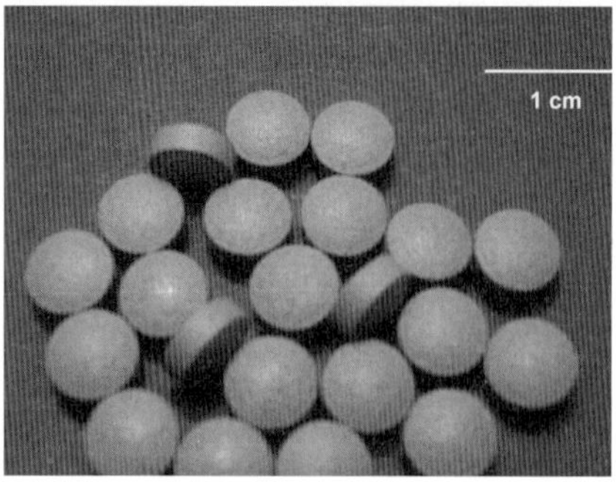

Abb. 3-10 Orangenhaut („Orange Skin “)

Abb. 3-11 Abblättern an der Kante der Tablette („Peeling and Flaking“)

Abb. 3-12 Abplatzen des Films durch Quellung des Kerns

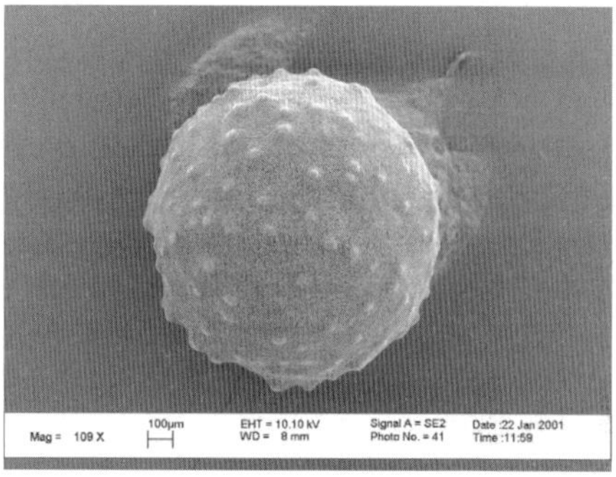

Abb. 3-13 Pickelbildung an der Oberfläche des Pellets

Abb. 3-14 Agglomeratbildung

Abb. 3-15 Bruchstellen/Krater (Pitting and Cratering)

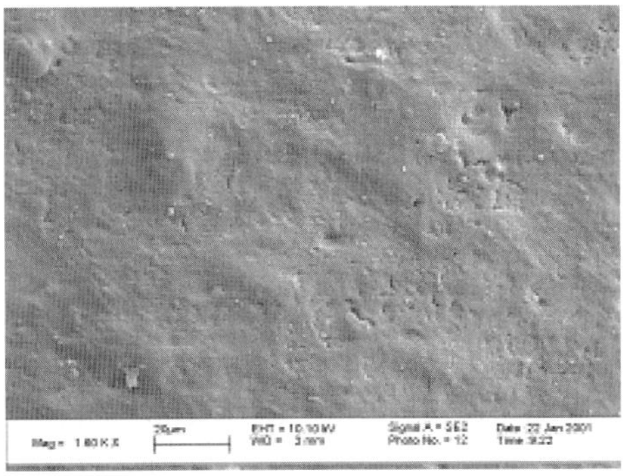

Abb. 3-16 Porenbildung an der Oberfläche

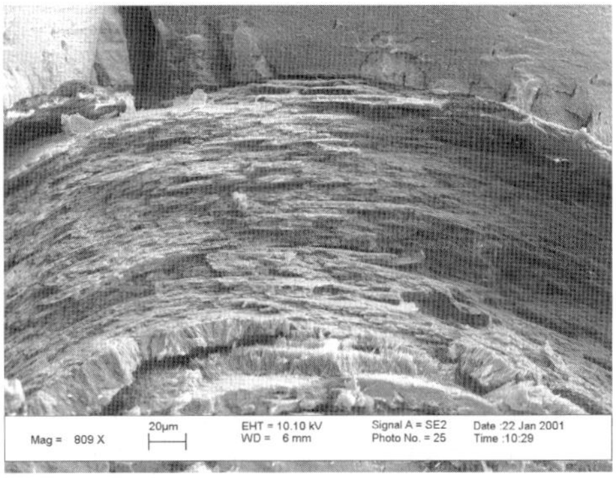

Abb. 3-17 Faserige Struktur der Filmschicht

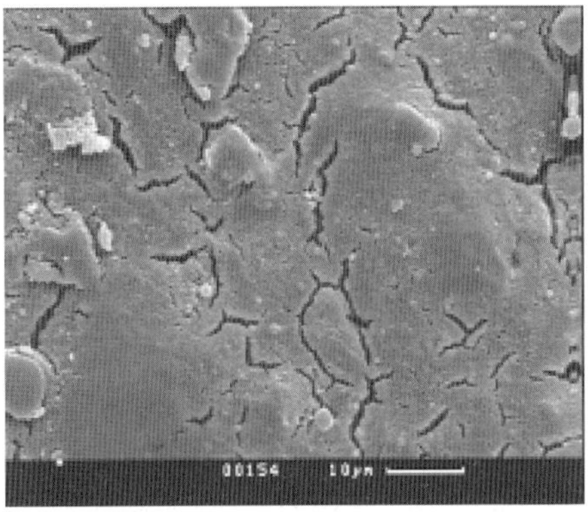

Abb. 3-18 Rissbildung und Spaltung an einer Oberfläche („Cracking and Splitting“)

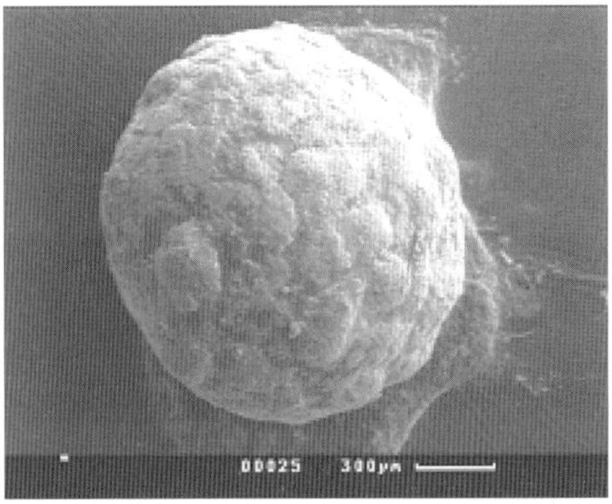

Abb. 3-19 Inselbildung („Island“)

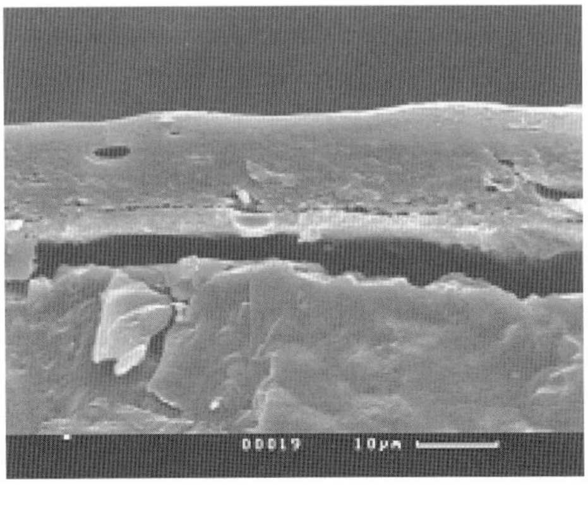

Abb. 3-20 Luftblaseneinschlüsse an einer Filmschicht

Abb. 3-21 Nasenbildung

Abb. 3-22 Deckelbildung

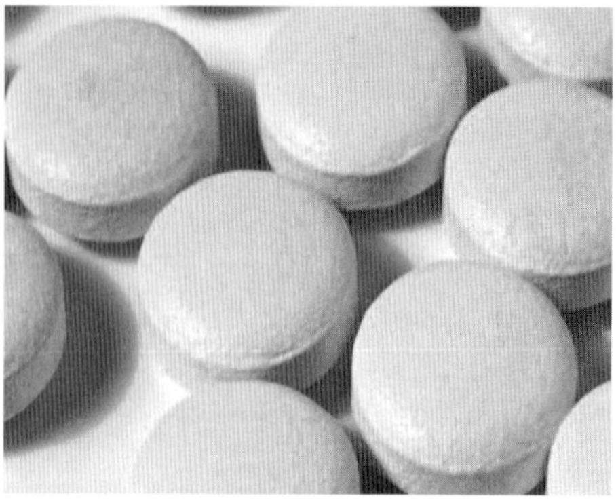

Abb. 3-23 Scuffing

Abb. 3-24 Farbvariation durch Ausbleichen

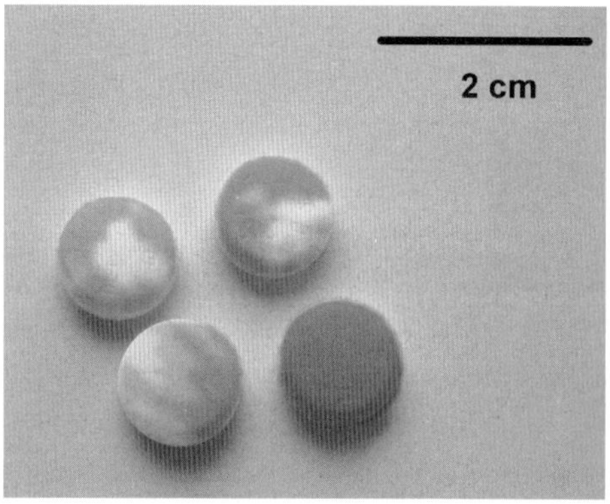

Abb. 3-25 Wolkenbildung

3.11 Quellenverzeichnis

[1] Bauer K.H., Lehmann K., Osterwald H.P., Rothgang G. 1988, Überzogene Arzneiformen, Grundlagen, Herstellungstechnologien, biopharmazeutische Aspekte, Prüfungsmethoden und Rohstoffe. Wissenschaftliche Verlagsgesellschaft mbH Stuttgart.

[2] Valentim R. 2009, Interne Information von Blanver Pharmaquimica, Sao Paulo, Brasil

[3] Uhlmann Verpackungstechnik GmbH, Laupheim

[4] Bühler V. 2004, Pharmaceutical Technology of BASF Excipients, 2nd Edition, BASF, Ludwigshafen

[5] Workshopscript 1995, Wässrige Filmüberzüge für feste Arzneiformen, Arbeitsgemeinschaft für Pharmazeutische Verfahrenstechnik e.V., Kurs 156 vom 22.03.-24.03.1995, Maritim Konferenzhotel, Darmstadt

[6] Durge S. 2009, Interne Information von Pharmaceutical Coating Pvt.Ltd., Mumbai, India

[7] Lehmann K. 2003, Praktikum zum Filmcoaten von pharmazeutischen Arzneiformen mit EUDRAGIT, Pharma Polymere, Röhm GmbH, Darmstadt

[8] Bühler V. 2007, Kollicoat Grades, Functional Polymers for the Pharmaceutical Industry, BASF, Ludwigshafen

[9] Lüscher M. 1984, Capsugel-Mitteilungsblatt, Die psychologische Wirkung von Kapselfarben auf den Therapieerfolg eines Arzneimittels, Basel

[10] Heller E. 1995, Wie Farben wirken, Rowohlt, Reinbek

[11] Kutz G., Wolff A. 2007, Pharmazeutische Produkte und Verfahren, Wiley-VCH, Weinheim

[12] Stegemann S. 2004, Capsugel, Zielgruppenorientierte galenische Maßnahmen wie Färben und Aromatisieren , APV Seminar Galenische Maßnahmen zur Steigerung der Compliance, Darmstadt

[13] Maruyama J. 2009, interne Information, Asahi-Kasei Chemicals Corp., Tokyo, Japan

[14] Gnädig H. 2009, Interne Information, Lomapharm, Emmertal

[15] Adams F.M., Osgood C.E. 1973, J.o.Cross-cultural Psychology 4, 135-156

[16] Ritschel W.A., Bauer-Brandl A. 2002, Die Tablette, Editio Canto Verlag, Aulendorf

[17] Schaal G. 2004, Untersuchungen einer Befilmungsmöglichkeit fester Arzneiformen mit modifizierten Triglycerid-Dispersionen, Dissertation der Biologisch-Pharmazeutischen Fakultät der Friedrich-Schiller-Universität Jena

[18] Workshopscript 2008, “From polymer research to pharmaceutical applications” Dokto-randen Seminar vom 09-10.07.2008, BASF, Ludwigshafen

[19] Kobuko H., Nishiyama Y., Brunemann J. 2002, A plasticizer seperation system for aqueous coating using a concentric dual-feed spray nozzle. Shin-Etsu, Tokyo, Japan, Pham. Tech. Europ. 14

[20] Hercules Incorporated, Aqualon Division, Klucel Brochure: Physical and chemical properties, 250-2F REV. 10-01 500, Wilmington, DE, USA

[21] Geiger W., Willi K. 2005, Handbuch Qualität: Grundlagen und Elemente des Qualitäts-managements, Vieweg Verlag, Wiesbaden

[22] Gögebakan E., Kumpugdee-Vollrath M. 2009, EASY COATING: Filmcoaten im Labormaßstab: Einführung in den Coatingprozess, Technische Fachhochschule Berlin

[23] Kumpugdee M. 2002, Coating of pellets with aqueous dispersions of enteric polymer by using a Wurster-based fluidized bed apparatus, Dissertation der Universität Hamburg

[24] Cech T., Wildschek F. 2008, ExAct “Excipients & Actives for Pharma”: Film Coating: Scuffing, No. 21, October, BASF, Ludwigshafen

4 GLATT Wirbelschichttechnologie zum Coating von Pulvern, Pellets und Mikropellets

Annette Grave und Norbert Pöllinger

Einleitung

Wirbelschichtverfahren wurden ursprünglich in der chemischen Verfahrenstechnik angewandt. Ende der 1950er Jahre fand die Wirbelschichttrocknung Eingang in die pharmazeutische Industrie, da eine verbesserte Trocknungseffizienz im Vergleich zu bestehenden Verfahren erzielt werden konnte. Viele Granulationsprozesse wurden durch Feuchtgranulation in einem Zwangsmischer durchgeführt, worauf ein Trocknungsschritt in einem Hordentrockner folgte. Je nach Produktqualität kann eine Hordentrocknung allerdings mehrere Tage dauern. Derart lange Trocknungszeiten können bei Anwendung der Wirbelschichttrocknung häufig auf weniger als eine Stunde verkürzt werden. Die Wirbelschichttrocknung ist eine besonders effektive und schonende Art der Trocknung, da die gesamte Oberfläche der einzelnen Partikel für den Wärme- und Feuchteübergang zur Verfügung steht.

Durch den Einsatz von Sprühdüsen entwickelten sich Wirbelschichtanlagen schnell zu Wirbelschicht-Granulatoren, bei denen eingesprühte Flüssigkeit zur Agglomeration von Pulverpartikeln führt. Es entstehen lockere, poröse Agglomerate, in die Wasser schnell eindringen kann. Hierdurch wird eine rasche Auflösung von Granulaten und daraus hergestellten Tabletten unterstützt. Die Wirbelschicht-Wurster- oder -Bottom-Spray-Technologie ermöglicht schließlich ein höchst effektives Coating von Pulvern, Granulaten, Pellets und Tabletten. Mit modernen Filmcoating-Rezepturen können ganz gezielt die definierten Eigenschaften pharmazeutischer Produkte generiert werden. Wichtig ist hierbei ein sehr gleichmäßiger und kontrollierter Auftrag der Coatingmaterialien. Die entstehenden Überzüge müssen dicht und frei von mechanischen Schäden oder Rissen sein. Mit der Wirbelschicht-Rotor-Technologie wurde eine weitere Technik entwickelt, die eine Herstellung von Pellets und Mikropellets im Sinne der Direktpelletisierung und der Powderlayering-Technologie ermöglicht. Durch die zentrifugale Produktbewegung entstehen Agglomerate, die sich zu gleichmäßigen und dichten Pellets ausrunden lassen. Weitere innovative Wirbelschicht-Pelletisierungstechniken erlauben die Herstellung von Mikropellets und Pellets mit unterschiedlichen Wirkstoffbeladungen sowie Wirkstofffreisetzungseigenschaften; sie stellen ein ideales Substrat für das Aufbringen unterschiedlichster funktioneller Überzüge dar.

Darüber hinaus trägt die Wirbelschichttechnologie den gestiegenen verfahrenstechnischen Anforderungen Rechnung: Explosionsschutz, Qualifizierung und Validierung, moderne Steuerungstechnik, geschlossene Systeme (total containment), automatisierte Reinigungssysteme (WIP, CIP) und die Anbindung an übergeordnete Materialwirtschaftsysteme stellen nur einige Optionen dar, die bei der Installation und Nachrüstung moderner Anlagen realisiert werden können.

4.1 Beschreibung und Basisaufbau einer Wirbelschichtanlage

Wie im Kapitel 2 bereits ausführlich beschrieben, wird als Wirbelschicht ein Zustand von Feststoffpartikeln bezeichnet, in dem diese von einem aufwärts gerichteten Trägerstrom angehoben, durchströmt und dadurch verwirbelt werden. Dieser Trägerstrom besteht meist aus Luft, kann aber auch durch den Einsatz anderer Gase erzeugt werden.

Insbesondere für Prozesse bei denen ein homogenes Coating auf Partikel aufgetragen werden muss ist eine gleichmäßige Bewegung aller Partikel von größter Bedeutung. Die Wurster-Technologie verfügt über technische Möglichkeiten und Konfigurationen, die für jede Produktqualität eine optimale Fluidisierung und damit höchste Coatingqualität gewährleisten.

Eine ruhende Schüttschicht, die von unten nach oben mit Luft oder einem anderen Gas durchströmt wird, beginnt sich aufzulockern bzw. auszudehnen, sobald die Geschwindigkeit der durchströmenden Luft bzw. des durchströmenden Gases erhöht wird. Nach Überschreiten der minimalen Wirbelgeschwindigkeit entsteht eine Wirbelschicht (Abb. 4-1). Dies ist dann der Fall, wenn der Druckverlust des einströmenden Gases in der Wirbelschicht (Δp) gleich dem Gewicht des Festbettes (Masse m x Gravitationskonstante g) pro Fläche des Anströmbodens (A) ist:

$$\Delta p = m \cdot g / A \tag{1}$$

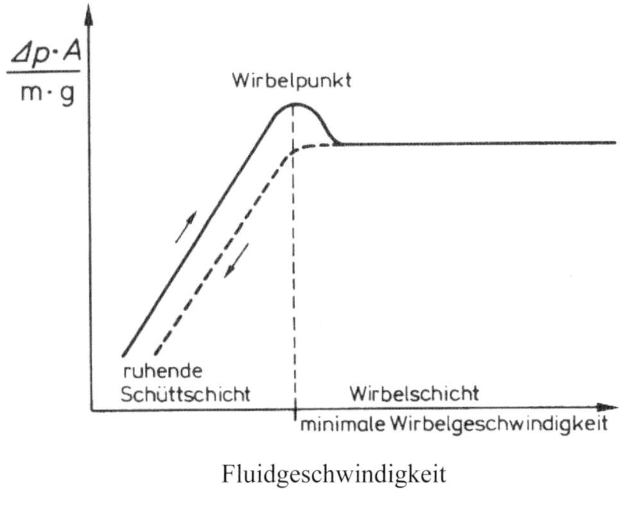

Abb. 4-1 Graphische Darstellung der Druckverluste über den Fluidgeschwindigkeiten in der Wirbelschicht (aus [1])

Wirbelschichten verhalten sich wie stark sprudelnde Flüssigkeiten. Die einzelnen Feststoffpartikel sind praktisch vollständig von Luft oder Gas umströmt und berühren sich durch die ständige Bewegung nur kurzzeitig.

Wirbelschicht-Anlagen bestehen aus folgenden **Hauptkomponenten**:

- Zuluftaufbereitung
- Arbeitsturm
- Abluftaufbereitung inklusive Lösemittel-Entsorgung
- Ventilator und Schalldämpfer

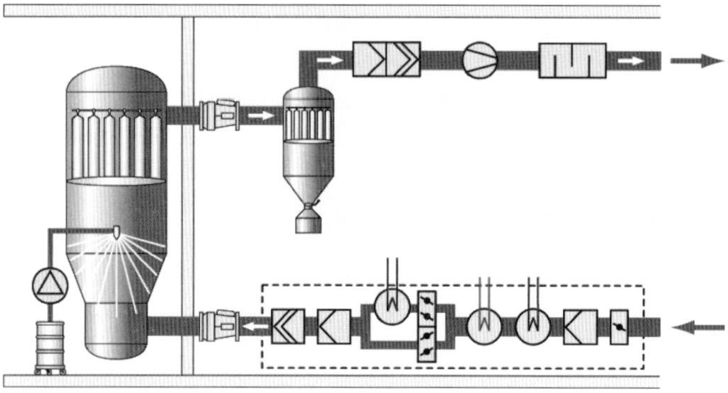

a) Frischluft-Fortluft-System

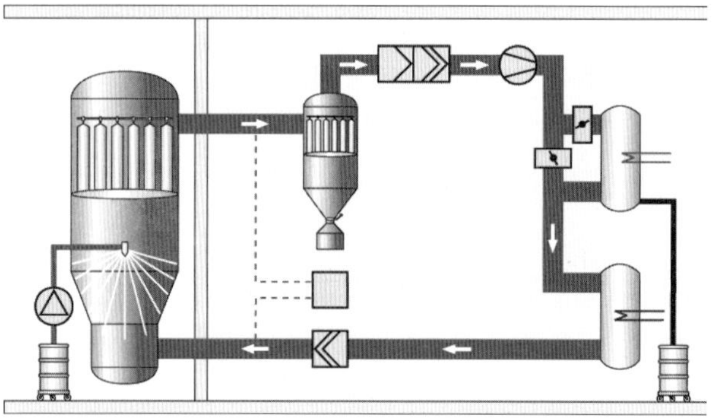

b) Kreislauf-System mit N_2-Inertisierung und Rückgewinnung für organische Lösungsmittel

Abb. 4-2
Aufbau einer Wirbelschicht-Anlage

Zuluftaufbereitung

Die Komponenten der Zuluftaufbereitung sind:

- Zuluftfiltration mit Grob- und Feinpartikelfilter (HEPA-Filter)
- Zuluft-Entfeuchtung und Zuluft-Befeuchtung (optional) und
- Zuluft-Heizung und Zuluft-Kühlung

Für den Prozess wird Luft in einer geeigneten Qualität benötigt – zum Verdampfen von Wasser oder Lösemittel im Zuge eines Coatingprozesses, aber auch zum Trocknen und Kühlen des Produktes. Die Qualität der Zuluft muss reproduzierbar sein, damit reproduzierbare Prozesse gewährleistet sind. Qualität der Zuluft bedeutet hier: konstante Temperatur, Feuchte und Reinheitsgrad.

Arbeitsturm

Die Komponenten des Arbeitsturms sind:

- Zuluftteil
- Produktbehälter
- Sprühdüse(n)
- Entspannungsgehäuse
- Filter-Gehäuse mit Produktfilter oder Fangkorb

Abb. 4-3
Arbeitsturm einer GLATT Wirbelschichtanlage vom Typ GPCG

Im Arbeitsturm der Wirbelschichtanlage findet der Wirbelschichtprozess statt. Durch das Zuluftteil tritt die Prozessluft in den Produktbehälter ein.

Mit Hilfe einer oder mehrerer Düsen werden die Granulations- oder Coatingflüssigkeiten in das Wirbelbett eingesprüht. Der Raum oberhalb des Produktbehälters fungiert als Entspannungszone, in der sich die Fluidisierluft verlangsamt und es dem Produkt erlaubt, in Richtung des Anströmbodens und damit in die Granulations- oder Coatingzone(n) zurückzufallen. Im obersten Teil der Prozesskammer - oberhalb der Entspannungszone - befindet sich das Filtergehäuse; hier werden die hochfliegenden Partikel aus der Fluidisierluft abgeschieden und in der Prozesskammer zurückgehalten (Abb. 4-4). Damit feinpartikuläres oder staubförmiges Material die Produktfilter nicht dauerhaft verstopfen und so den Luftstrom behindern kann, muss es aus den Produktfiltern zurück in das Produktwirbelbett befördert werden. Die Produktfilter können aus feinmaschigem Stoffgewebe bestehen; die Filter-Strümpfe werden zur Rückführung von Stäuben in die Wirbelzone mechanisch abgerüttelt. Für Coatingprozesse mit Pellets werden in der Regel grobmaschigere Fangkörbe eingesetzt, die zwar feine staubartige Partikel durchlassen, die Pellets aber im Arbeitsturm zurückhalten.

Für vollautomatisch abreinigbare Anlagen können Filterpatronen oder Fangkörbe aus Edelstahl eingesetzt werden, die während des Prozesses mit Hilfe von Druckluft abgereinigt werden. Filterpatronen oder Fangkörbe aus Edelstahl verbleiben bei der Nassreinigung in der Anlage.

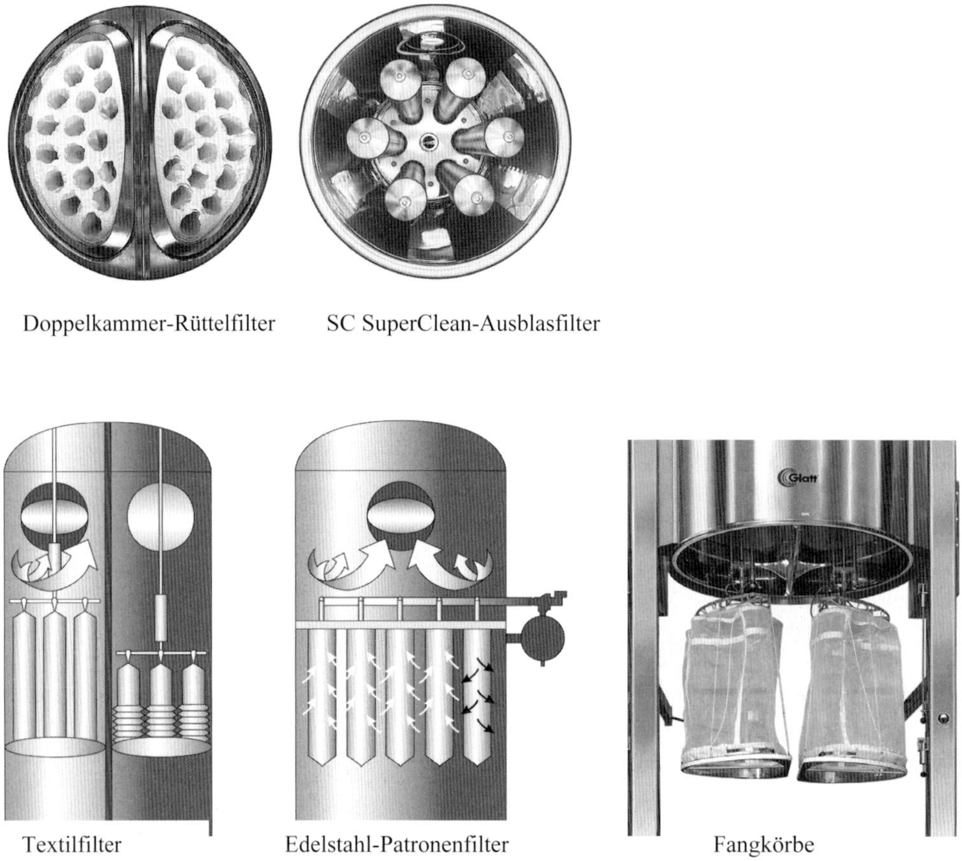

Doppelkammer-Rüttelfilter SC SuperClean-Ausblasfilter

Textilfilter Edelstahl-Patronenfilter Fangkörbe

Abb. 4-4 Produktfilter-Systeme, Fangkörbe

Abluftaufbereitung

Die Prozessabluft wird zunächst im Arbeitsturm mit Hilfe der Produktfilter abgereinigt. Um den umweltrechtlichen Anforderungen an die Reinheit der Abluft sowie entsprechenden Sicherheitsanforderungen gerecht zu werden, sind zusätzlich Nachentstauber unterschiedlicher Bauart im Einsatz. Mit Hilfe sogenannter „Polizeifilter" (HEPA-Filter) werden auch feinste Partikel aus der Abluft abgeschieden (Abb. 4-2).

Der Ventilator (Abb. 4-2) ist die eigentliche Triebkraft für den Prozess. Wie ein überdimensionaler Staubsauger saugt er die Zuluft durch die Anlage und bewirkt die Fluidisierung des Produktes. Der Geräuschpegel des Ventilators kann durch einen Schalldämpfer wirksam reduziert werden.

Explosionsschutz und Lösemittelentsorgung

Für die Verarbeitung verschiedener Lackrezepturen kommen regelmäßig organische Lösemittel zum Einsatz, die meist brennbar sind und bei Vorhandensein von Zündquellen zu Explosionen führen können. Staub- und Lösemittelgemische stellen naturgemäß ein gewisses Explosionsrisiko und damit eine potentielle Gefahrenquelle für Mensch und Maschine dar. Entsprechend sind für die Verarbeitung organischer Lösemittel wie Ethanol, Methanol, Isopropanol oder Aceton vorgesehene Wirbelschichtanlagen sicherheitstechnisch auszurüsten (Abb. 4-5). Moderne Wirbelschichtanlagen von GLATT verfügen über eine Druckstoßfestigkeit von 12 bar – damit können alle gängigen Produkte der Pharmaindustrie sicher verarbeitet werden. Selbst im Falle einer Explosion besteht keine Gefahr für Mensch und Technologie.

Im Unterschied zu Anlagen, deren Sicherheitskonzept auf einer Druckentlastung im Explosionsfall und einer damit verbundenen möglichen Freisetzung von Produkt aus der Anlage beruht, bleiben moderne 12 bar-druckstoßfeste Anlagen auch im Falle einer Explosion geschlossen. Somit verbleibt auch das gerade bearbeitete Produkt in der geschlossenen Anlage. Die Gefahr einer Kontamination von Umgebung und Umwelt ist dadurch ausgeschlossen.

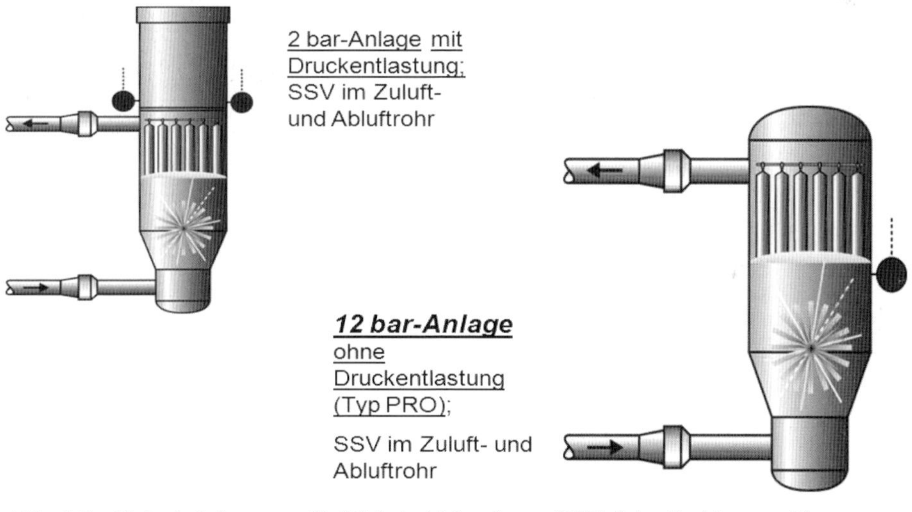

Abb. 4-5 Sicherheitskonzepte für Wirbelschichtanlagen (SSV: Schnellschlussventil)

Kommen organische Lösemittel für Wirbelschichtprozesse zum Einsatz, müssen insbesondere die einschlägigen Vorschriften des Emissionsschutzrechts beachtet werden. Wasserlösliche Lösemittel wie Ethanol, Isopropanol oder Aceton können beispielsweise über Wäscher aus der Abluft entfernt werden. Alternativ kommen Adsorptionssysteme oder katalytische Verbrennungsverfahren zum Einsatz, die auch für die Abreinigung wasserunlöslicher Lösemittel aus der Abluft geeignet sind.

Durch die Verwendung von Kreislaufanlagen, die mit Kondensationssytemen ausgestattet sind (Abb.4-2), können Emissionen ebenfalls wirksam vermieden werden; die zurückgewonnenen Lösemittel können unter Umständen sogar wiederverwendet werden. Das mit eingesprühten organischem Lösemittel oder Lösemittelgemischen beladene Fluidisier- oder Kreislaufgas wird bei jeder Zirkulation im Teilstrom über einen Kondensator geführt, der bei entsprechend tiefer Temperatur die Lösemittel durch Kondensation aus dem Kreislaufgas abscheidet.

Reinigungssysteme

Wirbelschichtanlagen werden meist für die Herstellung mehrerer Produkte eingesetzt. Um eine „Cross Contamination" zu vermeiden, ist eine effektive Abreinigung von Produktionsrückständen von größter Bedeutung. Für die Reinigung moderner Systeme werden halb- oder vollautomatisch arbeitende technische Systeme eingesetzt.

Unter einer WIP (Washing in place)-Reinigung versteht man eine gründliche maschinelle Vorreinigung, die in der Regel noch einer manuellen Nachreinigung bedarf. Nach einer Benetzung der Prozessanlage mit Wasser oder wässrigen Reinigungsflüssigkeiten werden die nassen und damit nicht mehr staubigen Filter oder Fangkörbe aus der Anlage entnommen und in einer Waschmaschine gewaschen. Die wieder geschlossene Anlage wird dann mittels eingebauter spezieller Waschdüsen gründlich weiter gereinigt. Mögliche, noch vorhandene Restverschmutzungen werden manuell entfernt.

Unter einer CIP (Cleaning in place)-Reinigung ist ein vollautomatisierter Reinigungsprozess zu verstehen, für den die Prozessanlage zu keinem Zeitpunkt geöffnet werden muss. Von einem CIP-Reinigungsprozess im engeren pharmazeutischen Sinne kann gesprochen werden, wenn das Akzptanzkriterium der Reinigungsvalidierung mit einer automatischen Reinigung erreicht wird.

Für die CIP-Technologie sind Filterpatronen oder Fangkörbe aus Edelstahl zu verwenden, die während der CIP-Reinigung in der Anlage verbleiben können (SC Super Clean-Ausblasfilter und SC-Super Clean-Fangkörbe, s. Abb. 4-4). Derartige geschlossene Systeme werden beispielsweise bei der Verarbeitung sehr toxischer oder hochwirksamer pharmazeutischer Produkte eingesetzt.

4.2 GLATT – Wirbelschichtverfahren

GLATT-Wirbelschichtanlagen können für unterschiedliche pharmazeutische Herstellprozesse eingesetzt werden:

- Batch-Prozesse für Trocknung / Granulation / Pelletisierung / Coating
- kontinuierliche Prozesse zur Pelletisierung

4.2.1 Batch-Prozesse

Die zumeist für die Granulation genutzte Topspray-Wirbelschichttechnik (Abb. 4-6 b) wurde in der Folge auch eingesetzt um Partikel wie Granulate oder Pellets zu lackieren.

Unter entsprechenden Prozessbedingungen können zumindest größere Partikel gecoatet werden. Eine oder mehrere Sprühdüsen sprühen eine Flüssigkeit im Gegenstrom auf das Produkt.

Das ***Wirbelschicht-Topspray-Verfahren*** ist eine für die Agglomeration von Partikeln entwickelte Prozesstechnologie. Diese Granulations-Technik ist für das Überziehen von einzelnen Partikeln daher nur mit Einschränkungen geeignet, da bei Coatingprozessen eine Agglomeration von einzelnen Partikeln weitestgehend vermieden werden soll.

Einen Sonderfall stellt die ***Hotmelt-Technologie*** dar, bei der geschmolzene Substanzen wie Lipide oder Polyethylenglykole im Topspray-Verfahren auf das Substrat aufgesprüht werden.

Ein weiteres Wirbelschichtverfahren nutzt eine rotierende Scheibe in einem zylindrischen Produktbehälter (Abb. 4-6 d), um das zu verarbeitende Material in eine rotierende Bewegung zu versetzen. Die dabei erreichte spiralförmige Gutbewegung kann zum Aufbau, aber auch zum Lackieren von Pellets verwendet werden. Tangential montierte Zweistoffdüsen bringen die Coatingflüssigkeit in das Produktbett ein. Ursprünglich für die Produktion von Granulaten mit höherer Dichte konzipiert, hat sich das ***Wirbelschicht-Rotor-Verfahren*** zu einem Prozess entwickelt, mit dem sphärische Granulate – Pellets - in unterschiedlicher Größe hergestellt werden können. Insgesamt wirken unterschiedliche physikalische Kräfte auf das Produkt ein: die drehende Scheibe bewirkt Zentrifugalkraft, durch die eintretende Luft entsteht eine vertikale Fluidisierungsbewegung und schließlich die Gravitation, welche bewirkt, dass sich das Produkt kaskadenförmig wieder nach unten auf die rotierende Scheibe zu bewegt. Das resultierende Bewegungsmuster des Produktes kann als eine Spirale beschrieben werden. Eine oder mehrere Düsen sind so angeordnet, dass Flüssigkeiten tangential im Gleichstrom in das fluidisierte Produktbett gesprüht werden.

Ein weiterentwickeltes, optimiertes Rotor-Verfahren stellt die in jüngster Zeit eingeführte CPS®- (Complex Perfect Spheres)-Technologie (Abb. 4-7) dar, die nach dem Rotor-Grundprinzip arbeitet, aber einen optimierten Produktfluss und damit eine optimierte Prozessführung und Produktqualität ermöglicht. Im Gegensatz zur Rotor-Technologie verfügt die CPS®-Technologie über eine gerundete Drehscheibe, welche eine noch effektivere Übertragung der zentrifugalen Kräfte in die entstehenden Pellets erlaubt; verschiedene Typen von CPS®-Scheiben stehen für eine detaillierte Prozess- und Produktoptimierung zur Verfügung. Weiterhin sind in der Entspannungszone speziell geformte Leitbleche angebracht, die nach oben fluidisiertes Produkt wieder in das rotierende Produktbett zurückbefördern.

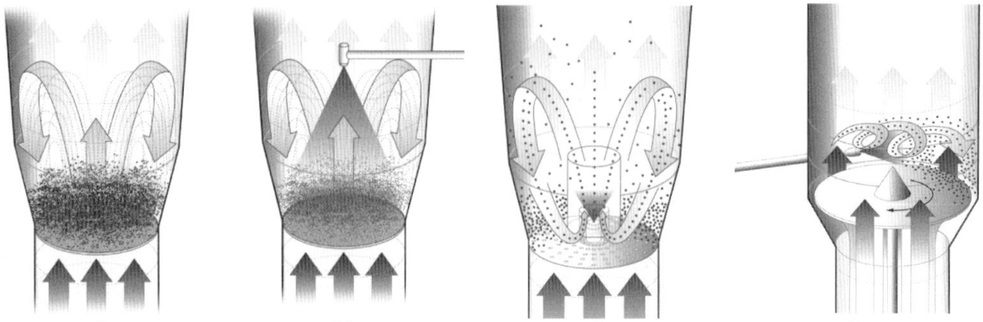

a) b) c) d)

Abb. 4-6 GLATT-Batch-Prozesse

a) Wirbelschichttrocknung

b) Wirbelschicht-Topspray-Granulation

c) Wirbelschicht-Wurster-Coating

d) Wirbelschicht-Rotor-Pelletisierung

4.2.1.1 CPS®- (Complex Perfect Spheres)-Technologie

Neben der Anwendung als Pelletisierungstechnologie können Rotor- und CPS®-Technologie grundsätzlich auch für Wirkstofflayering und -Partikelcoating-Applikationen eingesetzt werden.

Abb. 4-7
CPS®-Technologie / Laboranlage

4.2.1.2 Wurster- oder Bottom-Spray-Technologie

Fast gleichzeitig mit der Entwicklung der Wirbelschicht-Granulations-Technologie wurden Wirbelschichttechniken entwickelt, die eine Beschichtung von feinen Pulvern, Granulaten, Pellets und Tabletten zum Ziel haben. Die sogenannte Wurster-Technologie, die in Abb. 4-6 c) dargestellt ist, wurde in den 50er Jahren von dem amerikanischen Pharmazeuten Dale Wurster [2] erfunden, der zu dieser Zeit Professor an der University of Wisconsin war.

Für das Coating von sehr kleinen Partikeln, Mikropellets, Pellets und Minitabletten wird die Wurster-Technologie als optimales Verfahren empfohlen. Aufgrund des hier stattfindenden Fluidisierungsmusters ist eine sehr starke Vereinzelung der Partikel gegeben, wenn diese durch die Düsen mit Coatingflüssigkeit besprüht werden. Die Einbringung der Coatingflüssigkeit erfolgt im Gleichstrom mit der Fluidisierluft. Die Gefahr einer unerwünschten Partikel-Agglomeration kann damit weitestgehend ausgeschlossen werden, sofern geeignete Prozessparameter gewählt werden. Die Gefahr einer Agglomeration ist bei Coatingverfahren, bei denen die Sprühflüssigkeiten unter Bett eingesprüht werden, naturgemäß größer.

Das Wurster- oder Bottom-Spray-Verfahren ist eine Wirbelschicht-Methode der Wahl für Partikel-Coating-Prozesse. Die Grundlage dieser Technologie ist eine zirkulierende Wirbelschicht (s.a. Kap. 2). Dazu werden Bereiche mit stärkerem und schwächerem Luftdurchsatz geschaffen. Die Wirbelschicht wird durch das Wurster-Steigrohr in Bereiche mit unterschiedlichem Luftdurchsatz eingeteilt.
Der Bereich unterhalb des Steigrohres – der sogenannte up-bed-Bereich – wird stärker durchströmt als seine down-bed-Umgebung; auf diese Weise entsteht eine definierte und kontrollierte Feststoffumwälzung. In der up-bed-Bewegung innerhalb des Steigrohrs steigen die Partikel auf, in der down-bed-Umgebung sinken sie ab. In den aufsteigenden Partikelstrom wird die Coating-Flüssigkeit im Gleichstrom eingedüst.

Beim Wirbelschicht-Coating-Prozess ist ein häufiges, wiederholt dünnes Auftragen von Flüssigkeitstropfen auf das vorgelegte Substrat in einer Umgebung mit hohem Wärme- und Stofftransport anzustreben (Abb. 4-8).

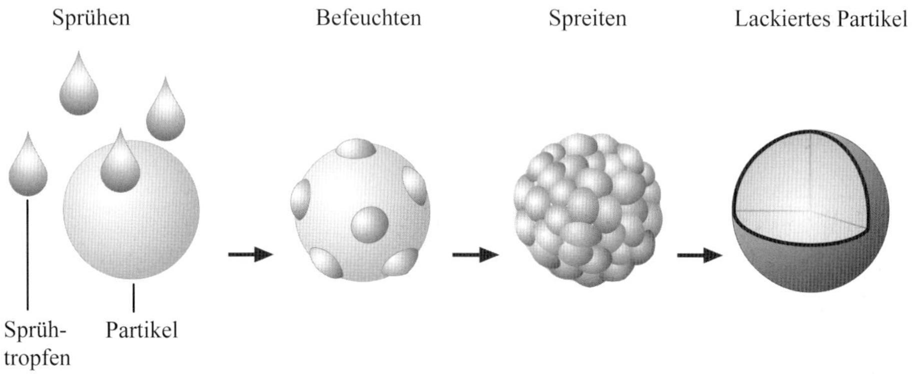

Abb. 4-8 Prinzip des Layerings bzw. Coatings von Partikeln

Solange die aufgetragenen Tropfen noch nicht abgetrocknet und die Partikeloberflächen daher noch feucht sind, sollten diese Partikel nach Möglichkeit ohne Kollision verwirbelt werden. Diese Voraussetzung ist durch die Wurster-Technologie gegeben.

Der Bewegungsablauf im Wurster-Prozess kann in 4 Zonen aufgeteilt werden (Abb. 4-9):

Zone A: up-bed-Zone

Die Luftgeschwindigkeit ist in dieser Zone viel höher als die finale Geschwindigkeit der Partikel. Die Partikel werden durch pneumatischen Transport vertikal nach oben befördert. In der up-bed-Zone werden die Partikel, die hier ihre höchste Geschwindigkeit erreicht haben, mit der feinverdüsten tropfenförmigen Sprühflüssigkeit benetzt und beginnen bereits abzutrocknen, bevor sie die Zone B erreichen.

Zone B: Zone mit verlangsamter Aufwärtsbewegung

Die Partikel verlassen die up-bed-Zone und treten in die Entspannungszone über, in der sie langsamer werden. Sie fliegen in einer parabolischen Bewegung noch eine Strecke aufwärts bevor sie die Auftriebskraft verlieren und in den down-bed-Bereich zu fallen beginnen. Die Partikel trocknen in dieser Phase weiter ab.

Zone C: down-bed-Zone

Die Partikel bewegen sich in der down-bed-Zone mit dem wirbelnden Produktbett weiter abwärts, bevor sie den Spalt zwischen down-bed- und up-bed-Bereich erreichen. In dieser Phase müssen die Partikel bereits weitestgehend abgetrocknet sein, damit sie nicht zusammenkleben können.

Zone D: kompaktes Produktbett

Aus dieser Zone, die ein kompaktes Produktbett darstellt, bewegen sich die Partikel langsam in Richtung des up-bed-Bereichs.

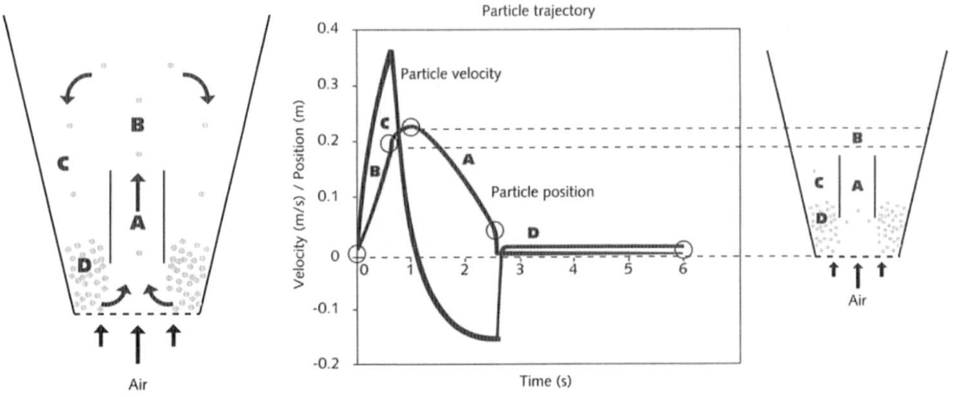

Abb. 4-9 4-stufige Bewegung und Bewegungsablauf der fluidisierten Partikel im Wirbelschicht-Wurster-Prozess [4]

Insgesamt verbringen die Partikel somit nur kurze Zeit in den Zonen A, B und C. Diese Zeit muss dazu ausreichen, um die zuletzt auf die Partikel aufgebrachte Coatingschicht abzutrocknen. Ist dies nicht der Fall, können die Partikel in Zone D zusammenkleben und Agglomerate bilden, da es in dieser Zone zu einer starken Akkumulation der Partikel kommt.

Die Partikel verbringen demnach eine vergleichsweise längere Zeit im Bereich D. Es ist wichtig, dass die an dieser Stelle herrschenden Temperaturen insbesondere bei der Verarbeitung temperaturempfindlicher Wirk- und Coating-Substanzen nicht zu hoch werden, da sonst die Produktqualität negativ beeinflusst werden kann. Die Verweilzeit in diesem Bereich hängt in starkem Maße von der Beladung der Anlage sowie von den Fluidisierungsbedingungen ab. In einer GLATT-Laboranlage und einer Batchgröße von 1,35 kg wurde für einen Fluidisierungszyklus beispielsweise eine Dauer von 6 sec experimentell ermittelt [4].

In Abb. 4-9 ist eine Variante dieses Verfahrens mit einem einzelnen Steigrohr dargestellt; diese Konfiguration wird für Batchgrößen von bis zu 100 kg angewandt. Größere pharmazeutische Produktionsanlagen verfügen über bis zu sieben Steigrohre und Sprühdüsen. Ein oder mehrere „Wurster-Steigrohre" teilen den Apparat in zwei Bereiche: den sogenannten up-bed- und den down-bed-Bereich (s. Abb. 4-11 und 4-12). Die in den up-bed und den down-bed-Bereich einströmenden Luftmengen werden über die Konfiguration der Bodenplatte kontrolliert.

Der „down-bed"-Bereich des Wurster-Produktbehälters nimmt die Partikel auf, die aus dem Steigrohr nach oben ausgetragen wurden und im down-bed-Bereich wieder nach unten fallen. Hier ist die Bodenplatte vergleichsweise gering perforiert. Die Perforation im down-bed-Bereich ist so bemessen, dass eine Gasgeschwindigkeit entsteht, die nur wenig oberhalb der Lockerungsgeschwindigkeit für das Produkt liegt und das Produkt konstant in Bewegung halten soll. Ein Zurückfallen der besprühten Partikel in die Sprühzone ist aufgrund der dort eingetragenen hohen Luftmengen nicht möglich.

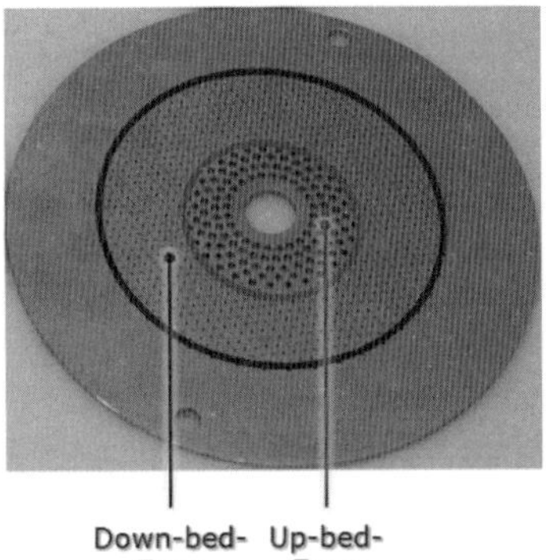
Down-bed-
Zone
Up-bed-
Zone
• Die Luftführung in der Down-bed-Zone ist wichtig für eine homogene Applikation des Filmes.
• Für jede Applikation und Produktqualität kann die optimale Konfiguration ausgewählt werden.

Abb. 4-10 Wurster- (Bottom Spray) – Bodenplatte für den Lufteintritt

Der vom Wurster-Steigrohr überdeckte up-bed-Bereich ist hingegen stark perforiert. In dieser Zone, in der der Auftrag der zerstäubten Coatingflüssigkeit auf die Partikel stattfindet, sollen die Bedingungen einer „Flugförderung" vorliegen. Das bedeutet, dass die Gasgeschwindigkeit höher ist als die Einzelkorn-Sinkgeschwindigkeit. Alle Teilchen befinden sich in diesem Bereich im freien Flug. Die Turbulenz der Strömung ist groß genug, um sowohl feinere als auch gröbere Partikel gleichmäßig über den Querschnitt zu verteilen. Im Interesse einer gleichmäßigen Besprühung aller vorgelegten Partikel ist die beschriebene Qualität der Fluidisierung von großer Wichtigkeit.

Die Luft- oder Gasgeschwindigkeit im Wurster-Steigrohr entscheidet über die Art des pneumatischen Produkttransports: sie ist beim Umhüllen der Partikel kleiner als die Sinkgeschwindigkeit der Partikel, aber doch so groß, dass die Schicht bis zur Oberkante des Steigrohrs expandiert. Die Partikel werden aus dem Steigrohr ausgetragen, indem sie im Wurster-Steigrohr pneumatisch transportiert und anschließend aus dem Steigrohr geschleudert werden. Bis die Partikel in den down-bed-Bereich zurückgelangen und sich dort in engem Kontakt mit dem restlichen Produktbett befinden, sollte ihre Oberfläche weitgehend abgetrocknet sein, damit eine unerwünschte Agglomeration durch das Zusammenkleben noch feuchter Partikel vermieden wird.

Oberhalb des Wurster-Steigrohres vereinigen sich die beiden Gasströmungen aus dem up-bed- und dem down-bed-Bereich wieder. Hier herrscht für beide Strömungen der gleiche Druck. Weil aber der Druckverlust für das Durchströmen des down-bed-Bereichs durch die große Produktmenge in diesem Bereich bedeutend höher ist als im Coating-Bereich des Steigrohres, herrschen in der Nähe der Bodenplatte unterschiedliche Drucke: im down-bed-Bereich ist der Druck bedeutend höher als im up-bed-Bereich. Dieser Druckunterschied sorgt für einen Venturi-„Einsaug"-Effekt, der eine Gasströmung zur Folge hat, die die Partikel in Richtung der Sprühdüse antreibt. Da das Wurster-Steigrohr höhenverstellbar ist, kann die Spalthöhe so verändert werden, dass konstant eine ausreichende Anzahl der Partikel in die Coating-Zone im up-bed-Bereich eintreten und eine gleichmäßige und quantitative Beschichtung der Partikel bei möglichst geringen Sprühverlusten stattfindet (Abb. 4-11).

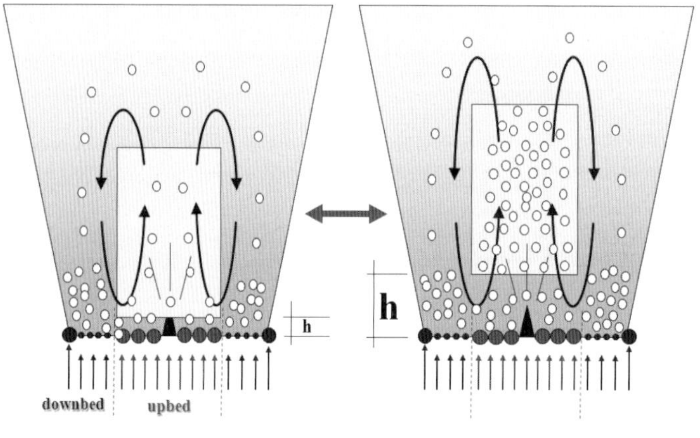

Abb. 4-11 Einfluss der Wursterrohrhöhe auf das Fluidisierungsverhalten

Die erforderliche Steigrohr-Höhe hängt in starkem Maße von der Fließfähigkeit oder – anders ausgedrückt – vom Fließwiderstand der zu coatenden Partikel ab: bei runden, ideal fließfähigen Pellets ist eine geringere Spalthöhe ausreichend als bei weniger gut fließfähigen Partikeln. Üblich sind Spalthöhen von 20 – 40 mm, in besonderen Fällen 80 – 100 mm.

Die Coatingflüssigkeit wird von unten in das zirkulierende Wirbelbett eingedüst. Ein sogenannter Düsenkragen umhüllt den Sprühstahl der Düse bei Prozessanlagen, die mit der HighSpeed-Düse (HS-Düse) arbeiten (Abb. 4-12).

Durch spezielle Verdüsung und Luft- bzw. Produktführung im Coating-Bereich kann ein vorzeitiger Kontakt zwischen Substrat und Coating-Flüssigkeit verhindert werden. Bei HS-Düsen schließt der Düsenkragen als zusätzliche mechanische Barriere eine Produktüberfeuchtung direkt am Flüssigkeitsaustritt der Düse aus.

Das Ziel des Partikelcoatens ist eine dichte Beschichtung der Partikel beispielsweise um eine Geschmacksmaskierung, eine Magensaftresistenz oder eine kontrollierte oder verzögerte Freisetzung des Wirkstoffes zu gewährleisten. Die Qualität einer Lackschicht wird von der Verdüsung der Coatingflüssigkeit, der Fluidisation im up-bed- und im down-bed-Bereich, der Partikeldichte in der Coatingzone im Steigrohr sowie der Spalthöhe des Wurster-Steigrohrs neben anderen Prozessparametern maßgeblich beeinflusst. Im Steigrohr ist eine so hohe Partikelkonzentration anzustreben, dass die Sprühtropfen weitestgehend durch die vorbeifliegenden Partikel aufgenommen werden können. Würden beispielsweise aufgrund einer nicht-optimalen Spalthöhe zu wenig Partikel das Steigrohr passieren, könnten die durch die Düse erzeugten Sprühtropfen sprühgetrocknet werden, weil sie keine vorbeifliegenden Partikel treffen können (Abb. 4-11). Dadurch könnenSprühverluste entstehen und die Produktqualität und Produktausbeute negativ beeinflusst werden. Daneben können Sprühverluste auch die Filtereinheiten blockieren, was eine Verringerung der Fluidisierluftmenge zur Folge hat. Ein optimaler Lackauftrag erfordert eine sorgfältige Synchronisation der entsprechenden Parameter.

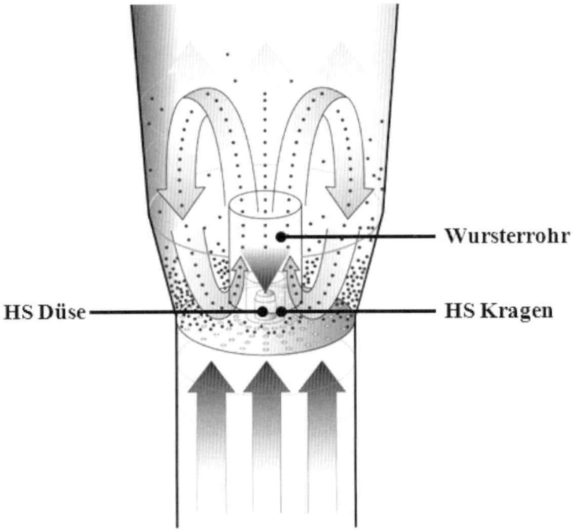

Abb. 4-12

GLATT High Speed-(HS)-Düsensystem

4.2.1.3 Kontinuierliche Prozesse

Mit der ***MicroPx®-Technologie*** (Abb. 4-13 a) lassen sich insbesondere Mikro-Matrix-Pellets herstellen, die durch sehr hohe Wirkstoffgehalte (≥ 95%) und kleine Partikelgrößen (Bereich ~100 – 400 µm) bei sehr enger Korngrößenverteilung gekennzeichnet sind.

Die ***ProCell®-Technologie*** (Abb. 4-13 b) stellt ein Verfahren dar, mit dem vor allem großvolumige Produkte mit großem Durchsatz besonders ökonomisch gefertigt werden können.

a) b)

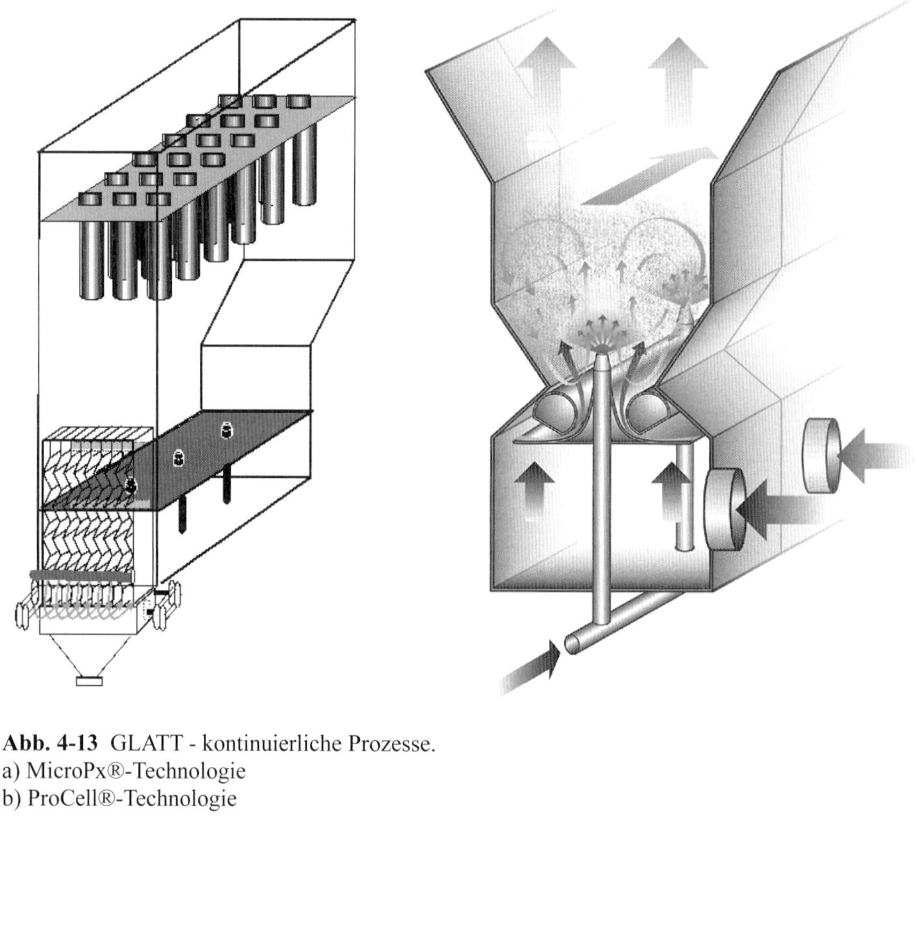

Abb. 4-13 GLATT - kontinuierliche Prozesse.
a) MicroPx®-Technologie
b) ProCell®-Technologie

4.3 Auswahl der produktspezifischen Anlagen-Konfiguration

Durch eine geeignete Konfiguration aller Komponenten des Arbeitsturms wird dafür gesorgt, dass eine optimale Produktbewegung gewährleistet ist, damit jeder Partikel mit derselben Lackdicke und Lackqualität versehen wird. Darüber hinaus entspricht es den Anforderungen an moderne Produktionsanlagen, dass der Filmcoatingprozess möglichst effizient und wirtschaftlich gestaltet werden kann.

4.3.1 Auswahl der geeigneten Konfiguration der Wurster-Bodenplatte in Abhängigkeit von der Qualität des zu coatenden Produkts

Je größer bzw. je schwerer die zu coatenden Partikel sind, umso mehr Fluidisierluft wird benötigt, um sie im down-bed-Bereich in permanenter Bewegung und schwereloser Schwebe zu halten und sie zu einer permanenten Fluidisierung zu zwingen.

Die freie Fläche im down-bed-Bereich der Bodenplatten steigt von Typ A nach D an; entsprechend steigt das für die down-bed-Zone verfügbare Luftvolumen von Bodenplatte Typ A nach D an (Abb. 4-14).

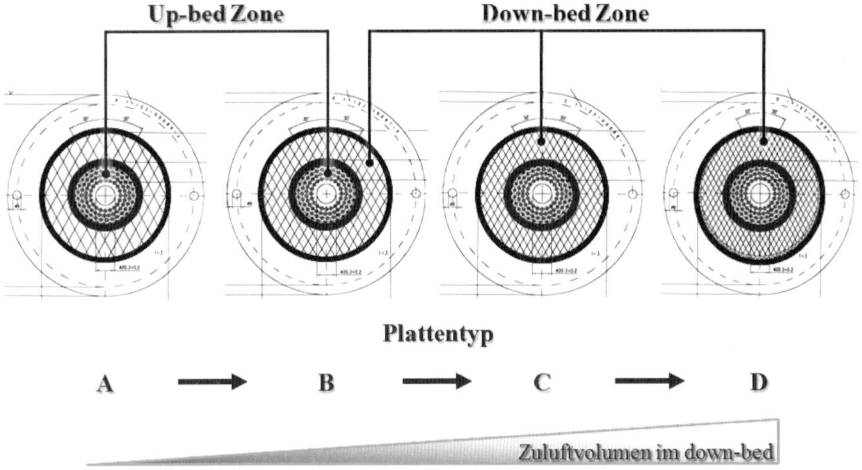

Abb. 4-14 Verteilung der Luftlöcher im up-bed und down-bed

Um Pulverpartikel und sehr kleine Pellets zu fluidisieren, reichen geringe Luftvolumina aus. Für die Fluidisierung von größeren Pellets oder Tabletten wird dagegen eine sehr viel höhere Zuluftmenge benötigt. Durch den Einsatz geeigneter Zuluft-Bodenplatten kann ein optimales Fluidisierverhalten für jede beliebige Produktqualität sowie eine optimale Prozessführung im Hinblick auf Prozessgeschwindigkeit und -zeit erzielt werden.

Die Möglichkeit, die Konfiguration der Wirbelschicht-Wurster-Technologie produktspezifisch auszuwählen und damit an jede Produktqualität optimal anzupassen, erlaubt eine maximale Prozessflexibilität und -optimierung für die pharmazeutische Qualität des jeweils herzustellenden Produktes.

4.3.2 Sprühdüse

Beim Coaten von Partikeln in der Wirbelschicht wird auf vorgelegtes Startmaterial schichtweise Coatingmaterial aufgetragen. Um eine den pharmazeutischen Ansprüchen genügende Qualität des Lacks zu erreichen muss eine möglichst gleichmäßig dicke, dichte Schicht erreicht werden. Weiterhin ist eine Agglomeration von Partikeln weitestgehend zu vermeiden.

Die von der Düse erzeugten Tropfen müssen so fein sein, dass sie sich durch Spreiten auf der Partikeloberfläche zu einer gleichmäßigen Bedeckung der besprühten Oberfläche formieren. Sind die Tropfen zu klein wenn sie die Düse verlassen, kommt es zu Sprühtrocknung und Sprühverlusten und damit zu einer möglicherweise ungenügenden Produktqualität hinsichtlich der Wirkstofffreisetzung. Sind die Tropfen zu groß, wird die unerwünschte Agglomeration von Partikeln begünstigt.

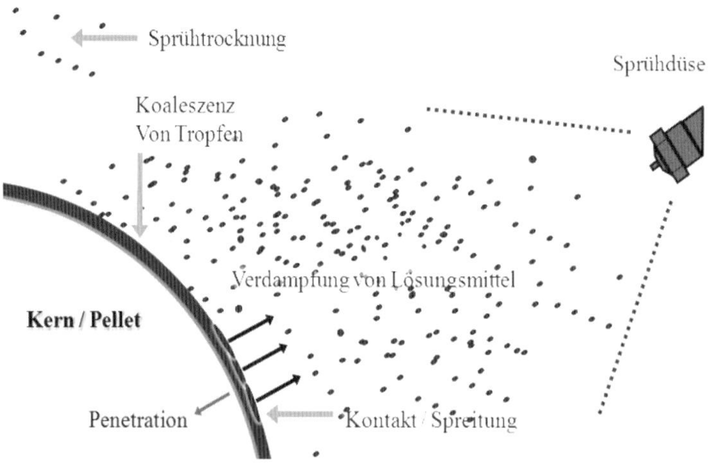

Abb. 4-15 Prinzip der Coating-Zone

Coatingflüssigkeiten werden meist mit Hilfe von Zweistoff-Düsen verarbeitet. Die über eine geeignete Pumpe und Verbindungen zur Düse geförderte Flüssigkeit wird mit Druckluft in feine Tropfen zerstäubt (Abb. 4-15 und 4-16).

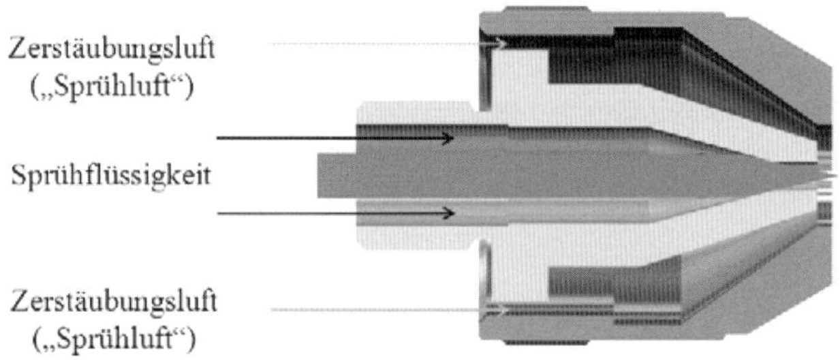

Abb. 4-16 schematischer Aufbau einer Zweistoffdüse

Folgende Konfigurationen hinsichtlich der Sprühdüse und damit verbundener Aggregate müssen definiert werden:

- Düsentyp (z.B. GLATT High Speed-Düse = HS-Düse):
  Die Verwendung einer sogenannten HS-Düse ermöglicht aufgrund des hohen Sprühluftdurchsatzes auch bei hohen Sprühraten die Erzeugung sehr feiner Tropfen und damit ökonomisch optimierte Prozesse.

- Düsenkern-Durchmesser:
  Der Durchmesser des Düsenkerns soll so gewählt werden, dass die jeweils zu fördernde Flüssigkeitsmenge ohne zu großen Widerstand zur Düsenöffnung befördert werden kann.

- Düsenkappenstellung:
  Die Positionierung der Düsenkappe beeinflusst neben dem Luftdurchsatz auch die Breite des Sprühwinkels.

- Flüssigkeits-Zufuhrleitung (z.B. Silikonschlauch):
  Das Material der Flüssigkeits-Zufuhrschläuche sollte so gewählt werden, dass es gegenüber den verwendeten Lösemitteln chemisch und physikalisch stabil ist. Der Schlauchdurchmesser sollte eine möglichst hohe Fließgeschwindigkeit der Sprühflüssigkeit erlauben; diese Anforderung ist insbesondere bei der Verarbeitung von Suspensionen von Bedeutung, da damit einer schnellen Sedimentation partikulärer Bestandteile entgegengewirkt werden kann.

- Pumpe:
  Die Auswahl der Förderpumpe sollte die Zusammensetzung und Qualität der Sprühflüssigkeit berücksichtigen.

Seit einiger Zeit stehen GLATT HS-Düsen zur Verfügung, die im Falle einer Düsenverstopfung während eines laufenden Prozesses rasch ausgetauscht werden können. Diese Düsen sind hinsichtlich Einbau und Entnehmbarkeit optimiert: größte Effektivität im Prozess bei einfachster Konstruktion. Die bei herkömmlichen Düsentypen bekannten vielfältigen Verschraubungen und Dichtungen entfallen ebenso wie die in dem Zusammenhang möglichen Probleme mit der Düsenfunktionalität.

Düsen sollten sorgfältig gehandhabt werden, damit mechanische Beschädigungen vermieden werden. Durch intensive Sprühtests kann die perfekte Funktionalität von Sprühdüsen getestet und sichergestellt werden. Liegen Beschädigungen an Teilen einer Düse vor oder ist eine Düse nicht absolut gasdicht zusammengebaut, kann die Qualität des von der Düse erzeugten Sprühnebels und damit die Qualität des herzustellenden Produktes hinsichtlich der Lackqualität und Agglomeratbildung negativ beeinflusst werden.

4.3.3 Produktfilter, Fangkörbe

Um die zu coatenden Partikel am „Verlassen“ des Wirbelschicht-Arbeitsturms zu hindern, sind je nach der Größe der Partikelvorlage entweder Produktfilter oder Fangkörbe zu wählen (s. Abb. 4-4). Sollen feine Pulverpartikel überzogen werden, wird die Verwendung eines Produktfilters mit einer Maschenweite von 3 – 5 µm bis zu 10 – 20 µm empfohlen. Die Produktfilter müssen während des Coatingprozesses regelmäßig vom Staub befreit werden. Werden Stofffilter verwendet, so sind diese in regelmäßigen Abständen mechanisch abzurütteln. Dabei muss sichergestellt werden, dass die Fluidisierung des Produktes nicht unterbrochen wird, da sonst mit Agglomeration gerechnet werden muss.

Sollen Pellets gecoatet werden, ist es in der Regel von Vorteil, wenn im Prozess entstehende Pulverpartikel aus dem Prozess ausgetragen werden; sie können sich sonst auf der Oberfläche der zwischenzeitlich feuchten Pellets festsetzen und zu einer rauen, orangenhaut-ähnlichen Oberfläche führen. Hierdurch kann nicht nur das Aussehen der Pellets, sondern auch die Funktionalität negativ beeinflusst werden. Fangkörbe können eine Maschenweite ab ~ 100 µm bis hin zu ~ 500 µm aufweisen. Fangkörbe sollten – wenn überhaupt erforderlich – in längeren Intervallen abgerüttelt werden.

Für sogenannte Wirkstofflayering-Prozesse, bei denen vorgelegte Pellets mit einer Wirkstofflösung oder -suspension beschichtet werden, werden regelmäßig Produktfilter anstelle von Fangkörben eingesetzt, um wirkstoffhaltige Stäube bewusst und unter Inkaufnahme der beschriebenen möglichen Oberflächenrauhigkeit nicht mit der Abluft auszutragen, sondern auf den Pellets zu fixieren.

4.3.4 Allgemeine Prozessparameter für den Wurster-Coatingprozess

Verschiedene Parameter beeinflussen auf unterschiedliche Weise den Coatingprozess. In Abb. 4-17 sind Einflussfaktoren und Prozessparameter bei Wursterprozessen schematisch dargestellt, deren Einfluss näher untersucht werden soll (Tab. 4-1).

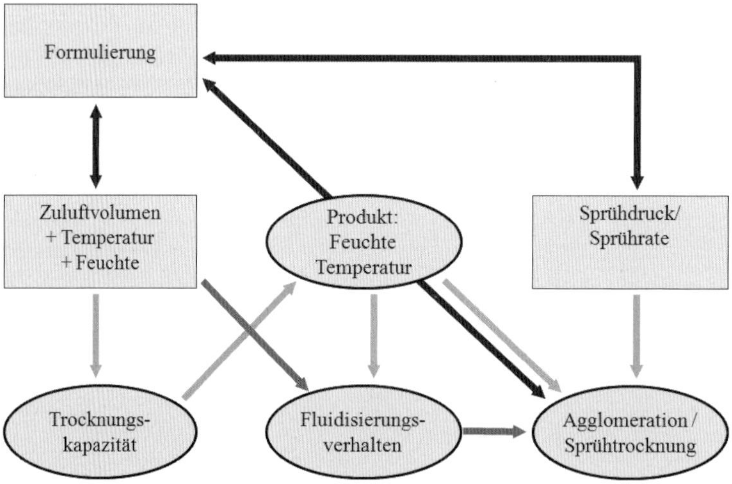

Abb. 4-17 Einflussfaktoren und Prozessparameter bei Wursterprozessen

Tab. 4-1 Einfluss von Parametern auf das Coating und den Coatingprozess in der Wirbelschicht

Prozessparameter	Einfluss auf Prozess	Einfluss auf Produkt
Steigrohrhöhe	Fluidisierungsverhalten	Gleichmäßiges Coating, Reproduzierbarkeit
Bodenplatte	Fluidisierungsverhalten Verteilung Zuluft auf up-bed-Zone und down-bed-Zone	Gleichmäßiges Coating, Reproduzierbarkeit
Zuluftvolumen	Fluidisierungsverhalten Energieeintrag	Gleichmäßiges Coating, Reproduzierbarkeit
Zulufttemperatur Zuluftfeuchte	Energieeintrag Prozessfeuchte / Produkttemperatur	Agglomeration, Sprühtrocknung, gleichmäßiges Coating, Reproduzierbarkeit
Sprühdruck	Tröpfchengröße	Agglomeration, Sprühtrocknung, gleichmäßiges Coating, Reproduzierbarkeit
Sprührate	Prozessfeuchte / Produkttemperatur	Agglomeration, Sprühtrocknung, gleichmäßiges Coating, Reproduzierbarkeit

4.3.4.1 Feuchtehaushalt im Prozess

Die ***Zulufttemperatur*** ist im Hinblick auf eine maximale Beschleunigung des Coatingprozesses von Bedeutung. Insbesondere auch bei der Verarbeitung von funktionellen pharmazeutischen Polymeren aus wässriger Dispersion kann durch die Auswahl ungeeigneter Zulufttemperaturen die Filmbildung und damit die Produktqualität negativ beeinflusst werden.

Das Zuluftvolumen sollte so gewählt werden, dass über die gesamte Prozessdauer eine optimale Verwirbelung des Produktes gegeben ist. Totzonen im Wirbelbett sind ebenso zu vermeiden wie eine mögliche intermediäre, reversible Agglomerationsbildung. Beide Phänomene können die Produktqualität vermindern. Das Zuluftvolumen kann über den Prozessfortgang konstant gehalten oder im Sinne einer Rampe gesteigert werden.

Das Fluidisierverhalten in der down-bed-Zone spielt eine erhebliche Rolle für die Produktqualität. Ist die Bewegung in dieser Zone zu schwach, können Totzonen entstehen, die es einzelnen Partikeln erlauben, nicht dauerhaft an der definierten Partikelzirkulation teilzunehmen. Im Ergebnis würden einzelne Partikel mit weniger Lack beschichtet werden als die dauerhaft zirkulierenden und besprühten Partikel. Insbesondere bei Prozessen, in denen Pellets mit einem geschmacksmaskierenden Lack überzogen werden sollen, würde dieser Vorgang unmittelbar zu einer unzureichenden Produktqualität führen.

Eine turbulente Fluidisierung im down-bed-Bereich stellt sicher, dass alle zu lackierenden Partikel permanent in Bewegung sind und dauerhaft am Coatingprozess teilnehmen; sie kann folgendermaßen erreicht werden:

- Erhöhung des Zuluftvolumens bei unveränderter Konstellation der Bodenplatte (Abb. 4-18)
- konstantes Zuluftvolumen bei optimierter Konstellation der Bodenplatte (Abb. 4-19)
- Erhöhung des Zuluftvolumens und Optimierung der Konstellation der Bodenplatte

Die Feuchte der in den Prozess eintretenden Zuluft, die ***Zuluftfeuchte***, bestimmt in wesentlichem Maße die Aufnahmefähigkeit der Zuluft für die aus dem Prozess resultierende, verdampfte und abzutransportierende Feuchte. Zu hohe resultierende Produktumgebungsfeuchten können die unerwünschte Agglomeratbildung unterstützen und führen zu verlangsamten Prozessen sowie zu ungenügenden Trocknungsmöglichkeiten.

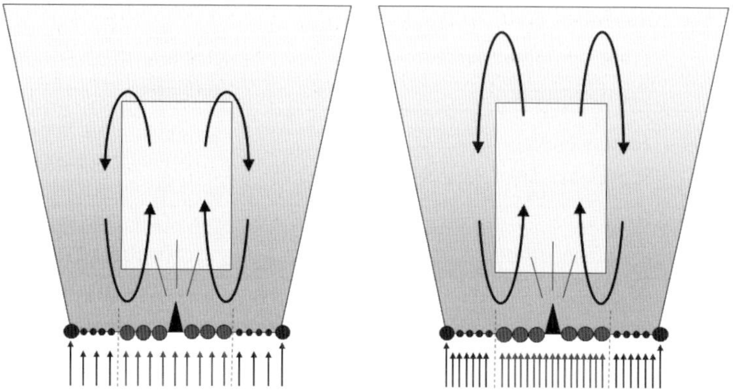

Abb. 4-18 stärkere Fluidisierung im down-bed durch Erhöhung des Zuluftvolumens bei unveränderter Konstellation der Bodenplatte

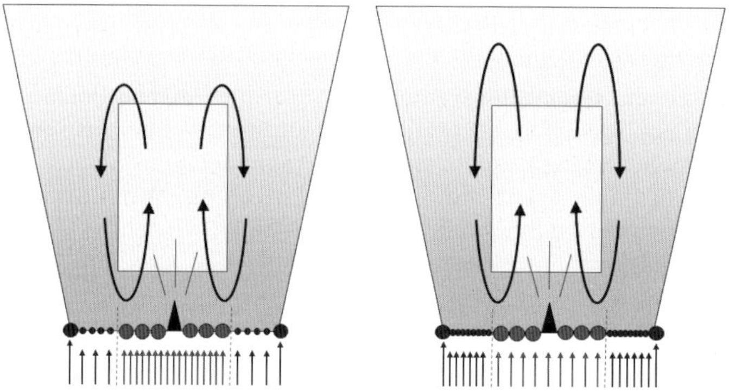

Bodenplatte **B** Bodenplatte **C**

Abb. 4-19 stärkere Fluidisierung im down-bed durch optimierte Konstellation der Bodenplatte bei unverändertem Zuluftvolumen

Für die Verarbeitung von funktionellen Coatings mit dem Ziel einer verlangsamten oder kontrollierten Freisetzung ist es darüber hinaus von großer Wichtigkeit, dass die Zuluftfeuchte unabhängig von den herrschenden Witterungsbedingungen stets konstant gehalten wird. Ansonsten könnte die Filmqualität und damit das Freisetzungsverhalten von Wirkstoffen negativ beeinflusst werden und der Herstellungsprozess nicht reproduzierbar sein.

Weiterhin beeinflusst vor allem die Sprührate, mit der die Coatingflüssigkeit in den Prozess eingeführt wird, den Feuchtehaushalt des Prozesses und damit die Produktfeuchte. Die Coatingflüssigkeit ist gekennzeichnet durch die Konzentration an Feststoffen (Feststoffgehalt in % w/w) sowie durch das verwendete Lösemittel. Die unterschiedlichen Verdampfungswärmen der Lösungsmittel (Tab. 4-2) müssen bei der Auswahl der Prozessparameter berücksichtigt werden. Die Viskosität der Sprühflüssigkeit resultiert aus der Qualität der Einsatzstoffe und Lösemittel, der Feststoffkonzentration und der Temperatur.

Mit Hilfe eines h,x-Diagramms (Mollier-Diagramm) lassen sich die thermodynamischen Zusammenhänge darstellen. Neben den thermodynamischen Faktoren sind die für die jeweilige Coatingflüssigkeit spezifischen Eigenschaften wie z.B. eine durch Temperatur oder Feuchte bedingte Klebeneigung zu beachten.

Tab. 4-2 Verdampfungswärmen üblicher Lösungsmittel (aus [7])

Lösungsmittel	Siedepunkt (°C)	Dichte (g/cm3)	Verdampfungswärme (kcal/ml)
Methylenchlorid	40,0	1,327	0,118
Aceton	56,2	0,7899	0,172
Methanol	65,0	0,7914	0,232
Ethanol	78,5	0,7893	0,266
Isopropanol	82,4	0,7855	0,213
Wasser	100,0	1,000	0,542

Bei Coatingprozessen ist besonders auf die Produktumgebungsfeuchte zu achten. Je kleiner die zu coatenden Partikel sind, desto höher ist aufgrund der größeren Oberfläche ihre Neigung zu agglomerieren. Die unerwünschte Agglomeration wird besonders durch hohe Produktfeuchten und Produktumgebungsfeuchten gefördert. Aus diesem Grund sind die Sprühraten bei Coatingprozessen limitiert und häufig niedriger als bei Agglomerationsprozessen. Zur Veranschaulichung: ein Rennwagen kann auf kurviger Landstraße auch nicht mit Höchstgeschwindigkeit gefahren werden – zumindest nicht unfallfrei.

Anhand des h,x-Diagramms kann auf theoretischer Basis bei Kenntnis der Zuluftkonditionen eine geeignete Produktumgebungsfeuchte und die damit verbundene Produktumgebungstemperatur festgelegt werden.

4.3.4.2 Parameter, die die Tropfengröße der Sprühflüssigkeit beeinflussen

Je höher der ***Sprühdruck*** und damit der Durchsatz der Zerstäubungsluft (***Sprühluftvolumen***) ist, umso kleiner sind bei einem gegebenen Flüssigkeitsdurchsatz die aus der Düse austretenden Flüssigkeitströpfchen.

Die Tröpfchengröße wird von der Sprührate, dem Sprühdruck (und damit der Sprühluftmenge) sowie von der Viskosität der Sprühflüssigkeit beeinflusst.

Eine geeignete, nicht zu hohe Viskosität der Sprühflüssigkeit unterstützt die Spreitungseigenschaften der Tröpfchen auf der Partikeloberfläche. Es ist darauf zu achten, dass die Viskosität der Sprühflüssigkeit während der Verarbeitung konstant bleibt und dass eine Viskositätserhöhung etwa durch Verdampfen von Wasser oder Lösemittel verhindert wird.

Für Partikel-Coating-Prozesse sollten die Flüssigkeitströpfchen im Verhältnis zur Größe der zu beschichtenden Partikeln kleiner sein, um Agglomeration zu vermeiden. Wenn sehr kleine Pellets (Mikropellets, ca. 100 – 400 µm) effizient und agglomeratfrei lackiert werden sollen, müssen Düsen eingesetzt werden, die auch bei hohen Sprühraten sehr feine Tröpfchen in einer Größe von < 20 µm erzeugen können.

Die GLATT HS-Düse erlaubt aufgrund ihrer speziellen Konstruktion den Durchsatz hoher Sprühluftvolumina und daher die Erzeugung feinster Tropfen auch bei hohen Sprühraten.

Die GLATT HS-Wurster-Technologie ist deshalb in der Lage, hocheffektive industrielle Coating-Prozesse mit einer sehr geringen Anzahl von Düsen zu bewerkstelligen. Eine Produktionsanlage für Batchgrößen von 600 – 1.000 kg sprüht lediglich mit lediglich 6 bzw. 7 HS-Düsen. Werden weniger effektive Düsen für Partikelcoatingprozesse eingesetzt, ist eine erheblich höhere Anzahl von Düsen notwendig, um ähnliche Prozessgeschwindigkeiten wie mit der Glatt HS-Technologie zu erzielen.

4.3.5 Prozessüberwachung und PAT (Process Automation Technology)

Wirbelschichtprozesse können mit geeigneten Instrumenten überwacht werden. Damit kann festgestellt werden, ob der Gesamtprozess innerhalb der vorgegebenen Parameter und fehlerfrei abläuft.

4.3.5.1 Standard-Prozessüberwachung

Folgende Parameter werden u.a. regelmäßig gemessen:

- Zuluftvolumen	(m^3/h)
- Zulufttemperatur	(°C)
- Zuluftfeuchte	(% rF)
- Temperatur Kondensator (bei SRS-Systemen)	(°C)
- Luftvolumen durch Kondensator (bei SRS-Systemen)	(m^3/h)
- Soletemperatur Kondensator (bei SRS-Systemen)	(°C)
- Sprühdruck und / oder Sprühluftvolumen	(bar bzw. m^3/h)
- Sprührate	(g / min)
- Versprühte Menge an Sprühflüssigkeit	(kg)
- Produkttemperatur	(°C)
- Ablufttemperatur	(°C)
- Differenzdruck Produktfilter	(Pa)
- Differenzdruck Anströmboden Produktbehälter	(Pa)
- Differenzdruck Sprühflüssigkeitsleitung zur Düse(n)	(Pa)
- Differenzdruck Filter Zuluft	(Pa)
- Differenzdruck Nachentstauber Abluft	(Pa)
- Differenzdruck Polizeifilter Abluft	(Pa)

4.3.5.2 Weitere PAT-Systeme zur Prozessüberwachung

Folgende Systeme können beispielsweise zur Überwachung und Steuerung von Partikelcoating-Prozessen eingesetzt werden:

- NIR-Messung oder Microwave Resonance Technology zur online-Feuchtemessung
- Laserdiffraktometrie zur online-Partikelmessung
- Microwave Technology zur Massenflußmessung im Steigrohr
- FT-IR-Messung zur online-Gehaltsbestimmung

Allen Systemen ist gemeinsam, dass sie nicht als „gebrauchsfertige“, für jedes Produkt und jeden Prozess sofort nutzbare Lösungen zu verstehen sind.

Vielmehr sind PAT-Systeme an jeweilige Produkte und Prozesse anzupassen und für einen definierten Prozess zu kalibrieren. Bereits geringfügige Veränderungen der Prozessparameter können zu einer Änderung der PAT-Signale führen, so dass eine erneute Kalibrierung der Messinstrumente erforderlich werden kann.

Die beschriebenen Kalibrierungsarbeiten sind somit sehr aufwändig, weshalb die aufgeführten Messverfahren noch nicht standardmäßig für alle Herstellprozesse eingesetzt werden.

4.3.6 GLATT HS-Wurster-System in Total Containment-Ausführung

Die Verarbeitung von hochwirksamen und toxischen pharmazeutischen Wirkstoffen erfordert aufwändige Schutzmaßnahmen für das Bedienpersonal und die Umwelt. Um eine Vollschutzausrüstung für das Personal zu vermeiden, werden spezielle Anforderungen an die Herstelltechnik gestellt. Dies betrifft die Einhaltung der jeweiligen OEL-Levels (overall exposure limits) ebenso wie die geschlossene Reinigung von Anlagen nach einem Prozess oder einer Herstellkampagne.

Zum Einsatz kommen ausschließlich geschlossene Systeme in einer 12 bar druckstoßfesten Ausführung. Sämtliche Dichtungen werden für diesen Zweck ausgelegt und optimiert. Vor- und nachgeschaltete Prozessanlagen werden in das System der „geschlossenen Anlage“ eingebunden.

Die Beschickung und Entleerung muss absolut staubfrei erfolgen, was insbesondere beim Andocken und Lösen von Behältern und Containern wie beispielsweise der Wurster-Anlage eine große technische Herausforderung darstellt. Spezielle Klappensysteme gewährleisten eine sichere Handhabung gefährlicher und hochwirksamer Substanzen.

In Abb. 4-20 ist eine GLATT GPCG 2 - Laboranlage in Isolator-Ausführung dargestellt. Eine modulare Erweiterung des Systems erlaubt eine Kombination von unterschiedlichen Fertigungsprozessen wie Einwaage, Mischen, Sieben, Granulation, Tablettierung und Tablettencoating in einem geschlossenen System.

Abb. 4-21 zeigt eine GLATT GPCG 5 – Laboranlage in Containment-Ausführung mit Klappensystemen für eine geschlossene und staubfreie Befüllung und Entleerung von Produkten.

Abb. 4-20

GLATT GPCG 2 in Isolator-Ausführung

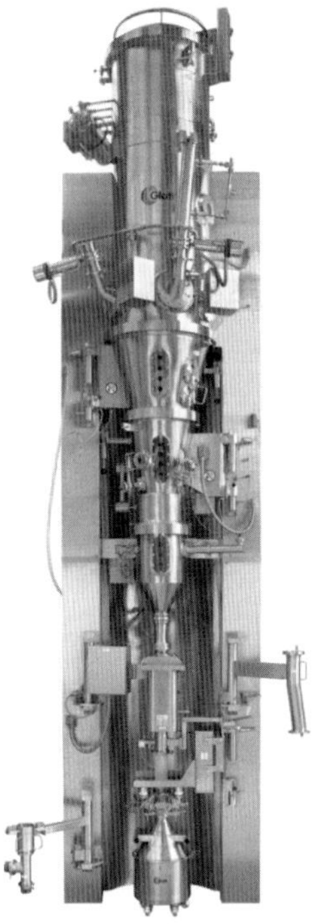

Abb. 4-21

GLATT GPCG 5 in Containment-Ausführung

4.3.7 Scale up von Wurster-Coating-Prozessen in den Produktionsmaßstab

Dem GLATT-Wurster-Verfahren liegt eine klare und durchgängige scale-up-Philosophie zugrunde.

Folgende Parameter werden für eine scale-up-Rechnung genutzt:

- Berechnung der Batchgröße basierend auf dem Nutzvolumen der Wurster-Produktbehälter
- Berechnung des Energieeintrags basierend auf den Zuluftmengen bei konstant gehaltener Zulufttemperatur und Zuluftfeuchte
- Ermittlung des Sprühluftvolumens bzw. Sprühluftdrucks mit dem Ziel einer konstanten Tropfengröße der Sprühflüssigkeit
- als konstant angenommene Produktfeuchte / Produkttemperatur

Der Aufbau der kleinen Versuchsanlagen vom Mini-Maßstab bis zum Labormaßstab unterscheidet sich von den Pilotmaßstab- und Produktionsanlagen. Im Kleinmaßstab werden die Grundlagen für die späteren Herstellprozesse erarbeitet; hierbei kommt es noch nicht auf die Abbildung größtmöglicher Prozessgeschwindigkeiten an, sondern auf die Entwicklung stabiler und reproduzierbarer Prozesse. Insbesondere der Energiehaushalt von Coating-Prozessen muss so definiert werden, dass stabile Prozesse möglich sind, die innerhalb erlaubter Bandbreiten auch bei Prozess-Schwankungen im stabilen Zustand verbleiben. Der Parameter, der die hierbei besonders relevante Produkt- und Produktumgebungsfeuchte beschreibt, ist die Produkttemperatur oder Produkt-Umgebungs-Temperatur.

Tab. 4-3 Grundlagen des Scale Up für Wirbelschicht-Wurster-Prozesse

Anlage / Wurster	**Mini-GLATT**	**Labormaßstab** **6 / 7 / 9 / 12" Wurster**	**Pilotmaßstab** **18" Wurster**	**Produktionsmaßstab** **24 / 32 / 46" Wurster**
Batchgröße	5 – 300 g	0,3 – 20 kg	20 – 100 kg	150 – 1.000 kg
Anzahl der Düsen	1	1	1	2 / 3 / 6 / 7
Düsentyp	Mini	Standard	**HS = High Speed Düse**	

Sind geeignete Parameter für Zuluftvolumen, Zulufttemperatur, Zuluftfeuchte, Sprührate, Produkttemperatur und Sprühdruck erarbeitet und auf ihre Stabilität und Reproduzierbarkeit im Kleinmaßstab bis in den Labormaßstab hin belegt, können diese Parameter im Zuge einer scale-up-Rechnung für Prozesse im 18" Wurster-Pilotmaßstab festgelegt werden.

Der 18" Wurster stellt das wichtigste Instrument für die Erarbeitung der scale-up-Parameter für den Produktionsmaßstab im 24" oder 32" oder 46" Wurster dar (Tab. 4-3, Abb. 4-22). Bereits in der 18" Wurster-Pilot-Anlage sind genau die Komponenten enthalten, die für die größeren Produktionsmaschinen übernommen werden. Hierbei handelt es sich zum einen um die Ausgestaltung der Bodenplatten, die im „up-bed"-Bereich und „down-bed"-Bereich über dieselben freien Flächen für den Lufteintritt verfügen wie die 18" Wurster-Pilot-

Konfiguration. Auch der Durchmesser der Wurster-Steigrohre sowie die Abmessungen des Düsenkragens werden unverändert vom 18“ Wurster auf die größeren Anlagen übertragen. Von größter Wichtigkeit ist, dass die HS-Düsen in völlig unveränderter Form von der 18“ Wurster-Pilotanlage in die großen Prozessanlagen übernommen werden und sich lediglich die Anzahl der Düsen erhöht. Für den scale-up-Prozess bedeutet dies: sind beispielsweise in einem 32“ Wurster 3 Coatingzonen mit 3 HS-Sprühdüsen enthalten, so wird die für die 18“ Anlage ermittelte Sprührate mit 3 multipliziert; die für den 18“ Wurster ermittelten Sprühluftvolumina bzw. der Sprühdruck bleiben für jede der 3 HS-Düsen des 32“ Wursters unverändert erhalten.

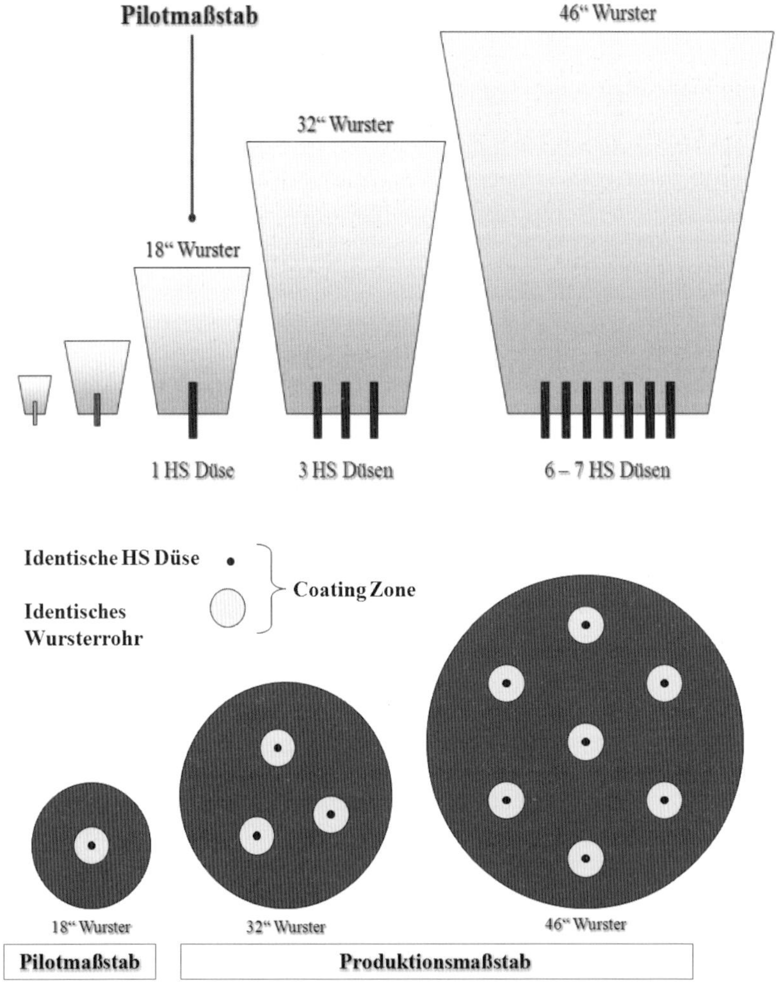

Abb. 4-22

Scale Up-Konzept für GLATT Wirbelschicht-Wurster-Prozessanlagen

Analog ist die Situation für eine große 46“ Wurster-Anlage mit beispielsweise 6 HS-Sprühdüsen (Abb. 4-23). Die gesamte Sprührate berechnet sich aus der 18“ Wurster-Sprührate durch Multiplikation mit dem Faktor 6, während der an jede Düse angelegte Sprühdruck wiederum unverändert übernommen werden kann. Mit dem klar definierten scale-up-Konzept gelingt die Maßstabvergrößerung in den Großmaßstab sehr zuverlässig.

Voraussetzung hierfür ist, dass verlässliche Prozessgrundlagen im Labormaßstab erarbeitet werden und diese korrekt in den 18“ Wurster-Pilot-Maßstab hochskaliert werden. Mit einer größeren Zahl von Kleinversuchen etwa im 1 – 4 kg – Maßstab lässt sich die Zahl der Pilotversuche im kleinen Umfang halten. Ist ein Prozess im 18“ Wurster-Pilot-Maßstab erfolgreich und reproduzierbar durchführbar sowie die gewünschte Produktqualität erreicht worden, dann wird das scale-up in den Produktionsmaßstab sicher gelingen.

Abb. 4-23 GLATT 46“ Wirbelschicht-Wurster-Produktionsanlage mit 6 Steigrohren und 6 HS-Düsen

4.4 Fallbeispiele aus der Praxis von GLATT Pharmaceutical Services

In multipartikulären Arzneiformen ist eine Arzneistoffdosis auf eine Vielzahl von Untereinheiten, z.B. Mikropellets, Pellets oder Minitabletten, verteilt; dadurch unterscheiden sich diese Formulierungen von Tabletten, welche eine sogenannte single unit-Form darstellen. Obwohl die Herstellung solcher multipartikulärer Formen meist komplexer ist als die von klassischen Tabletten, bieten diese Formulierungen doch eine Vielzahl interessanter Optionen und Vorteile: spezielle Wirkstofffreisetzungsprofile sind ebenso erzielbar wie eine perfekter Geschmacksmaskierung ausreichend kleiner Partikel.

Im Gegensatz zu nichtzerfallenden monolithischen Arzneiformen wie z.B. Matrixtabletten oder OROS-Tabletten, welche ihre Struktur im Gastrointestinaltrakt beibehalten, bestehen die multipartikulären Formen aus zahlreichen Untereinheiten, die jeweils als einzelne Einheiten mit definiertem Wirkstoff-Freisetzungsprofil angesehen werden können. Als solche bieten diese Arzneiformen verschiedene Vorteile und Optionen:

- reduziertes Risiko für dose dumping im Vergleich zu monolithischen Arzneiformen
- geringere inter- und intra-individuelle Variabilität bezüglich Bioverfügbarkeit
- geringere Abhängigkeit von Nahrungszufuhr und gastrointestinaler Motilität bezüglich der Bioverfügbarkeit
- minimiertes Risiko von hohen lokalen Wirkstoffkonzentrationen im Magen-Darm-Trakt und damit verbundener Nebenwirkungen
- kontrollierbare Wirkstoff-Freisetzungs-Profile
- Weiterverarbeitung zu diversen Arzneiformen (s. Abb. 4-24)

Der Herstellungsprozess für Pellets beginnt häufig mit einem Wirkstofflayering auf vorgelegte Starterkerne (z.B. Zuckerpellets, Cellulosepellets). Um ein bestimmtes Wirkstoff-Freisetzungsprofil zu erhalten, werden in der Folge auf die Wirkstoffpellets ein oder mehrere funktionelle Coatings aufgetragen. Alternativ können auch Pellets, die mittels CPS®-, MicroPx®-, ProCell®-, Rotor- oder Extrusionstechnologie hergestellt wurden, mit funktionellen Coatings überzogen werden.

Sowohl für den Schritt des Wirkstofflayerings als auch für die anschließenden funktionellen Coatings ist es von großer Bedeutung, dass die Schichten möglichst agglomeratfrei und verlustfrei verarbeitet werden.

Anhand ausgewählter Fallbeispiele aus der Praxis der GLATT Pharmaceutical Services wird der erfolgreiche Einsatz des Wirbelschicht-Wurster-Verfahrens dargestellt. Aus Vertraulichkeitsgründen können Wirkstoffe und vollständige Rezepturen nicht genannt werden.

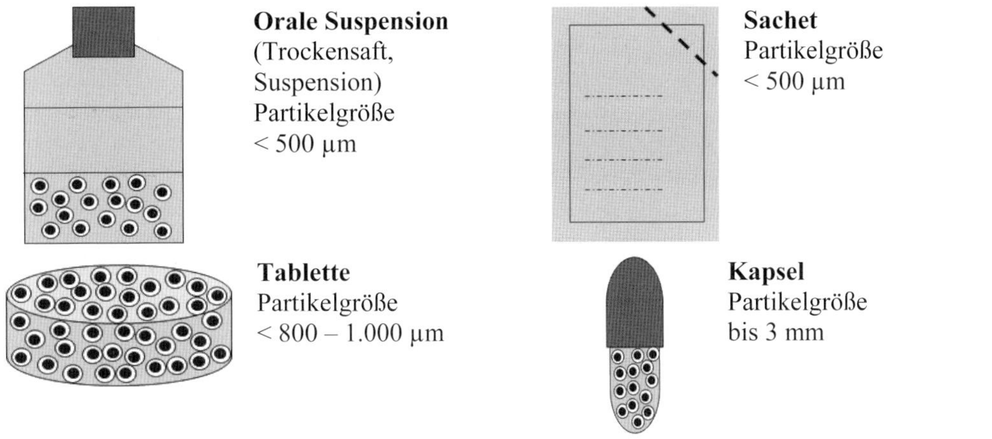

Abb. 4-24 Pellets und Mikropellets enthaltende Arzneiformen

4.4.1 Fallstudie 1: Wirkstofflayering auf Starterpellets im GLATT Wurster-HS-Verfahren

Wirkstoffpellets mit einem Wirkstoffgehalt von 50% sollen mit dem GLATT HS-Wurster-Verfahren hergestellt werden (Abb. 4-25). Die Wirkstoffsuspension mit einem Feststoffgehalt von 25% w/w wird auf Startpellets der Größe 600 – 800 μm aufgesprüht. Neben gängigen Anforderungen wie Wirkstoffgehalt und Restfeuchte ist eine spezifizierte Schüttdichte einzuhalten, damit eine vorgegebene Wirkstoffdosis in Kapseln einer definierten Größe abgefüllt werden kann.

Von erheblicher Bedeutung bei der Entwicklung des Prozesses für den Produktionsmaßstab ist die Prozessökonomie. Ökonomische Kriterien sind:

- angestrebte Ausbeute im 600 kg Produktionsmaßstab: > 95%
- angestrebte Prozesszeit im 600 kg Maßstab: < 12 Stunden
- 1.400 kg Wirkstoff – Suspension sind auf 300 kg Starterpellets aufzusprühen

Die Prozessentwicklung und –optimierung wurde in einer Laboranlage vom Typ GPCG 3 mit 7“ Wurster und einer Batchgrösse von 4 kg durchgeführt.

Folgende Prozess- und Einflussvariablen wurden im Zuge der Prozessoptimierung im Rahmen einer multifaktoriellen DoE-Studie untersucht:

- Zulufttemperatur
- Sprühdruck
- Produkttemperatur
- Feststoffkonzentration der Sprühflüssigkeit
- unterschiedliche Wirkstoffchargen

Für jeden der Parameter wurden 3 Niveaus bzw. 3 Qualitäten definiert. Mit Hilfe der Resultate der Prozessoptimierung wurden die Parameter ausgewählt, die die gewünschte Produktqualität sowie die geforderten ökonomischen Rahmenbedingungen wie die Prozessdauer und die Produktausbeuten erfüllen. Unter Berücksichtigung dieser Ergebnisse wurde das scale-up in den Produktionsmaßstab geplant und durchgeführt.

Alle scale-up-Batches, durchgeführt im 18", 32" und 46" Wurster-Maßstab (Abb. 4-26), führten zu erfolgreichen Ergebnissen. Das scale-up wurde im industriellen 600 kg-Maßstab auf einer GLATT GPCG 300-Wirbelschichtanlage mit 46" Wurster mit zwei Versuchsprozessen abgeschlossen. Der so entwickelte Prozess wurde auf die beim pharmazeutischen Hersteller installierte, baugleiche Anlage erfolgreich übertragen und validiert.

Mit nur 6 HS-Sprühdüsen werden 1.400 kg Wirkstoffsuspension enthaltend organisches Lösungsmittel mit einer Sprührate von ~ 7 kg / min und damit ~ 1,16 kg / Düse / min innerhalb von ~ 3,5 Stunden versprüht; Agglomerate treten in einer Menge von < 0,5 % auf. Die Produktausbeute beträgt 98 – 99 %.

Formulierung:

- **Starter-Pellets**: 600 - 800 µm

- **Wirkstoff-Suspension**:
  - Wirkstoff mikrofein
  - Trennmittel
  - Bindemittel
  - organisches Lösemittel

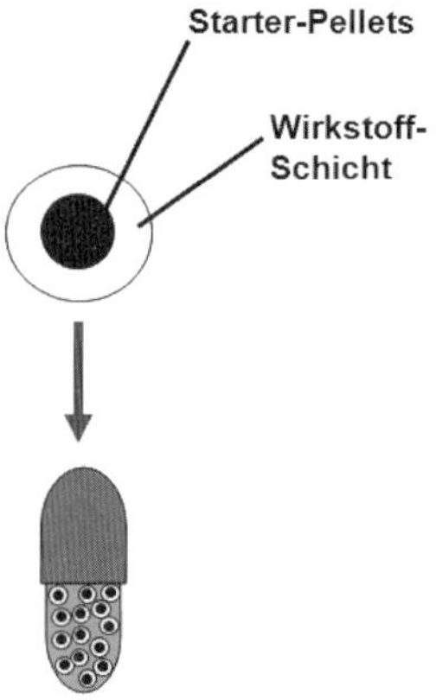

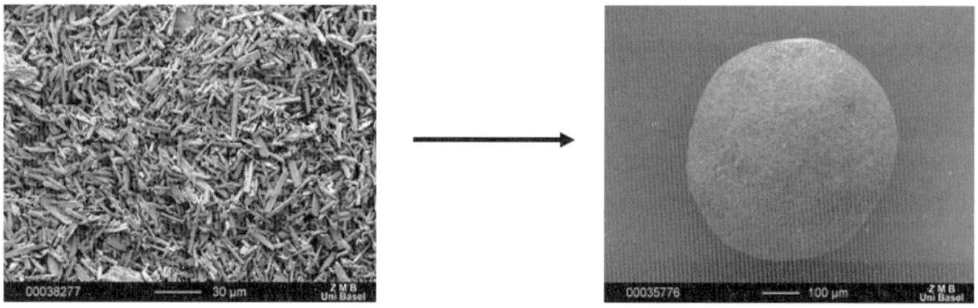

Abb. 4-25

Wirkstofflayering auf Starterpellets in der GLATT Wurster-Technologie

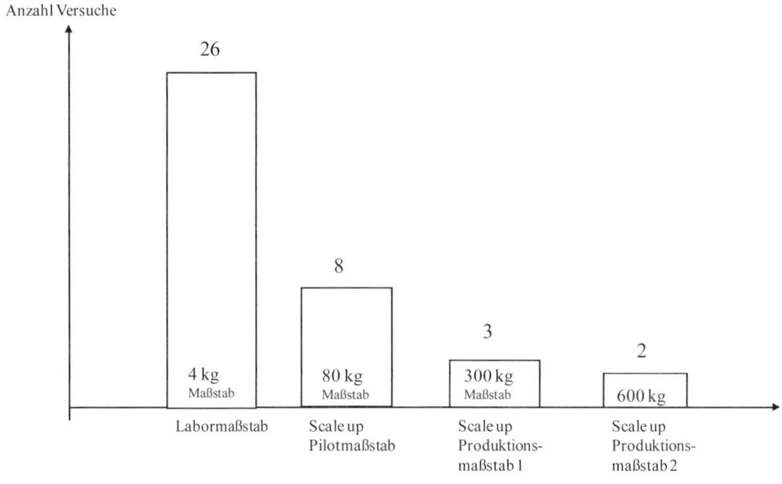

Abb. 4-26 Anzahl Versuche für Prozessoptimierung im Labormaßstab und Scale up in den Pilot- und Produktions-maßstab (Fallstudie 1)

4.4.2 Fallstudie 2: Geschmacksmaskierung von Mikropellets im GLATT HS-Wurster-Verfahren

Für einen extrem bitter schmeckenden antibiotischen Wirkstoff entwickelte GLATT mit einem industriellen Partner einen geschmacksmaskierten Trockensaft für Kinder.

Neben den üblichen pharmazeutischen Anforderungen waren spezielle Qualitätskriterien einzuhalten:

- die Geschmacksmaskierung der Mikropellets in wässriger Saft-Suspension muss über 2 Wochen bei Raumtemperatur gemäß Spezifikation gegeben sein
- neben der Geschmacksmaskierung ist eine schnelle in vitro-Freisetzung gefordert: > 80% nach 30 min bei pH 6,8
- die zu erreichende Ausbeute im ~ 350 kg Produktionsmaßstab wurde mit > 95% festgelegt.

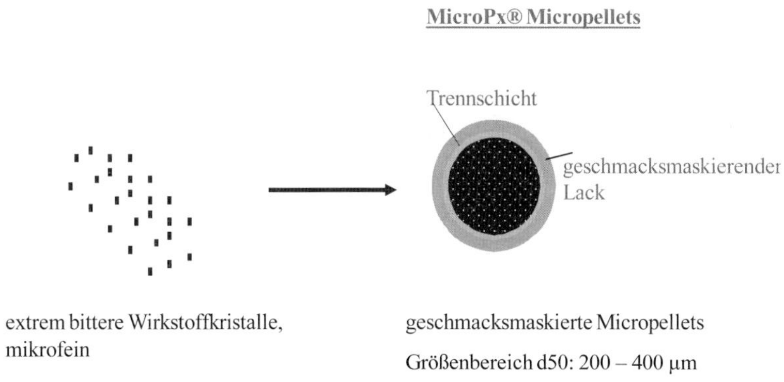

Abb. 4-27 Formulierungskonzept für geschmacksmaskierte Mikropellets

Um für den schlecht wasserlöslichen, mikrofeinen Wirkstoff eine perfekte Geschmacksmaskierung zu erzielen, wurden zunächst Mikropellets einer Größe von ~ 250 – 400 µm mit Hilfe der GLATT MicroPx®-Technologie entwickelt (Abb. 4-27 und 4-28).

Die lackierten Mikropellets sollten < 500 µm sein, damit eine angenehme Einnahme ohne „sandiges" Mundgefühl möglich ist. Um Inkompatibilitäten zwischen Wirkstoff und geschmacksmaskierendem Lack auszuschließen bzw. um eine Migration des Wirkstoffs in die geschmacksmaskierende Schicht zu verhindern, wurde auf die Wirkstoffpellets ein sogenanntes Schutzcoating (seal coating) aufgebracht. Das Coating der Mikropellets wird mit Hilfe der GLATT Wurster-Wirbelschicht-Technologie durchgeführt: die sphärischen Mikropellets werden zunächst mit einem wässrigen Schutzcoating und anschließend mit einem wässrigen geschmacksmaskierenden Polymethacrylat-Poylmer überzogen (Abb. 4-29).

Gerade bei Coating-Prozessen, bei denen eine geschmacksmaskierende Schicht auf Wirkstoffpellets aufgebracht werden muss, ist darauf zu achten, dass alle Pellets am Ende perfekt lackiert sind, da ansonsten der schlechte Geschmack des Wirkstoffs sofort erkennbar wäre. Um ein dichtes Coating erzielen zu können ist eine ideale Partikelbewegung in der down-bed-Zone des Wurster-Prozesses von elementarer Bedeutung. Wie bereits beschrieben, muss neben der Wahl der optimalen Zuluft-Bodenplatten-Konfiguration die geeignete Zuluftmenge gewählt werden, um eine ausreichend turbulente down-bed-Bewegung zu erzielen

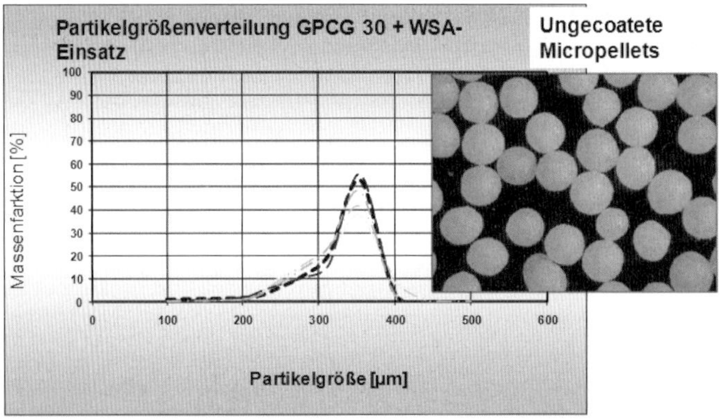

Abb. 4-28

Partikelgröße von ungecoateten Mikropellets, hergestellt mit GLATT MicroPx®-Technologie

.

Die perfekte Geschmacksmaskierung wird weiterhin nur erreicht werden, wenn die vorgesehene Lackmenge verlustfrei auf die Wirkstoffpellets auflackiert wird. Andererseits sind die Prozessparameter so zu wählen, dass bei der Verarbeitung der Mikropellets möglichst keine Agglomerate entstehen, welche vom Gutprodukt abgetrennt werden müssten.

Die Prozesse für die Verarbeitung des beschriebenen Schutzcoatings und des geschmacksmaskierenden Coatings wurden im 0,5 kg-Maßstab durch GLATT entwickelt und optimiert und schließlich in den 18"Wurster-Pilot-Maßstab übertragen. Die Übertragung in den Produktionsmaßstab von ~ 350 kg konnte mit wenigen Versuchen erfolgreich erreicht werden. Das Gesamtprojekt wurde mit der erfolgreichen Validierung der Coatingprozesse im GLATT 32"-HS-Wurster erfolgreich abgeschlossen.

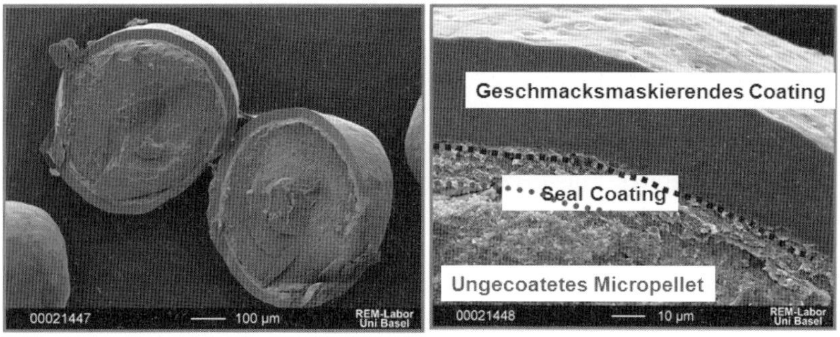

Abb. 4-29 geschmacksmaskierte Micropellets mit 2-Schicht-Coating für einen Trockensaft

Geschmacksmaskierte Wirkstoffpellets können auch komplett mit der GLATT Wirbelschicht-Wurster-Technologie hergestellt werden. Zunächst wird ein Wirkstofflayering auf Starterpellets (Zucker- oder Cellulose-Pellets von z.B. 100 – 200 µm) aufgetragen. In darauffolgenden Schritten werden optional ein Schutzcoating und schließlich eine geschmacksmaskierende Schicht auf die so erhaltenen Wirkstoffpellets aufgebracht. Dieses Verfahren ist für Wirkstoffe mit niedriger und mittlerer Dosierung sehr gut anwendbar.
Das GLATT HS-Wurster-Verfahren ist gerade für die Herstellung von Mikropellets außerordentlich gut geeignet. Die häufig extrem kleinen Starterpellets werden mit „Höchstgeschwindigkeit“ an den mittels Düsenkragen optimal abgeschirmten Sprühdüsen vorbeigeführt, so dass die Gefahr einer Partikelagglomeration minimiert werden kann. Die zirkulierende Wirbelschicht des Wurster-Verfahrens erlaubt schnelle Prozesse auch bei der Verarbeitung von sehr kleinen Partikeln.

Derartig geschmacksmaskierte Mikropellets werden häufig auch in der Veterinärmedizin eingesetzt, wo ein perfektes Coating im Sinne der Compliance noch wichtiger ist als in der Humanmedizin.

4.4.3 Fallstudie 3 und 4: Prozessentwicklung für modified release Coatings im GLATT HS-Wurster-Verfahren

Die Entwicklung geeigneter und opimaler Prozessparameter ist dann von größter Bedeutung, wenn modified release - Coatings auf Partikel wie Pellets aufzubringen sind, um eine definierte Freisetzungskinetik zu erreichen.

Unterschiedliche Lackrezepturen verhalten sich mehr oder weniger empfindlich gegenüber den angewandten Prozessparametern. Anhand von zwei Beispielen soll der Einfluss unterschiedlicher Prozessparameter auf das in vitro-Freisetzungsverhalten von pharmazeutischen Pellets dargestellt werden.

4.4.3.1 Modified release Coating mit hoher Empfindlichkeit auf Prozessparameter

Die in Abb. 4-30 gezeigte Basisrezeptur wurde im Labormaßstab von 3 kg untersucht. Insgesamt wurden 19 Wurster-Coating-Versuche nach einem multifaktoriellen DoE-Versuchsdesign durchgeführt, um den Einfluss unterschiedlicher Niveaus von Zuluftvolumen, Zulufttemperatur, Sprühdruck und Produkttemperatur auf das in vitro-Freisetzungsverhalten der lackierten Pellets zu untersuchen.

Die angestrebte in vitro-Freisetzungs-Kinetik ist in Abb. 4-31 dargestellt. In Abb. 4-32 wird die gesamte Bandbreite der mit den verschiedenen Prozessparameter-Kombinationen erzielten Wirkstofffreisetzungs-Ergebnisse gezeigt. Es ist unschwer zu erkennen, dass die Verarbeitung der gegebenen Coating-Rezeptur bei unterschiedlichen Herstellungsparametern zu sehr unterschiedlichen Freisetzungsverhalten führen kann und somit „sensibel" auf unterschiedliche Prozessparameter reagiert. Entsprechend sorgfältig muss die Prozessoptimierung durchgeführt und das scale-up geplant und untersucht werden.

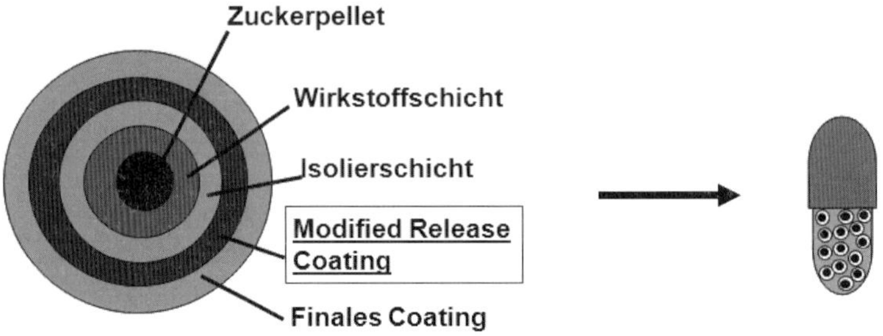

Abb. 4-30 Modified release Pellets mit pulsatiler Wirkstofffreisetzung: Aufbau und Basisrezeptur

Beispiel 1:

- modified release pellets
- pulsatile Freisetzung
- Start Freisetzung nach ~ 8 h
- in Kapseln abzufüllen

Formulierung des modified release Coating:

- Eudragit RL 30 D
- Eudragit RS 30 D
- Triethylcitrat
- Talk mikronisiert
- Wasser

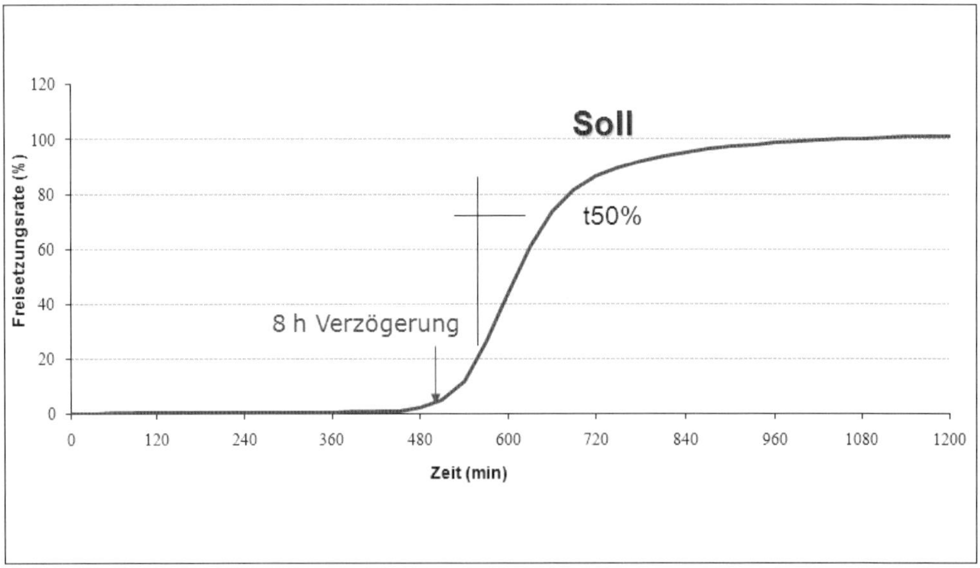

Abb. 4-31 spezifierte pulsatile Freisetzungskinetik von modified release Pellets / Beispiel 1

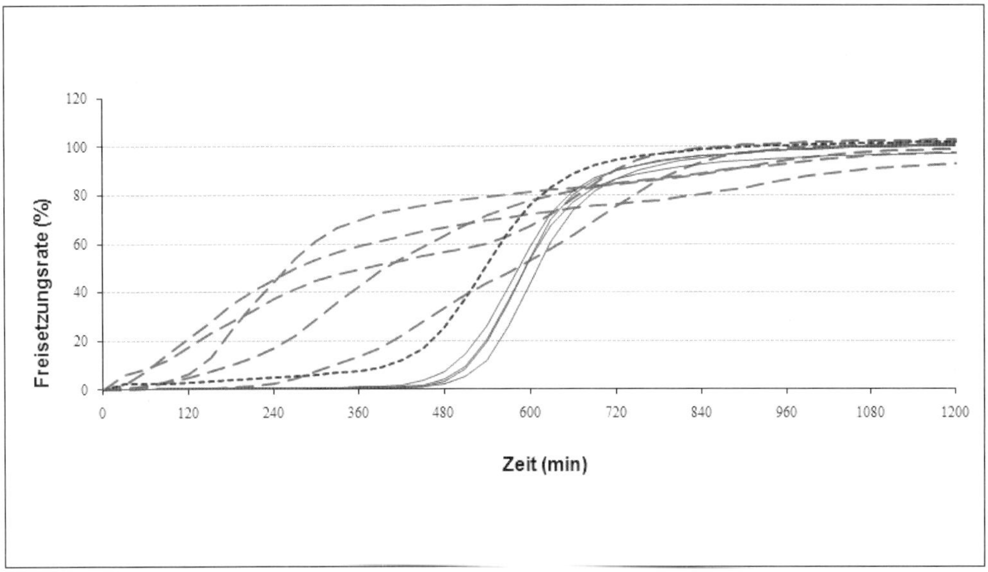

Abb. 4-32 Bandbreite der bei der Prozessoptimierung festgestellten Freisetzungsprofile mit einem modified release coating, welches empfindlich auf unterschiedliche Prozessparameter reagiert

4.4.3.2 Modified release coating mit „geringer" Empfindlichkeit auf Prozessparameter

Die in Abb. 4-33 gezeigte Basisrezeptur wurde ebenfalls im Labormaßstab von 3 kg untersucht. Wiederum wurden 19 Wurster-Coating-Versuche nach einem multifaktoriellen DoE-Versuchsdesign durchgeführt, um den Einfluss unterschiedlicher Niveaus von Zuluftvolumen, Zulufttemperatur, Sprühdruck und Produkttemperatur auf das in vitro-Freisetzungsverhalten der lackierten Pellets zu untersuchen.

Die angestrebte in vitro-Freisetzungs-Kinetik ist in Abb. 4-34 dargestellt. Die gesamte Bandbreite der mit den verschiedenen Prozessparameter-Kombinationen erzielten Ergebnisse wird in Abb. 4-35 gezeigt.
Die hier vorgestellte modified release-Coating-Rezeptur führt selbst bei sehr unterschiedlichen Prozessparametern zu wenig unterschiedlichem Freisetzungsverhalten und kann somit als „robust" gegenüber unterschiedlichen Prozessparametern beschrieben werden.

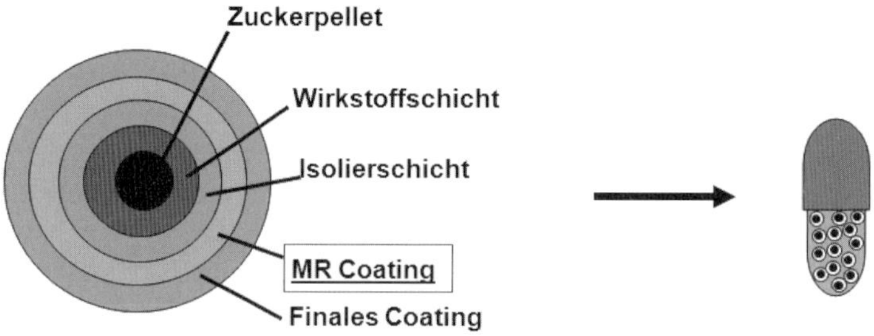

Abb. 4-33

Modified release Pellets mit Wirkstofffreisetzung 1. Ordnung: Aufbau und Basisrezeptur

Beispiel 2:

- modified release pellets
- Freisetzung nach 1. Ordnung
- ~ 60% nach 3 h, ~ 80% nach 6 h
- in Kapseln abzufüllen

Formulierung des modified release Coating:

- Eudragit NE 30 D
- wasserlösliches Polymer
- Talk mikronisiert
- Wasser

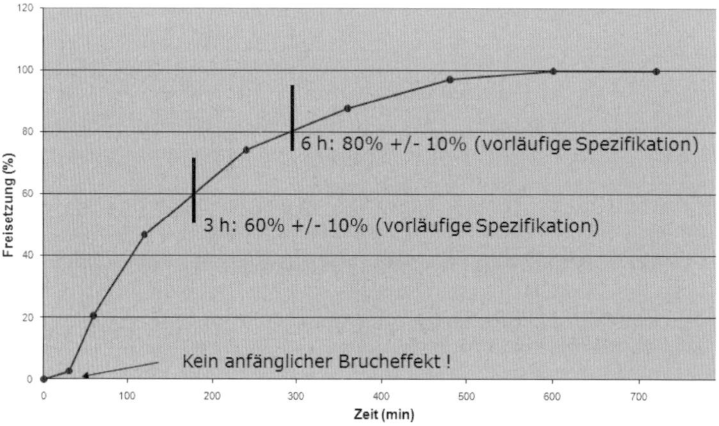

Abb. 4-34

spezifizierte Freisetzungskinetik von modified release Pellets / Beispiel 2

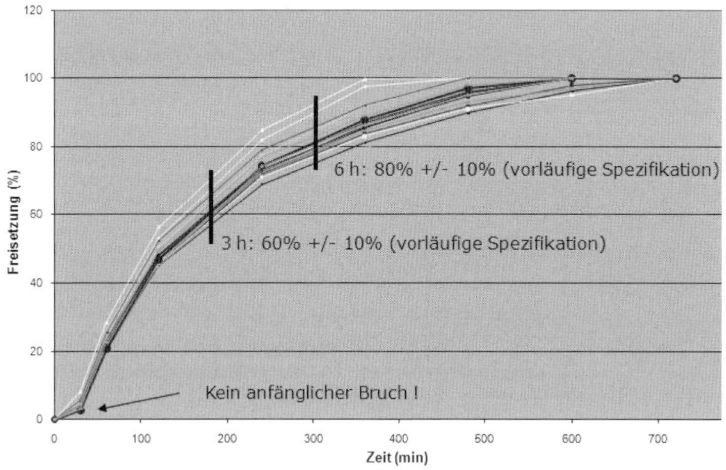

Abb. 4-35

Bandbreite der bei der Prozessoptimierung ermittelten Freisetzungsprofile mit einem modified release coating, welches wenig empfindlich auf unterschiedliche Prozessparameter reagiert

4.5 Zusammenfassung

Die GLATT HS-Wurster-Technologie ist eine weltweit verbreitete und bestens etablierte Coating-Technologie für Partikel wie Pulver, Mikropellets, Pellets und Minitabletten; vereinzelt wird es auch für die Lackierung von Tabletten mit funktionellen Lacken eingesetzt.

Die Möglichkeit, für jedes Produkt eine optimale Fluidisierung durch frei wählbare Anlagenkomponenten und –parameter (Anströmboden, Wurster-Rohr-Position) zu gewährleisten, bietet höchste Flexibilität zum Erreichen einer optimalen Produktqualität.

Das HS-System erlaubt hocheffiziente und wirtschaftliche Prozesse: schnelle Sprühraten durch die Funktionalität der HS-Düse, geringste Agglomeration durch die zirkulierende Wirbelschicht, höchste Ausbeuten durch quantitativen Auftrag von Wirkstoff- und Lackschichten. Mit einer geringen Zahl hocheffizienter Sprühdüsen wird eine maximale Prozessgeschwindigkeit erreicht; die neue Generation von HS-Düsen ist einfachst konstruiert und während eines laufenden Prozesses bei Bedarf ohne technische Hilfsmittel rasch austauschbar.

Die GLATT scale-up-Philosophie ist klar aufgebaut und für unterschiedlichste Prozesse erfolgreich angewandt; ab dem 18“ Wurster-Pilot-Maßstab müssen entsprechend dem GLATT HS-Wurster-scale-up-Konzept die Sprühparameter wie Sprührate und Sprühdruck nicht mehr neu eingestellt werden, da exakt dieselben HS-Düsen im Pilot- und Produktionsmaßstab genutzt werden. Durch die geometrische Anordnung der Sprühdüsen in Großanlagen ist eine einheitliche Fluidisierung der Partikel sichergestellt.

Das HS-Wurster-Verfahren ist nur eines von mehreren Wirbelschicht-Verfahren, das in einer Wirbelschicht-Basis-Einheit betrieben werden kann.

In einer GLATT GPCG-Einheit können diskontinuierliche chargenweise Prozesse wie Trocknung, Granulation, HS-Wurster-Coating und Rotor- bzw. CPS®-Pelletisierung ausgeführt werden. Darüber hinaus sind in dieselbe GPCG-Grundeinheit kontinuierliche Wirbelschicht-Prozesse wie die MicroPx®-Pelletisierungs-Technologie und die ProCell®-Granulations- und Pelletisierungs-Technologie implementierbar. Mit einer GLATT-GPCG-Anlage sind somit unterschiedlichste Prozessvarianten realisierbar (Abb. 4-36).

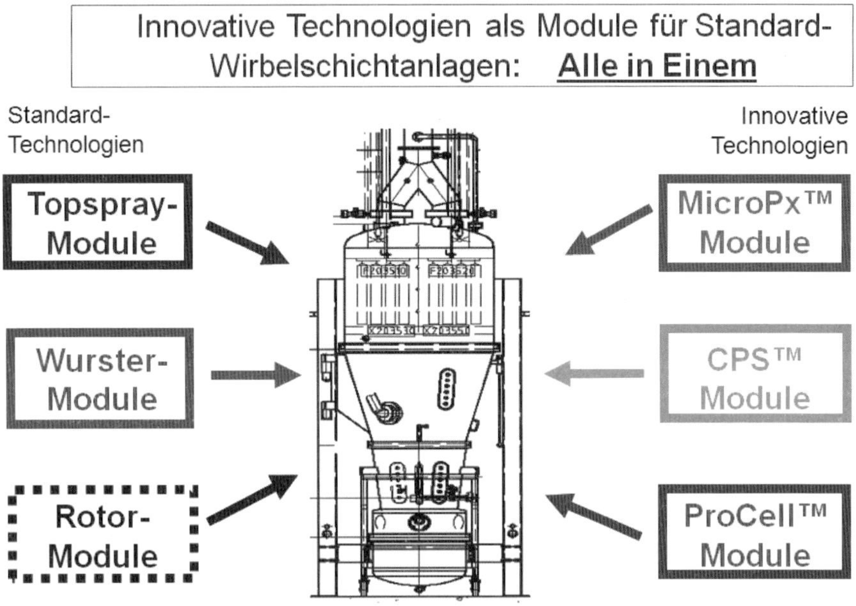

Abb. 4-36 Konfigurationsmöglichkeiten für eine GLATT GPCG-Multipurpose-Wirbelschichtanlage

4.6 Abkürzungen

CIP: Clean In Place
CPS: Complex Perfect Spheres
DoE: Design of Experiments
FT-IR: Fourier-Transformations-Infrarot
GPCG: Glatt Partikel Coater Granulator
HEPA-Filter: High Efficiency Particular Air Filter
HS: High Speed
MicroPx: Micropellets
NiR: Near Infrared
OEL: Overall Exposure Limit
PAT: Process Automation Technology
SC: Superclean
Sec: Sekunde
SRS: Solvent Recovery System (Lösemittelrückgewinnungs-System)
SSV: Schnellschussventile
WIP: Wash In Place

4.7 Quellenverzeichnis

[1] Bauer K., Frömming K.-H., Führer C. 1999, Lehrbuch der pharmazeutischen Technologie

[2] Wurster D.E. 1953, US-Patent 2,648,609

[3] Uhlemann H., Mörl L. 2000, Wirbelschicht-Sprühgranulation, Springer-Verlag

[4] El Mafadi S. 2002, Glatt International Times Nr. 14

[5] Luy B. 1991, Vakuum-Wirbelschicht; Inauguraldissertation Universität Basel

[6] Pöllinger N. 2008, GLATT Int. Times, 25, 2 – 7

[7] Jones M.D. 1988, Controlling Particle Size and Release Properties – Secondary Processing Techniques, Chapter 17, American Chemical Society

5 Coatings mittels INNOJET®-Verfahren

Herbert Hüttlin

Einleitung

Die unterschiedlichen physikalischen Eigenschaften der in der pharmazeutischen Industrie vorkommenden Feststoffprodukte, wie z.B. Pulver, Kristalle, Granulate, Pellets und Tabletten unterschiedlicher Form, Größe, Dichte und Wichte, befüllte Hart- und Weichgelatinekapseln, bringen es mit sich, dass diese nicht nach dem gleichen Verfahren, d.h. nicht mit der gleichen Technologie, in der geforderten Qualität gecoatet und getrocknet werden können. So weisen z.B. kleinere und leichter fluidisierbare Charaktere bei deren Behandlung stärker ausgebildete Flug- und Schwebeeigenschaften aus, als größere und weniger leicht fluidisierbare Teilchen.

Dieser Tatsache Rechnung tragend hat Dr. h.c. Herbert Hüttlin (INNOJET Herbert Hüttlin®) zwei neue Technologien auf Basis der Luftgleitschicht (nicht Wirbelschicht) entwickelt, die eine optimale Prozessführung mit dem gewünschten Ergebnis sicherstellen. Für kleinere und leichter fluidisierbare Partikel steht somit die Technologie VENTILUS® zur Verfügung, während für die größeren und weniger leicht fluidiserbaren Feststoffförmlinge die Technologie AIRCOATER® zur Verfügung steht. In beiden Fällen war die Basisphilosophie der Entwicklungsarbeit ein lineares Scale-Up. Die Einteilung der Produktspezies in die jeweils geeignete Technologie ist der nachstehenden Tabelle zu entnehmen (Tab. 5-1).

Tab. 5-1 Einteilung der Produktspezies nach VENTILUS® und AIRCOATER®

Pulver, Kristalle	Granulate	Kleine Pellets	Große Pellets	Mikrotabletten	Kleine Tabletten	Große Tabletten	Gelatine-Kapseln	Spezialformen
2 - 20 µm	20-200 µm	0,1-0,4 mm	0,4-1,2 mm	1,5-2,5 mm	3 - 7 mm	8 - 30 mm	10 - 30 mm	2 - 30 mm
Produktionsgrößen								
VENTILUS® System (V 100 – V 800)				Sonderausführung				
Sepajet® Filter notwendig				AIRCAOTER® System (A 50 – A 150)				
Labor- und Pilotgrößen								
VENTILUS® Laborgerät (V 2,5)								
VENTILUS® Pilotmaßstab (V 25)								
Sepajet® Filter notwendig				AIRCOATER® (A 025 – A 10)				

5.1 **INNOJET** AIRCOATER® **int. Pat. Dr. h.c. Herbert Hüttlin**

Mit dem INNOJET AIRCOATER® können Tabletten u.a. Feststoff-Förmlinge unterschiedlichster Form, Größe, Dichte und Wichte schnell, schonend und vor allem sehr gleichmäßig mit wässrigen oder organischen Überzügen versehen werden.

Abb. 5-1 Blick auf den INNOJET AIRCOATER® Typ A 150

Die Umwälzung des Produktes erfolgt in Form zweier kreisflächig angeordneter, gegenläufiger Spiralbewegungen und wird durch den Treibsatz INNOJET *Vulcano*® (Behälterboden) ermöglicht. So können auch Tabletten mit geringer Bruchfestigkeit u.a. empfindliche Produkte beschichtet werden. Das im Wesentlichen zylindrische Pharmadesign des INNOJET AIRCOATER® erlaubt über die vollflächige Sicherheits-Industrieglasabdeckung zu jeder Zeit eine sehr direkte, optische Prozesskontrolle.

Das System hat keinerlei reibende Dichtungen und arbeitet somit gasdicht im Unterdruck.

Ein Novum in der Coatingtechnologie ist die vollständige Flutbarkeit des Systems im (automatisch ablaufenden) Reinigungsprozess (WIP –Waschmaschineneffekt durch den systemintegrierten Productmover).

Die Befüllung der Apparatur erfolgt gravimetrisch über eine dicht verschließbare Beschickungsöffnung (Müllernest) in der horizontal verfahrbaren Industrie-Glasabdeckung. Die Entleerung erfolgt im geschlossenen System mittels eines über der Produktaufbruchszone rotierenden, im System integrierten, pneumatischen Saugrüssels.

Die INNOJET AIRCOATER® -Typenreihe umfasst Chargengrössen von 25 g bis 150 kg.

INNOJET AIRCOATER® der Generation *Enviro*® arbeiten mit einem komplett formintegrierten Staubrückhalte- und Lösungsmittelkondensationssystem und können völlig unabhängig und von der Umwelt abgeschlossen arbeiten. Aufgrund der Miniaturisierung der Technologie im Falle von Laborgeräten, werden anstelle von *Lineajet*®-Sprühdüsen, vertikal arbeitende *Rotojet*®-Sprühdüsen des Typs INR 2 eingesetzt.

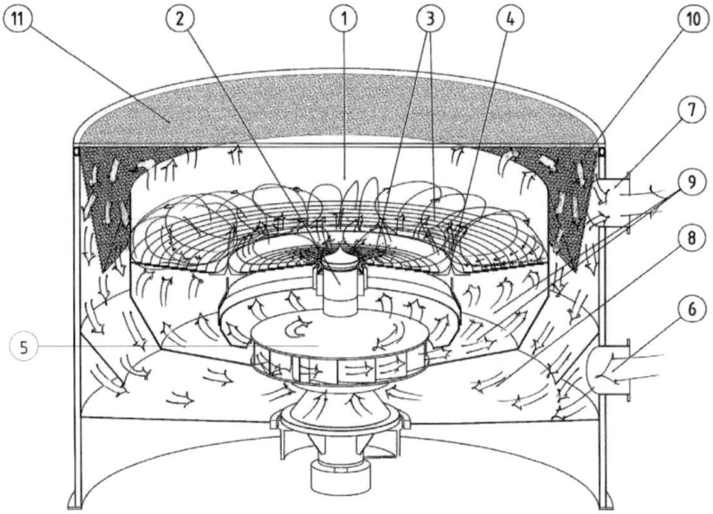

Abb. 5-2 Perspektivischer Vertikalschnitt

1. Produktbehälter / Gehäuse
2. Sprühdüse *Lineajet*®
3. Treibsatz *Vulcano*®
4. Produkt-Aufbruchszone auf dem Durchmesser-halbierenden Teilkreis
5. Ventilatorlaufrad mit Lagerung und Antrieb
6. Prozess-Frischluft-Eintritt (konditioniert)
7. Prozess-Fortluft-Austritt
8. Prozessluft-Mischzone (mit Frischluft-Umluft-Mischzone)
9. Prozessluftkammer (Umluft und konditionierte Frischluft)
10. Rückluft Vorfilter (V-Ring)
11. Horizontal-fahrbare Sicherheits-Industrieglasabdeckung (transparent)

Abb. 5-3 Blick in einen offenen AIRCOATER® auf den Treibsatz ***Vulcano***® und auf die zwei Sprühdüsen Lineajet®

5.1.1 Coating von Oblongtablettenkernen mit Bruchkerbe und geringer Bruchfestigkeit

Der INNOJET Treibsatz *Vulcano*® ermöglicht eine besonders schonende und effektive Durchmischung des Produktes. Dadurch wurde es möglich, auch Tabletten mit geringer Bruchfestigkeit und komplexer Form schnell und homogen zu beschichten.

Startermaterial: Oblongtabletten mit beidseitiger Bruchkerbe:

Tablettengröße: 14 mm x 6 mm

Gewicht: 260 mg

Bruchfestigkeit: ca. 80 N

Filmüberzug: Wässriges Filmcoating bestehend aus HPMC; Titandioxid, Triacetin, Eisenoxid, Polysorbat 80 mit einem Feststoffanteil von 10 %.

Es werden 3 % Feststoff an Coating auf die Tabletten aufgetragen.

Tab. 5-2 Prozessdaten von Coatingprozessen

Prozessdaten	Bsp. 5.1- A 10	Bsp. 5.2 - A 150
Chargengröße	8 kg	150 kg
Frischlufttemperatur	27 °C - 30°C	27 °C - 30 °C
Misch- / Zulufttemperatur	50°C	50 °C
Produkttemperatur	45 °C	45 °C
Ablufttemperatur	42 °C	44 °C
Frischluft- / Umluftmenge	800 m^3/h / 800 m^3/h	3‘000 m^3/h / 1‘2000 m^3/h
Sprühdruck	2,8 bar	2,8 bar
Sprührate	43 g/min	785 g/min
Sprühzeit	56 min	58 min
Kühl/ Trocknungszeit	5 min	5 min
Entleerzeit	2 min	7 min
Sprühverlust	< 0,2 %	< 0,2 %
Oberflächenqualität	glatt und glänzend	glatt und glänzend
Schichtdicken an Kalotten, Stegen und Kanten	sehr gleichmäßig	sehr gleichmäßig
Defekte	keine	keine

5.2 INNOJET® Sprühdüse *Lineajet*® int. Pat. Dr. h.c. Herbert Hüttlin

Die INNOJET Sprühdüse *Lineajet*® ist speziell für den formintegrierten Einbau in die kreisförmige Produktaufbruchszone des Treibsatzes *Vulcano*® entwickelt worden. Mit ihrem grundsätzlich vertikal nach oben gerichteten Flüssigkeitssprühspalt (der auf beiden Seiten von einem Sprühluftspalt umgeben ist) bildet diese eine konzertierte Aktion mit der Prozessluft und dem fluidisierten Produkt. Das Produkt wird auf der Produktaufbruchszone von der von zwei Seiten anströmenden Prozessluft tulpenförmig vertikal nach oben geführt, um gleich danach wieder nach innen und außen abfallend erneut der doppelten Spiralbewegung zugeführt zu werden.

Der Flüssigkeitssprühspalt weist in der horizontalen Ebene eine Krümmung auf, die exakt dem Radius der Produktaufbruchszone entspricht.

Im Interesse eines nahezu linearen Scale-Up vom Pilot- bis Produktionsmaßstab, sind jeweils immer nur 2 *Lineajet*®-Sprühdüsen im umfänglichen Abstand von ~ 180° in der Produktaufbruchszone angeordnet, bzw. in dieser formintegriert arbeitend.

Aufgrund der stets kompletten Flüssigkeitsfüllung des vertikal gestalteten Flüssigkeitsquerschnittes im Innenkörper der Sprühdüse *Lineajet*®, ist eine Austrocknung, bzw. Blockade von *Lineajet*®- Sprühdüsen während des Coatingprozesses nahezu ausgeschlossen. So auch bei den Vertikal-Sprühdüsen des Typs *Rotojet*® in Laborgeräten.

Durch die mittels Prozessluft lückenabstandsbildende, tulpenförmige Vertikal- und Taumelbewegung des Produktes über der Produktaufbruchszone entsteht eine optimale Verteilung der Sprühmedien auf dessen Oberfläche. Somit wird sehr schnell ein homogenes Coating mit gleichmässigen Schichtdicken erreicht.

Die abgewickelte Länge des Sprühspaltes einer Lineajet®-Sprühdüse ($D \cdot \pi$) bestimmt die Sprühleistung. Es wird dabei je nach Viskosität des zu versprühenden Coatingmediums von einer spezifischen Sprühleistung von 1 – 5 g pro Längen-mm Sprühspalt ausgegangen. Der Sprühspalt ist ebenfalls je nach Viskosität des zu versprühenden Coatingmediums in einem Bereich von 0,15 - 0,25 mm einstellbar.

5.3 INNOJET® Treibsatz *Vulcano*® int. Pat. Dr. h.c. Herbert Hüttlin

Auf der durchmesserhalbierenden, ringförmigen Produkt-Aufbruchszone des Treibsatzes sind im umfänglichen Abstand von ~ 180° zwei vertikal nach oben sprühende INNOJET® Sprühdüsen gebogener Form des Typs *Lineajet*® angeordnet, welche das Überzugsmedium in das auf der Produkt-Aufbruchszone ebenfalls vertikal nach oben bewegte Produkt hinein sprüht. Der Treibsatz *Vulcano*® und die Sprühdüse *Lineajet*® bilden zusammen eine konzertierte Aktion.

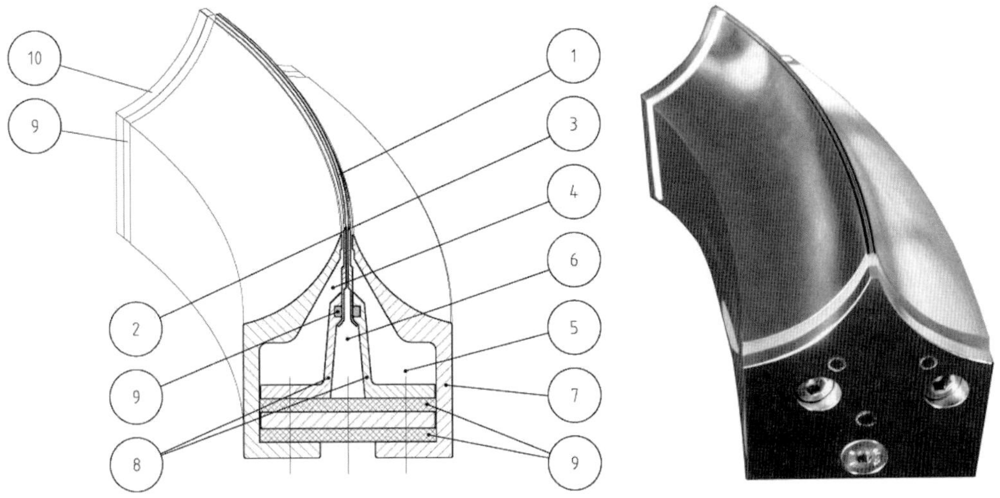

Abb. 5-4 INNOJET Sprühdüse *Lineajet*®

1. Sprühflüssigkeitsspalt (mittig)
2. Sprühluftspalt innen
3. Sprühluftspalt außen
4. Innere Sprühluftkammer
5. Äußere Sprühluftkammer
6. Sprühflüssigkeitskammer
7. Düsen-Primärkörper
8. Düsen-Sekundärkörper (Trennung von Sprühflüssigkeit und Sprühluft)
9. Dichtungen
10. Düsen-Enddeckel

Abb. 5-5 INNOJET Treibsatz *Vulcano*®

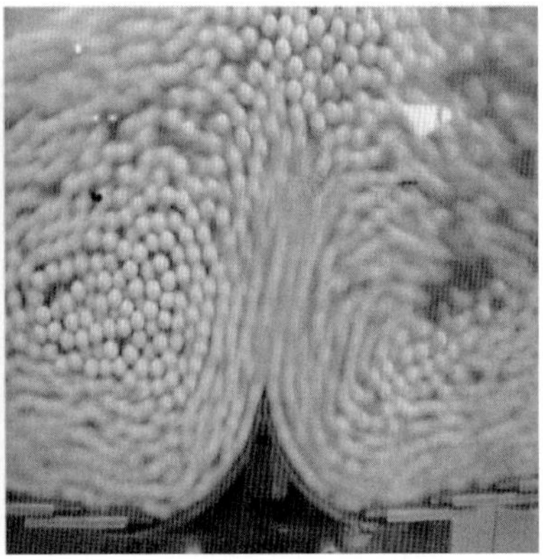

Abb. 5-6 Produktaufbruchszone des INNOJET Treibsatzes Vulcano®

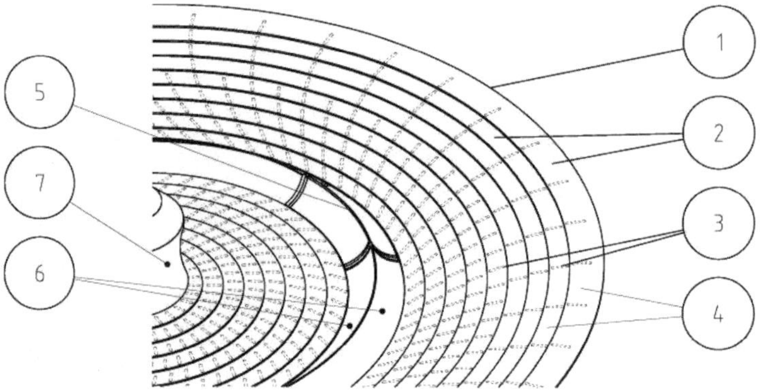

Abb. 5-7 INNOJET Treibsatz ***Vulcano***®

1. Treibsatz
2. Treibsatz-Ringe (mit dazwischenliegenden Prozessluft-Austrittsspälten)
3. Prozessluft-Führungsfinger (radial-tangential) (an den Unterseiten der Treibsatzringe)
4. Prozessluft-Kanäle (radial-tangential) (zwischen den Treibsatzringen)
5. INNOJET Sprühdüse *Lineajet*®
6. Produkt-Aufbruchszone
7. Zentralkern (rotierender Saugrüssel bei pneumatischer Entleerung einsteckbar)

5.4 INNOJET VENTILUS® int. Pat. Dr. h.c. Herbert Hüttlin

INNOJET VENTILUS® Prozessgeräte und –Anlagen sind als Luftgleitschicht-Technologie (nicht Wirbelschicht) für die Durchführung effizienter Granulier-, Coating- und Trocknungsprozesse entwickelt worden. Die wesentlichen Funktionskomponenten im Prozessbehälter sind der Treibsatz *Orbiter*® und die in dessen Zentrum dynamisch arbeitende Sprühdüse *Rotojet*®. Im sog. Filterdom ist das kontinuierlich arbeitende Pulverrückführungssystem *Sepajet*® integriert. Mit dem klaren, konsequent zylindrischen, doppelwandigen und isolierten Gehäuse entstand eine Prozesseinheit, die in ihrer Form höchsten Pharmastandards in der jeweiligen Anwendung entspricht.

INNOJET VENTILUS®–Anlagen sind grundsätzlich mit einem form-integrierten, hocheffizienten Washing-in-Place-System ausgestattet. Befüllung und Entleerung des Produktes erfolgen pneumatisch über ein automatisch verschließbares Kugelventil im Produktbehälter, direkt über dem Treibsatz *Orbiter*®. Alle Anlagen-, bzw. Gerätekomponenten sind zur Reinigung gut zugänglich. Zur Wartung und Demontage sind keine der üblichen Werkzeuge notwendig. Ein in der Reinraumwand integriertes Touchscreen-Panel gestattet eine einfache Bedienung.

Die INNOJET VENTILUS®-Prozessgeräte, bzw. Anlagen gibt es für Chargen-Volumen von 1 l bis 2000 l.

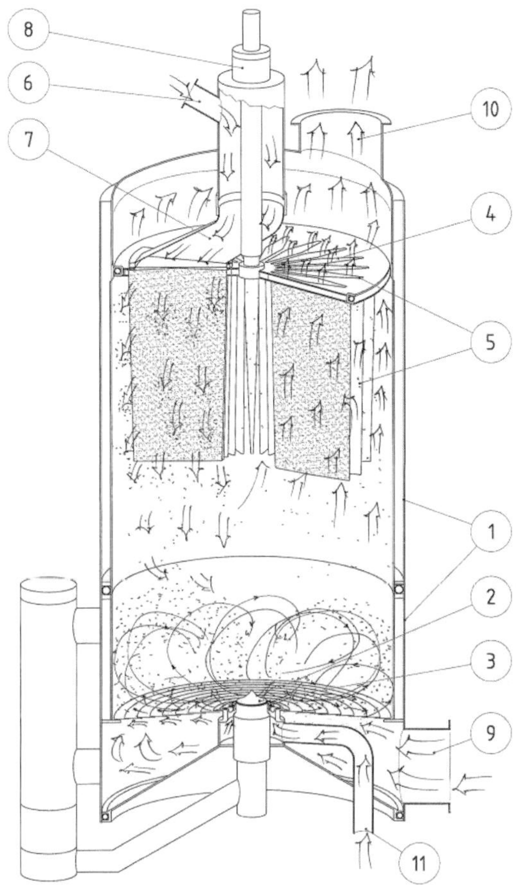

Abb. 5-8 INNOJET VENTILUS®

1. Prozessgehäuse / Produktbehälter / Filterdom
2. Treibsatz *Orbiter*®
3. Sprühdüse *Rotojet*®
4. Pulverrückführungssystem *Sepajet*® (Inprozessfilter)
5. Filterplatine, Filter-Tragkörbe und Filtermedien
6. Blasluft-Eintritt (Teilstrom aus konditionierter Prozess-Zuluft)
7. Blasluft-Rotor (zur kontinuierlichen Filterabreinigung)
8. Antrieb für Blasluftrotor, (stufenlos regelbar)
9. Prozessluft-Eintritt (konditioniert)
10. Prozessluft-Austritt
11. Zentral angeordnete Stützluft

5.4.1 Fallbeispiel

Wirkstoffauftrag und Retardcoating auf Pellets:

Startermaterial: Zuckerpellets

Partikelgröße: 200 – 300 μm

Wirkstoffcoating: Wässrige Wirkstoffdispersion; Konzentration: 32 % Feststoffanteil

Retardcoating: Neutrales Methacrylatpolymer + Trennmittel

Tab. 5-3 Übersicht der Prozessdaten eines Coatingprozesses im V 2.5 und V 600

Prozessdaten	Bsp. 5.3 - V 2.5		Bsp. 5.4 - V 600	
	Wirkstoffcoating	Retardcoating	Wirkstoffcoating	Retardcoating
Chargengröße Start	600 g	900 g	150 kg	250 kg
Ausbeute	1800 g	1450 g	450 kg	410 kg
Produkttemperatur	45 °C	20 -25 °C	45°C	20 – 25 °C
Luftmenge	50 – 80 m³/h	60 – 70 m³/h	2000 - 3500 m³/h	3000 - 4800 m³/h
Sprühdruck	1,8 bar	1,8 bar	1,0 – 3,5 bar	1,0 – 3,5 bar
Sprührate	7 - 10 g/min	4- 10 g/min	200 – 1200 g/min	200 – 1200 g/min
Sprühzeit	7 h	6 h	12 -15 h	14 – 18 h
Kühl/ Trocknungs-zeit	10-15 min	10-15 min	10 -15 mn	10 – 15 min
Entleerzeit	1 – 2 min	1 – 2 min	5 – 10 min	5 – 10 min

5.5 INNOJET Sprühdüse *Rotojet®*

Die Sprühdüse *Rotojet®* ist als Single-Unterbett-Sprühsystem für INNOJET® Granulier- und Coatinganlagen des Typs VENTILUS® entwickelt worden.

Sie arbeitet im Zentrum des Produktbehälters und grundsätzlich unterbett (bottom spray), d.h. im Zentrum des Treibsatzes *Orbiter®*. Im Interesse einer schnellen und homogenen Verteilung der Sprühflüssigkeit (Kleber oder Coatingmedien) weist die Sprühdüse *Rotojet®* einen nahezu horizontalen, schräg nach oben gerichteten Sprühspalt auf, der über den gesamten Umfang des rotierenden Sprühkopfes ausgebildet ist. Dieser kreisförmige Sprühspalt ist jeweils ober- und unterhalb von einem Sprühluftspalt und einem Stützluftspalt umgeben und kann je nach Viskosität des zu versprühenden Coatingmediums auf eine Spaltgröße von 0,15 – 0,3 mm eingestellt werden. Die Düsenmündungsteile unterhalb des Flüssigkeitsquerschnittes sind statisch ausgebildet, während die Düsenmündungsteile oberhalb des Flüssigkeitsquerschnittes rotierend ausgebildet sind. Damit wird der Sprühspalt stetig dynamisiert. Eine Blockade desselben ist daher nahezu ausgeschlossen.

Während des Sprühprozesses gestattet die Sprühdüse *Rotojet*® die Bildung eines sich annähernd horizontalen, radial in einem Umschlingungswinkel von 360° austretenden Sprühnebels. Die feinst verteilten Flüssigkeitströpfchen gehen aufgrund der radialen Ausbreitung auf Abstand zueinander, was Zwillingstropfenbildung vermeidet und zwangsläufig zu einer homogenen Beschichtung des zu behandelnden Produktes führt.

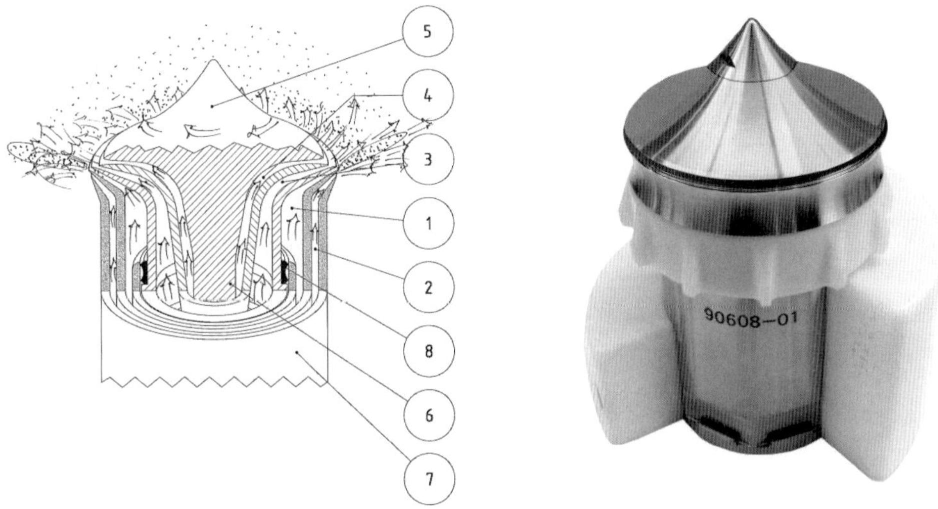

Abb. 5-9 Sprühdüse Rotojet®

1. Sprühflüssigkeitskammer und –spalt
   (umgeben von einem statischen und einem rotierenden Rohr)
2. Untere Sprühluft (2 statische Rohre mit Mündungen)
3. Obere Sprühluft (2 rotierende Rohre mit Mündungen)
4. Stützluftspalt oben (gebildet von 2 rotierenden Teilen)
5. Stützluftkegel (rotierend)
6. Antriebswelle (rotierend)
7. Düsen-Primärkörper
8. Dichtung

5.6 INNOJET® Treibsatz Orbiter®

Der Treibsatz *Orbiter*® vermittelt dem zu behandelnden Produkt eine schonende am Zentrum orientierte, konsequent orbitale Spiralbewegung. Dies bedeutet, dass das Produkt wie auf einem Luftkissen getragen, radial tangential zur zylindrischen Behälterwand gleitend, den steilen Wandwinkel von 90° schraubenförmig auflösend nach oben geführt wird, um (inzwischen getrocknet) wieder zum Zentrum zurückzufallen, von wo aus die orbitale Spiral- und Kreisbewegung erneut beginnt. Die Applikation der flüssigen Coating- oder Klebermedien erfolgt mittels der im Zentrum des Treibsatzes *Orbiter*® arbeitenden INNOJET Sprühdüse

Rotojet®. Über deren vollumfänglichen, nahezu horizontal angelegten Sprühspalt wird das flüssige Coating- oder Klebermedium feinst verteilt, sicher und reproduzierbar versprüht.

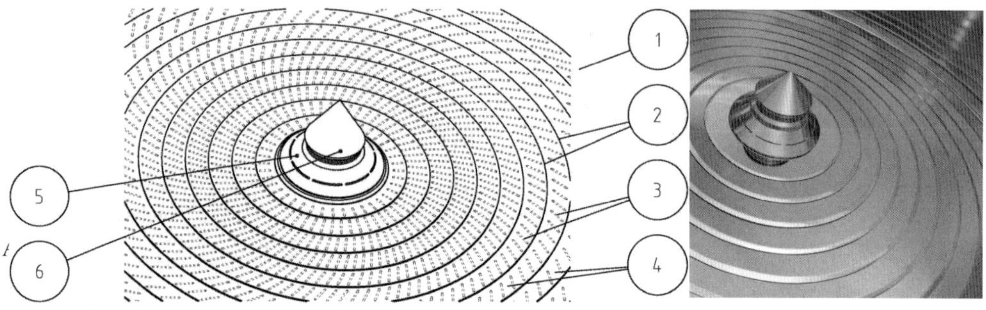

Abb. 5-10 INNOJET Treibsatz ***Orbiter***®

1. Treibsatz
2. Treibsatz-Ringe mit dazwischen liegenden, horizontal angelegten Prozessluft-Austrittsspälten
3. Prozessluft-Führungsfinger (radial-tangential) (an den Unterseiten der Treibsatzringe)
4. Prozessluft-Kanäle (radial-tangential) (zwischen den Treibsatzringen)
5. Zentralkegel für zentrale Blasluft-Einführung (ggf. andere Kondition und Druck als Prozessluft)
6. INNOJET Sprühdüse *Rotojet*®

5.7 INNOJET® Pulverrückführungssystem *Sepajet*®

Die kontinuierliche Rückführung pulverigen und windsichtigen Produktes in den laufenden Granulier- oder Feinstpartikelcoating-Prozessen erfolgt über das im Filterdom mit konditionierter Prozess-Zuluft arbeitende Pulverrückführungssystem *Sepajet*® sicher und reproduzierbar.

Das kontinuierlich abreinigende Pulverrückführungssystem *Sepajet*® (eine sog. Inprozeß-Filtereinrichtung) besteht aus einer kreisrunden Filter-Tragplatine, in der eine Vielzahl Filtertaschen sternförmig angeordnet, hängend, formschlüssig und dichtend befestigt sind. Die Filter-Tragplatine ist mittels pneumatischer Dichtung gegen die Innenwandung des zylindrischen Filterdomes gasdicht abgedichtet. Die einzelnen Filtertaschen bestehen aus einem patentierten Filtertragkörper aus gefaltetem Edelstahl-Feinblech, auf denen die antistatischen PE-Textilmedien (bags) aufgezogen sind. Die kontinuierliche Abreinigung der einzelnen Filtertaschen nacheinander wird durch den auf der Filter-Tragplatine mittig gelagerten Blasluftrotor erzeugt. Die langsame Drehung des Blasluftrotors garantiert eine gleichmäßige und vollständige Abreinigung der einzelnen Filtertaschen durch definierte Abreinigungszeit-Intervalle. Die Blasluft für den Blasluftrotor wird der zentralen Prozessluft-Zuluftaufbereitung entnommen. Dies bedeutete, dass für die Abreinigung des *Sepajet*®-Pulverrückführungssystems keine Druckluft verwendet wird.

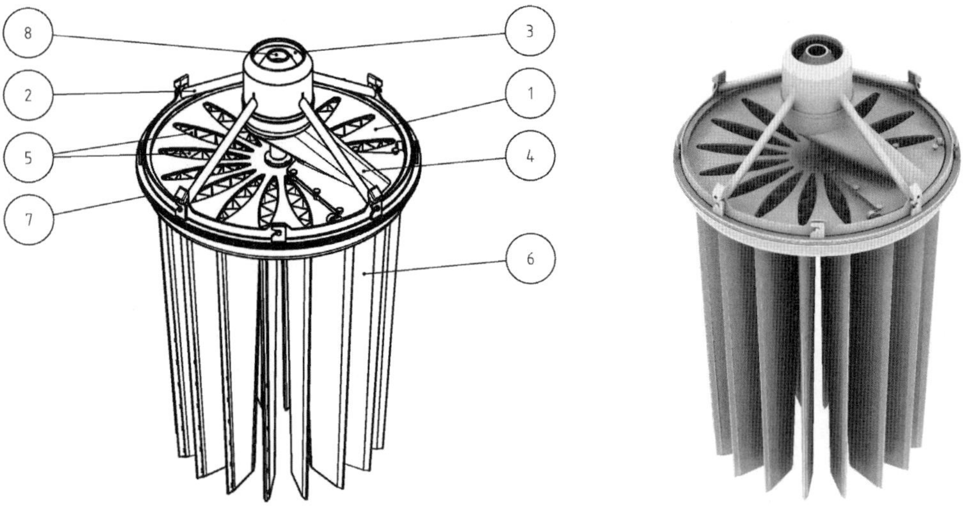

Abb. 5-11 INNOJET Pulverrückführungssystem *Sepajet®*

1. Filter-Tragplatine
2. Filter-Halterung (4 Traversen)
3. Blasluft-Eintrittsstutzen
4. Blasluft-Rotor (zur kontinuierlichen Abreinigung der Filterbags)
5. Reinluft-Austrittsquerschnitte (Abluft)
6. Filterbags (Ellipse) (bestehend aus Tragkörper und textilen, antistatischen PE-Filterbags oder Edelstahl-Mehrschicht-Siebgewebe)
7. Pneumatische Dichtung (rundum)
8. Pneumatischer Antriebsmotor für Blasluft-Rotor

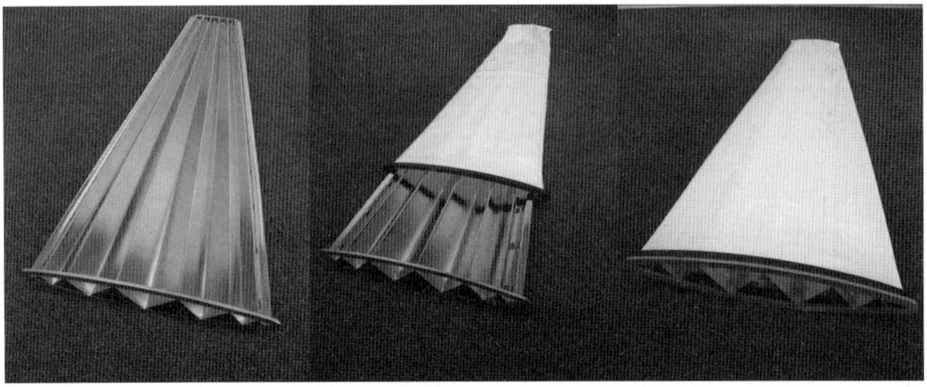

Abb. 5-12 Filtertragkörper aus gefaltetem Edelstahl-Feinblech und antistatischen PE-Textilmedien

5.8 INNOJET® Monobloc-Einheit *Tubus*®

Als prozesslufttechnische Infrastruktureinheiten dienen entweder die handelsüblichen Zuluft-/Abluft-Monobloc-Einheiten kubischer Bauform oder die speziell zur Sicherstellung eines konsequenten Pharmastandards entwickelten INNOJET-Monobloc-Einheiten des Typs *Tubus*® in zylindrischer, doppelwandiger Bauform.

Abb. 5-13 INNOJET Monobloc-Einheit Tubus®

Zur Kontrolle und Wartung werden die einzelnen, gasdicht abschließbaren Gehäuse-Abschnitte einfach auf dem dafür vorhandenen Schienensystem auseinander gefahren. Es gibt beim INNOJET Monobloc-System *Tubus*® keine Türen, Deckel, Ecken und Kanten.

6 Coating mit Kollicoat®

Thorsten Cech und Jan-Peter Mittwollen

Einleitung

Die BASF SE bietet ein breites Produktportfolio an Polymeren, die als Hilfsstoffe beim Filmcoating Verwendung finden. Bereits seit Jahrzehnten finden sich die Produkte Kollidon® (Polyvinyl Pyrrolidon – PVP) sowie Kollidon® VA64 (Copovidone) in unzähligen Formulierungen. Entweder als reiner Filmbildner, als Additiv zur Verbesserung des Feuchtigkeitsschutzes oder als Porenbildner leisten diese Polymere umfangreiche Dienste. Darüber hinaus bietet die BASF viele weitere innovative Hilfsstoffe aus eigener Entwicklung. Die so genannten Kollicoat® Produkte repräsentieren hierbei eine Gruppe von Polymeren, die speziell für die Anwendung im Bereich Filmcoating entwickelt wurden (Tab. 6-1).

Tab. 6-1 Übersicht der BASF Filmüberzüge, inklusive deren Anwendungsgebiete [1]

Anwendungsgebiet	Produkt
farbige, sofort lösliche, kosmetische Filmüberzüge	Kollicoat® IR Produktgruppe
Magensaftresistente Filmüberzüge	Kollicoat® MAE Produktgruppe
Feuchtigkeitsschutz	Kollicoat® Protect
Retardpolymer	Kollicoat® SR 30 D

Alle Produkte sind zur Verarbeitung in Wasser gedacht, um den Anforderungen an moderne, ökologisch ausgerichtete Pharmaproduktionen gerecht zu werden. Da die retardierenden und magensaftresistenten Systeme keine wasserlöslichen Polymere sein können, handelt es sich hier um sogenannte Emulsionspolymerisate. Diese sind im Lösungsmittel Wasser polymerisiert und können so in herkömmlichen Coatingmaschinen verarbeitet werden, ohne eine weitere sicherheitstechnische Ausstattung, wie sie zum Beispiel im Umgang mit organischen Lösungsmitteln nötig ist. In Tab.6-2 ist die jeweilige Form und Lieferform der verfügbaren Coatings beschrieben (Pulver oder wässrige Dispersion).

Tab. 6-2 Übersicht der BASF Filmüberzüge, inklusive deren Anwendungsgebiete [1]

Produkt	reines Polymer (Festsstoff)	Polymermischung (Feststoff)	wässrige Dispersion
Kollicoat® IR	X		
Kollicoat® IR White		X	
Kollicoat® Protect		X	
Kollicoat® MAE 30 DP			X
Kollicoat® MAE 100 P	X		
Kollicoat® SR 30 D			X
Kollicoat® EMM 30 D			X

6.1 Kosmetische Filmüberzüge

6.1.1 Kollicoat® IR

Das Polymer Kollicoat® IR wurde eigens dafür entwickelt, den Filmcoatingprozess sicherer, schneller und kostengünstiger zu gestalten. Hierzu wurde ein Copolymer entwickelt, dass sowohl Weichmacher als auch Filmbildner enthält. Kollicoat® IR besteht nun aus Polyvinylalkohol (PVA) Ketten die chemisch durch Polyethylenglykol (PEG) 6000 verbunden sind (Abb.6-1).

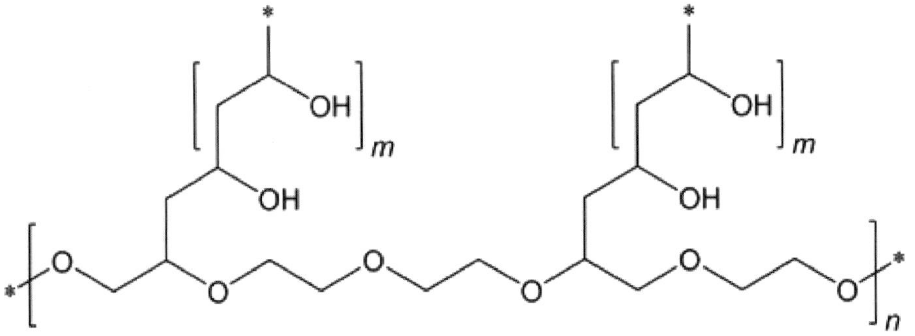

Abb. 6-1 Chemische Struktur Kollicoat® IR

Aufgrund dieser chemischen Struktur sind Polymerfilme basierend auf diesem Copolymer bereits ohne Zugabe externer Weichmacher extrem flexibel und sehr elastisch [2]. Dies bedeutet, dass Polymerlösungen ohne Additive versprüht werden können und einen sowohl robusten als auch flexiblen Film bilden [3]. Diese Verarbeitungsmöglichkeit ist insbesondere dann von Interesse, wenn mehrere Filmschichten über einander aufgetragen werden. Hierbei kommt es beim Einsatz von herkömmlichen Instant Release (IR) Polymeren wie Hydroxypropylmethylcellulose (HPMC) sehr häufig zu Problemen. Da diese Cellulose-basierten Polymere zwingend mit Weichmachern verarbeitet werden müssen, sind während der Lagerzeit Wechselwirkungen mit dem Wirkstoff oder Migrationen der Additive in den zeit Wechselwirkungen mit dem Wirkstoff oder Migrationen der Additive in den zweiten Filmbildner zu beobachten. Dies wiederum hat negative Auswirkungen auf die Stabilität der Darreichungsform.

Eine weitere positive Eigenschaft von Kollicoat® IR ist zudem für eine andere Anwendung ideal. Beim Überziehen eines Kerns mit einem wirkstoffhaltigen Film (drug layering), wäre eine sehr innige Durchmischung von Weichmacher und Wirkstoff gegeben. Auch in diesem Fall ist beim Einsatz des BASF Copolymers mit einer deutlich lagerstabileren Formulierung zu rechnen. Beim Wirkstoffcoating sprechen zudem auch prozesstechnische Gründe für den Einsatz von Kollicoat® IR. Das Polymer setzt die Oberflächenspannung des Wassers deutlich herab (41,4 mN/m bei einer 20%igen Lösung), was es erlaubt, große Mengen auch mikronisiertem Wirkstoff in der Polymerlösung zu suspendieren [4]. Weiterhin erlaubt die hohe Elastizität des Films sehr hohe Wirkstoffkonzentrationen von bis zu 75% im finalen Film. So ist es ohne Probleme möglich, hohe Dosierungen in kurzer Zeit aufzusprühen.

Aber auch die Entwicklung einer IR-Filmcoatingformulierung ist mit Kollicoat® IR denkbar einfach. Da keine Additive zur Verbesserung der Coatingeigenschaften beigemischt werden müssen, sind lediglich die gewünschten Farbstoffe und Talk oder Kaolin für den intensiveren Farbeindruck mit dem Polymer zu mischen.

Darüber hinaus bietet Kollicoat® IR die niedrigste Viskosität aller IR Filmbildner (Abb.6-2). Dies erlaubt eine sehr hohe Festsstoffkonzentration der Sprühdispersion. Abhängig von Menge und Art der gewählten Farbpigmente können Konzentrationen von bis zu 35% Feststoff versprüht werden [5]. So kann innerhalb kurzer Zeit der nötige Massenzuwachs erreicht und Prozesszeit eingespart werden, was die Herstellungskosten drastisch senkt.

Das Polymer ist als Pulver, wie auch als Film in Wasser, unabhängig vom pH-Wert, frei löslich (Abb. 6-3) und kann aufgrund der niedrigen Viskosität auch sehr hoch konzentriert immer noch einfach verarbeitet werden. Um die Trocknungszeit zu verkürzen kann mit Mischungen aus Wasser und Ethanol gearbeitet werden [1]. Da Kollicoat® IR in organischen Lösungsmitteln jedoch nicht löslich ist, ist die Zumischung von Ethanol auf einen Anteil von maximal 50% beschränkt.

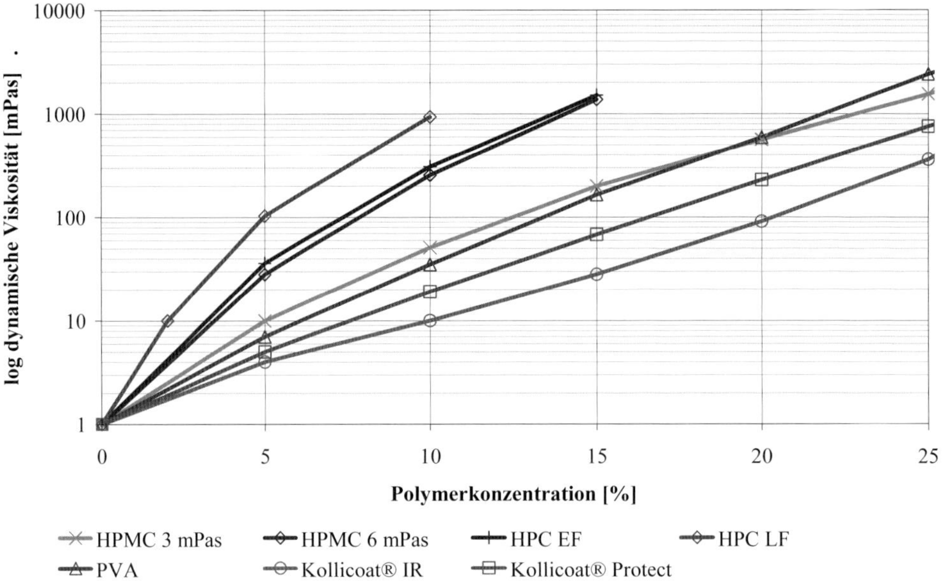

Abb. 6-2 Dynamische Viskosität von Polymerlösungen als Funktion des Polymergehaltes in der Lösung

Aus den bereits beschriebenen positiven Eigenschaften sowohl der Polymerlösung als auch des geformten Films ergeben sich auch für den eigentlichen Beschichtungsprozess positive Effekte. So ist bei keiner relevanten Produkttemperatur mit einem Verspröden des Filmes zu rechnen. Kernbetttemperaturen von 50°C und darüber sind problemlos möglich und erlauben einen sehr trockenen Prozess, interessant speziell für feuchteempfindliche Wirkstoffe.

Aufgrund der sehr geringen Klebetendenz des Polymers sind auf der anderen Seite auch sehr niedrige Produkttemperaturen möglich. Bei reduzierter Sprührate kann mit Zulufttemperaturen von 25 – 30 °C gearbeitet werden. Hieraus ergeben sich Produkttemperaturen von 15 °C und darunter [3,5]. Diese Prozesse sind besonders für thermosensitive Wirkstoffe gedacht.

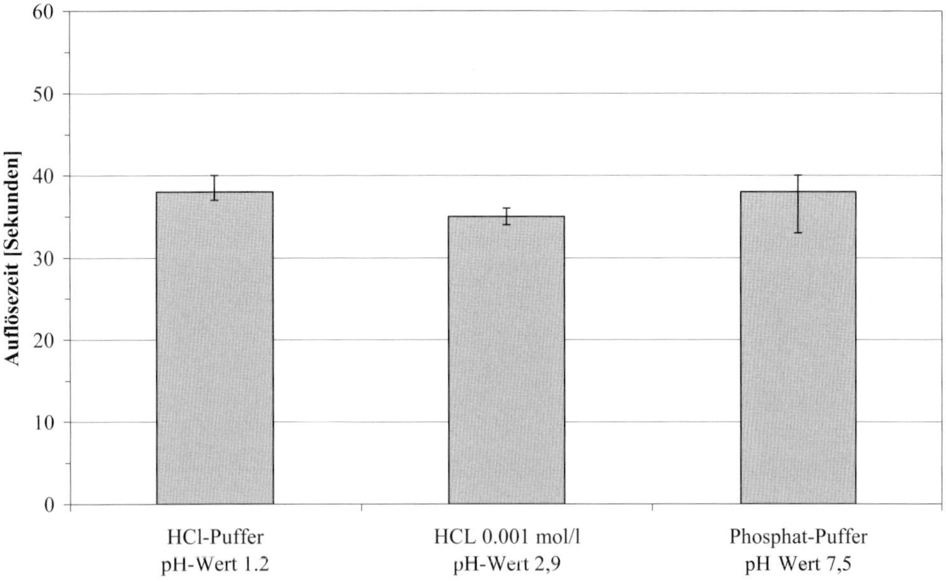

Abb. 6-3 Löslichkeit von isolierten Kollicoat® IR Filmen in Wasser unterschiedlichem pH-Werts

Somit ist Kollicoat® IR ein Filmbildner der sehr leicht formuliert und mit einer großen Auswahl an Prozessparametern verarbeitet werden kann. Das macht auch die ersten Versuche mit diesem Produkt sehr einfach [3]. Ohne großes Risiko sind Prozessoptimierungen in Form von Verkürzungen der Prozesszeit möglich, was signifikant Herstellungskosten einspart (bis zu 45 %). Aber auch der Transfer von Prozessen, sei es auf anderes Equipment, an andere Standorte oder andere Chargengrößen sind risikolos durchführbar.

6.1.2 Kollicoat® IR White

Bei Kollicoat® IR White handelt es sich um ein fertig formuliertes Produkt basierend auf dem Copolymer Kollicoat® IR. Bei der Formulierung dieses Produktes wurden viele Aspekte berücksichtigt um die Anwendung des Produktes zu optimieren. So handelt es sich bei Kollicoat® IR White um ein sprühgetrocknetes Produkt, das herstellbedingt über einen nur sehr geringen Staubanteil verfügt (Abb. 6-4). Zudem wurde mit Natriumlaurylsulfat ein Netzmittel mitverarbeitet, was die Redispergierung beschleunigt. So ist das Herstellen der Coatingdispersion sehr einfach, schnell und ohne Staubexposition innerhalb weniger Minuten möglich.

Neben Kollicoat® IR findet auch Kollidon® VA64 (Copovidone) in der Formulierung Verwendung. Der Einsatz dieses zweiten Polymers senkt die Wasserdampfpermeation durch den Film deutlich ab und trägt somit positiv zur Lagerstabilität der finalen Darreichungsform bei.

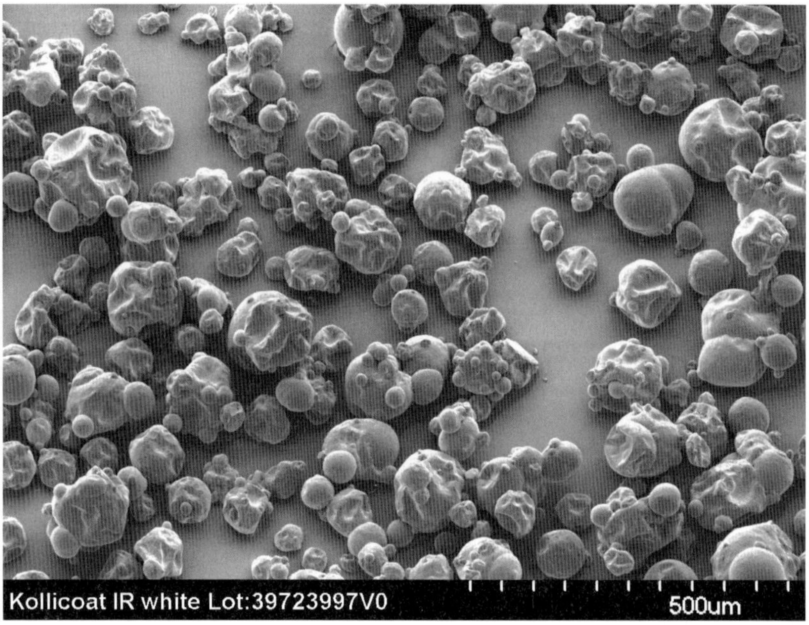

Abb. 6-4 REM Aufnahme von Kollicoat® IR White

Als Weiß-Pigmente werden in der Formulierung sowohl Titandioxid als auch Kaolin eingesetzt. Mit Kaolin löst man das Problem der Sedimentation, insbesondere bei Produktionsanlagen. Konstruktionstechnisch bedingt verlaufen die Schläuche, welche die Dispersion zur Düse fördern, im Großmaßstab über lange Strecken waagerecht. Bei der Verwendung von Talkum ist daher mit Sedimentation zu rechnen. In Kollicoat® IR White greift man daher auf Kaolin zurück. Dieser Hilfsstoff ist von seinen Eigenschaften im Coatingprozess als auch von seinem Farbeindruck mit Talk vergleichbar, jedoch sind sowohl die spezifische Dichte, aber vor allem die mittlere Partikelgröße geringer. So hat Talk eine mittlere Partikelgröße von 10–20 μm, wohingegen für Kaolin ein Wert von etwa 1 μm angenommen werden kann [6].

Der Coatingprozess wird durch die positiven Eigenschaften von Kollicoat® IR dominiert. In einem weiten Parameterbereich kann der Film aufgesprüht und robust verarbeitet werden. Auch für Kollicoat® IR White gilt die Regel, dass die Einstellparameter eines jeden Prozesses auf dieses Produkt angewendet werden können, um zu einem zufriedenstellenden Ergebnis zu gelangen [7]. Daher sind erste Versuche auch hier sehr einfach und schnell durchführbar.

6.1.3 Kollicoat® Protect

Kollicoat® Protect als Mischung der Polymere Kollicoat® IR und Polyvinylalkohol (PVA) ist die ideale Basis zur Formulierung eines IR Filmes, der feuchtempfindliche Wirkstoffe vor Wasserdampf schützen kann.

Bevor erläutert werden kann, warum gerade die Kombination dieser beiden Polymere einen deutlichen Vorteil darstellt, soll zuerst die Abhängigkeit zwischen Wasserdampfpermeation und der gewählten Formulierung aufgezeigt werden. Generell müssen beim Feuchtigkeitsschutz zwei unterschiedliche Ansätze betrachtet werden. Funktionelle Coatings wie Kollicoat® SR 30 D oder Kollicoat® MAE wirken sehr gut als Diffusionsbarriere. Dieser Schutz wird durch das Polymer selbst bedingt. Allerdings bedeutet dies in der Anwendung, dass polymerbedingt eine zweite Funktion appliziert wird.

Beim Einsatz von wasserlöslichen Polymeren, wird der Feuchtigkeitsschutz nur indirekt über das Polymer erzielt. Das Fick'sche Gesetz beschreibt die Permeation als Funktion der Oberfläche, des Feuchtegradienten und der Schichtdicke des Films. Die letztgenannte Variable wird nun durch Zugabe von wasserunlöslichen Pigmenten beeinflusst. Dadurch, dass der direkte Diffusionsweg durch die Pigmente versperrt wird, erhöht sich die Diffusionsstrecke. Somit wird die theoretische Filmdicke erhöht, Diffusionszeit verlängert und die Permeationsrate nimmt ab [8].

Hierbei ist es von keiner großen Bedeutung, welche Pigmente eingesetzt werden. Untersuchungen haben gezeigt (Tab. 6-3, Abb. 6-5), dass sowohl die Größe als auch die Form der Pigmente keinen signifikanten Einfluss auf die Permeationsrate haben [9]. Es ist die Menge an eingesetzten Pigmenten die für die protektive Wirkung des Films verantwortlich ist (Tab. 6.4, Abb. 6-6). Da eine Erhöhung des Pigmentanteils mit einer Versprödung des Films einhergeht, ist von entscheidender Wichtigkeit, einen Filmbildner einzusetzen, der über eine überdurchschnittlich hohe Elastizität verfügt. Mit Kollicoat® Protect liegt eine solche Formulierung vor, die durch die Mischung aus Kollicoat® IR und PVA die positiven Eigenschaften beider Polymere in sich vereint. Das Resultat ist ein leicht prozessierbares, hochflexibles und dennoch robustes Produkt, das Zumischungen von 75% und mehr wasserunlöslicher Komponenten erlaubt [10]. Somit ist die Entwicklung hocheffizienter protektiver Filme sehr einfach möglich.

Tab. 6-3 Getestete Formulierungen zur Untersuchung der Abhängigkeit der Difussionsrate von Art und Größe der eingesetzten Pigmente

Hilfsstoff	Formulierung / Anteil Hilfsstoff [%]				
	# 1	# 2	# 3	# 4	# 5
Kollicoat® Protect	25	40	50	60	75
Talk	67	54	45	36	23
Eisenoxid (rot)	8	6	5	4	2

Um Filmformulierungen hinsichtlich der Funktion zu untersuchen (z.B. Elastizität, Klebrigkeit, Auflöseverhalten oder Permeation), muss zunächst ein Testmodell entwickelt werden, das reproduzierbare Ergebnisse sicherstellt. Die hier gezeigten Daten sind daher an isolierten Filmen erhoben worden. Hierbei wird eine Filmcoatingformulierung wie üblich hergestellt, auf einem Filmziehgerät ausgezogen und getrocknet. Nach der Konditionierung der Filme können diese den verschiedenen Tests zugeführt werden. Ergebnisse wie die Permeationsraten können nun untereinander verglichen werden um Einflussgrößen zu erkennen.

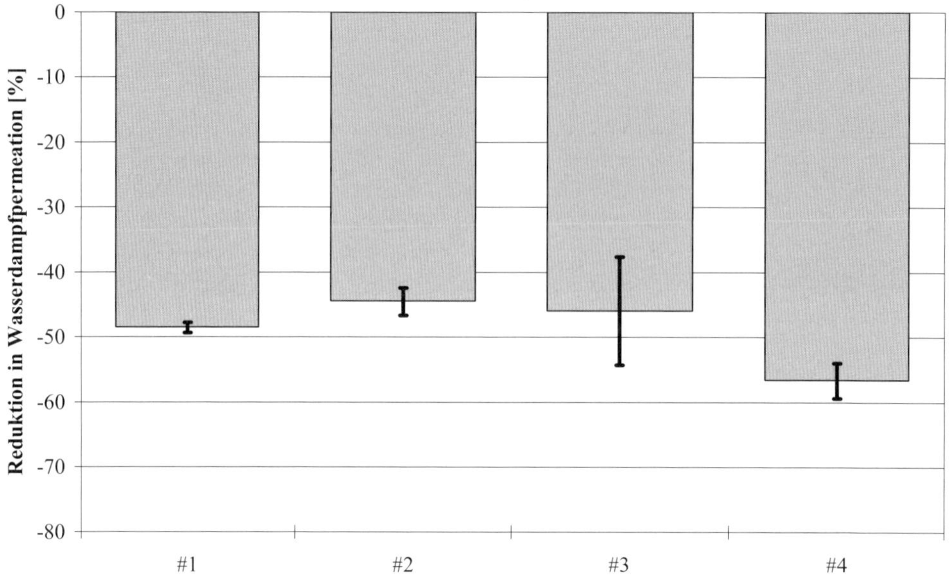

Abb. 6-5 Abhängigkeit der Difussionsrate von Art und Größe der eingesetzten Pigmente (Tab.6-3), dargestellt als Reduktion der Wasserdampfpermeation im Vergleich zum unpigmentierten Polymerfilm

Wie bereits dargelegt, hat die Art des verwendeten Pigments keinen signifikanten Einfluss auf die Permeationsrate. Für den Schutz vor Umgebungsfeuchte spielt es keine Rolle, ob schuppenförmiges Talk mit 10–20 µm oder späherisches Titaniumdioxid mit 1µm mittlerer Partikelgröße eingesetzt werden (Abb.6-5). Bei Zumischung gleicher Pigmentkonzentrationen werden ähnliche Reduktionen in der Permeation gemessen – unabhängig vom Mischungsverhältnis [6]. Prozesstechnisch gesehen, ist jedoch ein Unterschied zu berücksichtigen. Die Härte der beiden Hilfsstoffe unterscheidet sich deutlich. So zeigt Talk auf der Mohs Skala einen Wert von 1, wohingegen Titandioxid bei einer Härte von 5–6 zu finden ist. Diese Härte kann beim Befilmen zu einem Problem führen: ‚Scuffing'. Das harte Pigment wirkt wie ein Poliermittel und entfernt während des Coatingprozesses Anlagerungen von den Metalloberflächen an der Innenseite des Coaters. Sichtbar wird dies durch Grauverfärbungen auf der Oberfläche der Filmtablette. Dieser Effekt ist jedoch einfach zu vermeiden, indem Gleitmittel (z.B. Talk oder Kaolin) der Coatingformulierung beigegeben werden [11]. Das heißt, eine optimale Formulierung besteht immer aus einer Mischung von 3 Komponenten: dem Filmbildner (Kollicoat® Protect), Gleitmittel (z.B. Talk) und dem Farbpigment (z.B. Titandioxid oder Eisenoxid).

Tab. 6-4 Getestete Formulierungen zur Untersuchung der Abhängigkeit der Diffusionsrate von der Menge der eingesetzten Pigmente

Hilfsstoff	Formulierung / Anteil Hilfsstoff [%]			
	# 6	# 7	# 8	# 9
Kollicoat® Protect	50	50	50	0
Talk	15	25	35	45
Titandioxid	30	20	10	0
Eisenoxid (rot)	5	5	5	5

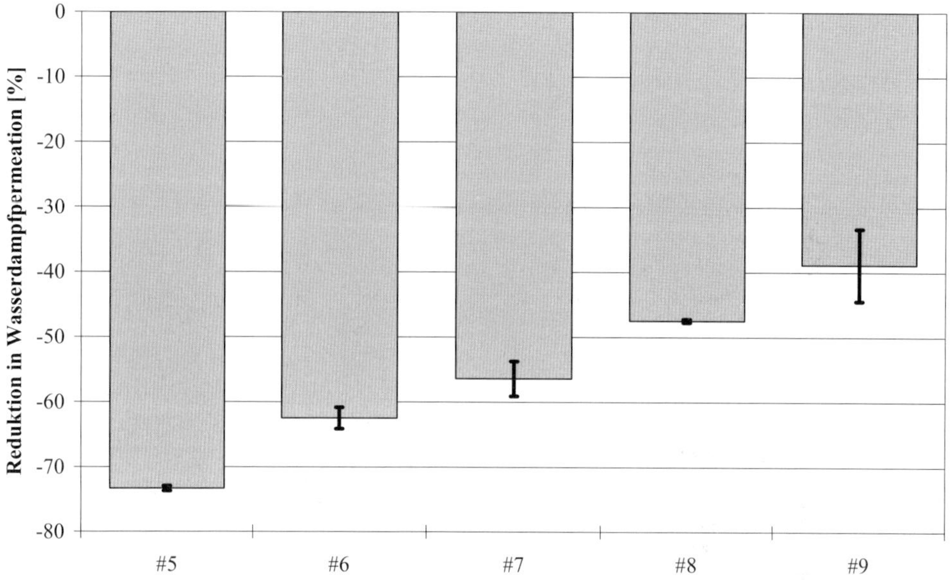

Abb. 6-6 Abhängigkeit der Diffusionsrate von der Menge der eingesetzten Pigmente (Tab. 6.4), dargestellt als Reduktion der Wasserdampfpermeation im Vergleich zum unpigmentierten Polymerfilm

Wie beschrieben gilt die generelle Aussage: Je höher der Pigmentgehalt, desto höher die Barrierewirkung (Abb. 6-6). Allerdings können auch zusätzliche Additive eingesetzt werden, um die Permeationsrate weiter zu senken. Von besonderem Interesse ist hierbei Formulierung „#17", bei der hochdisperses lipophiles Siliziumdioxid eingebracht wurde. Bei dieser Formulierung ist zudem Natriumdodecylsulfat (SDS) als Emulgator zu verwenden, um das Aerosil® R972 in die Suspension einarbeiten zu können [9].

Es ist anzumerken, dass die hier getesteten Additive auch den Film verspröden. Daher ist bei der Formulierungsentwicklung abzuwägen, ob im Film Additive Verwendung finden sollen, oder die Pigmentkonzentration weiter erhöht werden kann. Beide Möglichkeiten führen letztlich zu einem effektiven Feuchtigkeitsschutz.

Tab. 6-5 Getestete Formulierungen zur Bestimmung des Einflusses von Additiven auf die Wasserdampfpermeation

Hilfsstoff	Formulierung / Anteil Hilfsstoff [%]							
	# 10	# 11	# 12	# 13	# 14	# 15	# 16	# 17
Kollicoat® Protect	50	50	50	50	50	50	50	50
Talk	35	35	35	40	43	45,5	43	37
Titandioxid	5	5	5	5	5	5	5	5
Myrj® 59	10							
Brij® 721		10						
Stearinsäure			10					
Carnaubawachs				5				
Lecithin					2			
Xanthan Gummi						0,5		
SDS							2	2
Aerosil® R 972								6

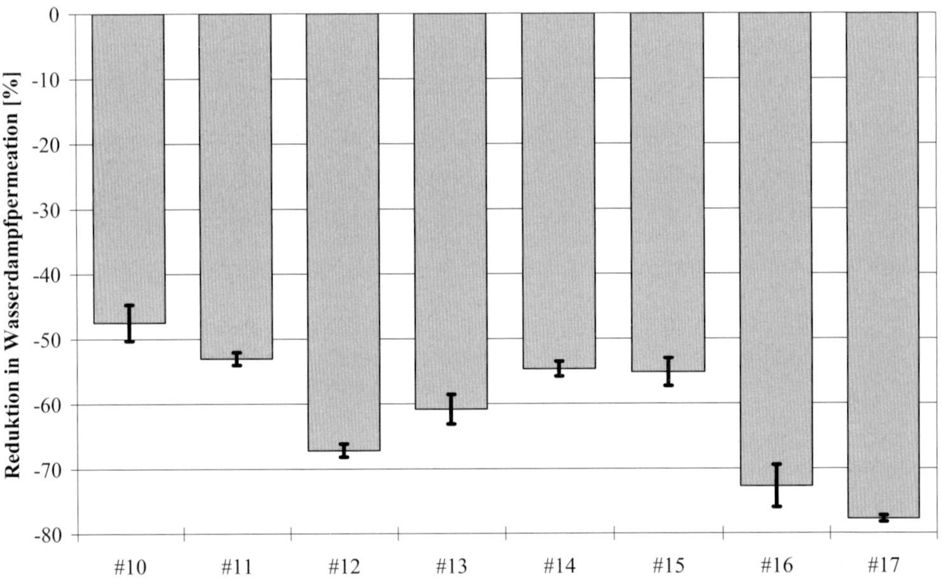

Abb. 6-7 Abhängigkeit der Diffusionsrate von der Art des eingesetzten Additivs (Tab. 6-5) dargestellt als Reduktion der Wasserdampfpermeation im Vergleich zum unpigmentierten Polymerfilm

Aufgrund der hohen Elastizität von Kollicoat® Protect und den daraus resultierenden Möglichkeiten in der Film Formulierung und Optimierung, bieten Coatings basierend auf diesem

Produkt die höchste protektive Wirkung (Abb. 6-8). Diese hohe Barrierewirkung ist hierbei unabhängig von der Klimabedingung in der die Darreichungsform gelagert wird. Verglichen mit einem klassischen IR-Coating basierend auf HPMC kann unter allen ICH Klimabedingungen eine Reduktion der Permeationsrate von etwa 90% erreicht werden [10].

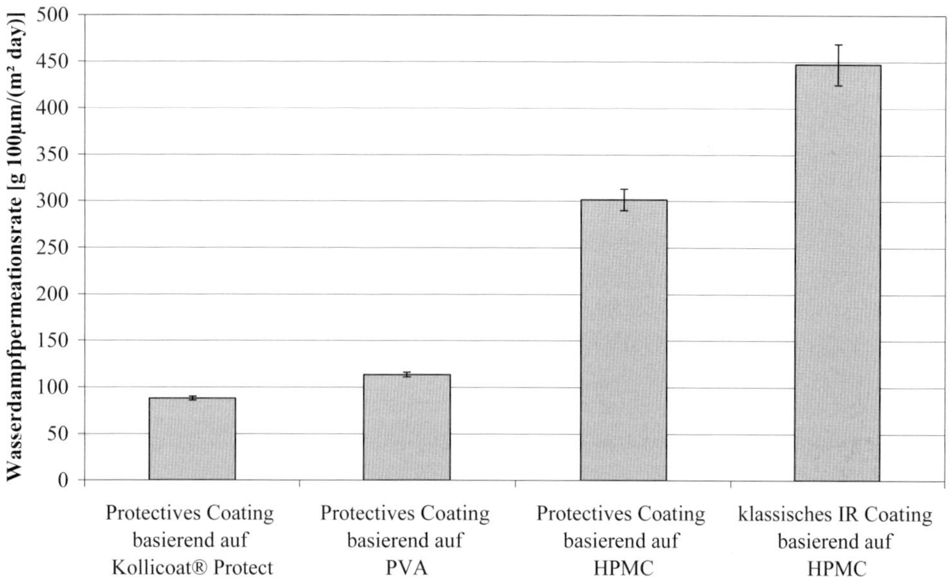

Abb. 6-8 Vergleich der absoluten Wasserdampfpermeation mehrerer Polymere

6.2 Funktionelle Filmüberzüge

6.2.1 Kollicoat® MAE 30 DP / 100 P

Die BASF hat Ende der 90er Jahre begonnen, Filmüberzugspolymere zu entwickeln. Das erste dieser Polymere war das Kollicoat® MAE 30 DP, ein magensaftresistenter Filmüberzug, welcher auf Basis von Methacrylsäure entwickelt wurde. Das Copolymer bestehend aus Methacrylsäure und Ethylacrylat zeichnet sich durch eine hohe Säurefestigkeit aus und löst sich bei einem pH-Wert von 5,5. Bei der Herstellung mittels Emulsionspolymerisation im wässrigen Milieu entsteht eine Polymerdispersion, auch Latex genannt. Da Polymerdispersionen an sich nicht thermodynamisch stabil sind, werden sie meist durch Adsorption ionischer Tenside an der Oberfläche der Polymerteilchen stabilisiert. Das Ergebnis ist ein wässriges System, welches bei Raumtemperatur stabil ist. Der große Vorteil eines wässrigen Systems liegt zum einen in der Tatsche, dass organische Lösungsmittel in der Verarbeitung der Dispersion nicht aufwendig zurück gewonnen werden müssen und auch im weitaus sichereren Umgang mit wässrigen Systemen. Das vorliegendes Kollicoat® MAE 30 DP ist eine 30%ige wässrige Dispersion. Der hohe Feststoffanteil bei gleichzeitig sehr niedriger Viskosität (> 15 mPas) lässt eine schnelle und effektive Auftragung des Polymers auf die Tabletten zu [1].

Neben Kollicoat® MAE 30 DP hat die BASF ein sprühgetrocknetes redispergierbares Pulver entwickelt: Kollicoat® MAE 100 P. Dieses Produkt ist ohne Zusatz weiterer Hilfsstoffe in Wasser redispergierbar .

Beide Kollicoat® MAE Marken werden zur Herstellung magensaftresistenter Tabletten, Granulate, Kapseln oder Kristalle verwendet.

Aufgrund der Sprödigkeit von Acrylatpolymeren muss zur Verarbeitung von Kollicoat® MAE ein Weichmacher hinzugegeben werden. Hierdurch erlangt das System die nötige Plastizität, wie auch eine Erniedrigung der Mindest-Filmbilde-Temperatur (MFT). Es wird empfohlen, zwischen 15 - 20 % Weichmacher (Triethylcitrat oder 1,2 Propylenglykol) - bezogen auf das Polymer - der Dispersion hinzuzufügen. Dieser Schritt führt auch zu einer Erniedrigung der MFT von 27 °C auf Werte deutlich unter 10 °C [12].

Tab. 6-6 Übersicht der BASF Filmüberzüge

Formulierung	Gewicht [g]	Anteil [%]
	Alternative 1	
Kollicoat® MAE 30 DP	495,0	50,0
1,2 Propylenglykol	22,28	2,25
Wasser	319,27	32,25
	Alternative 2	
Kollicoat® MAE 100 P	148,5	15,0
1,2 Propylenglykol	22,28	2,25
Wasser	665,77	67,25
	Pigment Suspension	
Talkum	39,6	4,0
Titandioxid	4,95	0,5
Sicovit Rot	4,95	0,5
Wasser	103,95	10,5

Bei der Herstellung sind folgende Schritte zu beachten [1]:

- Alternative 1: Vermischung von 1,2 Propylenglykol zunächst mit Wasser und dann die Zugabe von Kollicoat® MAE 30 DP
- Alternative 2: Dispergierung von Kollicoat® MAE 100 P in Wasser und rühren für ca. 3 Stunden. Danach Zugabe von 1,2 Propylenglykol
- Pigment Suspension: Unter starkem Rühren beide Pigment und das Talkum vermischen und danach in einer Scheibenmühlen homogenisieren.
- Im letzten Schritt wird die Pigment Suspension mit der Polymerdispersion vereinigt und während des gesamten Sprühprozesses gerührt.

Das Freisetzungsverhalten des hergestellten Filmes wird in Abb. 6-9 gezeigt.

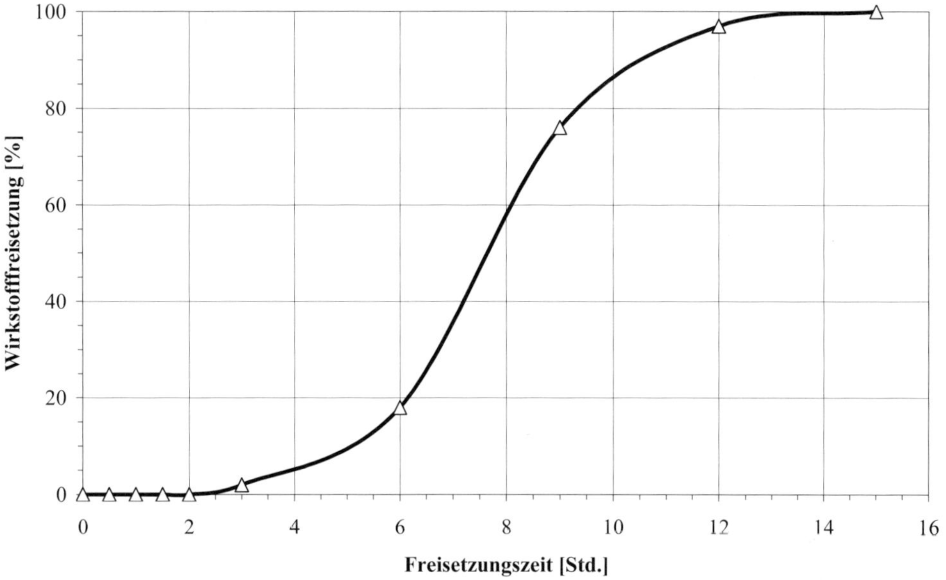

Abb. 6-9 Typische Wirksstofffreisetzung aus einer Magensaftresistenten Tablette (Wechsel der Freisetzungsmedien nach 2 h von 0,1 HCl auf Phosphatpuffer)

Ein weiterer wichtiger Punkt in der Formulierung magensaftresistenter Tabletten ist die eingehende Untersuchung des Tablettenkernes. Nicht jeder Tablettenkern ist dazu geeignet direkt mit einen magensaftresistenten Film auf Basis von Kollicoat® MAE befilmt zu werden. Eine sehr verbreitete Inkompatibilität zwischen dem Kern und dem Filmüberzug basiert auf der Interaktion von basischen Wirkstoffen als Bestandteil des Tablettenkernes und dem sauren Filmüberzug. In einem solchen Fall sollte ein so genanntes Sub-Coating mit zum Beispiel Kollicoat® IR dafür sorgen, dass das magensaftresistente Filmcoating weiterhin seine Funktion behält.

6.2.2 Kollicoat® SR 30 D

Kollicoat® SR 30 D ist eine wässrige Dispersion des Polymers Polyvinylacetat (PVAc). Neben der Dispersion vertreibt die BASF das Polymer auch als Pulver (Kollidon® SR). Kollidon® SR wird als Matrixbildner beim Granulieren oder Tablettieren eingesetzt. Allerdings kann das Produkt nicht redispergiert werden und steht daher für die Coatinganwendung nicht zur Verfügung [13]. Dem Produkt Kollicoat® SR 30 D stehen im Bereich Filmcoating neben dem Einsatz der Retardierung von Wirkstoffen auch die Applikationen Geschmacksmaskierung und Feuchtigkeitsschutz offen.

Die Dispersion setzt sich aus 27% PVAc, 2,7% Kollidon® 30 (PVP) und 0,3% Natriumdodecylsulfat (SDS) zusammen. Das Produkt ist in jedem Verhältnis mit Wasser aber auch

Verhältnis 1:5 mit Ethanol oder Isopropanol mischbar und hat immer eine milchig trübe Erscheinung [1]. Beschrieben ist das Produkt im Europäischen Arzneibuch unter der Monographie „Poly (Vinyl Acetate) Dispersion 30 Per Cent".

So wie bei allen Latex-Dispersionen sind auch bei Kollicoat® SR 30 D verschiedene Dinge bei der Handhabung zu beachten. So ist zum Beispiel beim Transport als auch bei der Lagerung zu verhindern, dass sich die Dispersionstemperatur außerhalb eines Bereiches von 5–25°C bewegt.

Aufgrund der niedrigen Viskosität gibt es keine Limitierungen was den Feststoffgehalt der Sprühdispersionen betrifft. Allerdings empfiehlt sich der Einsatz von Weichmachern aus den verschiedensten Gründen. So senkt er zum einen die Mindest-Filmbilde-Temperatur (MFT) und erhöht zu dem die Elastizität und Flexibilität der Films. Die MFT von Kollicoat® SR 30 D liegt bei 18°C. Die Zugabe von 5 oder 10% Triethylcitrat (TEC) senkt diese auf 8 bzw. 1°C ab (Abb. 6-10). Die Weichmacherkonzentration wird hierbei auf die Trockenmasse des Polymers berechnet und spiegelt somit nicht die Konzentration des Weichmachers in der finalen Formulierung wieder [14].

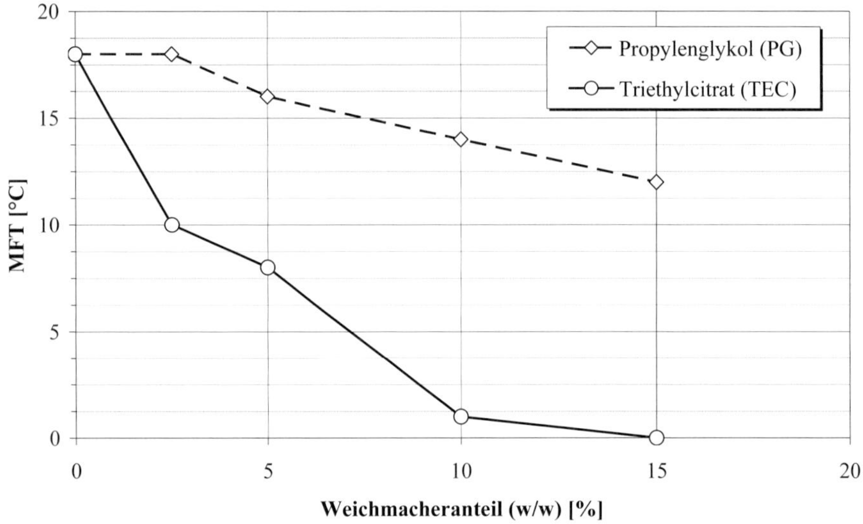

Abb. 6-10 Abhängigkeit der Mindest-Filmbilde-Temperatur von der Art und Konzentration des Weichmachers

Neben der MFT wird durch die Zugabe von Weichmachern auch die Glasübergangstemperatur (T_g) beeinflusst. Diese liegt beim reinen Polymer bei 39 °C, kann aber durch die Zugabe von 10% Triacetin (TAC) bis auf 18 °C abgesenkt werden (Tab. 6.7).

Auch die Reißdehnung eines PVAc Filmes wird durch die Zugabe von Weichmachern beeinflusst. Es kann festgestellt werden, dass bereits die Zugabe von 5% TAC zu einem hochelastischen Film führt (Abb. 6-11).

Tab. 6-7 Abhängigkeit der T_g von der Art und Konzentration der Weichmachers in Kollicoat® SR 30D

	Weichmacher	Konzentration [%]	T_g [°C]
Kollicoat® SR 30 D	ohne Weichmacher	- - -	39
Kollicoat® SR 30 D	Triacetin (TAC)	5	30
Kollicoat® SR 30 D	Triacetin (TAC)	10	18
Kollicoat® SR 30 D	Propylenglykol (PG)	5	31
Kollicoat® SR 30 D	Propylenglykol (PG)	10	27

Wichtig ist eine solche Filmcharakteristik insbesondere dann, wenn Pellets beschichtet werden, die anschließend in einem Multiple Unit Pellet System (MUPS) weiter verarbeitet werden [15]. Denn beim Verpressen von befilmten Pellets in einer Tablettenformulierung darf der funktionelle Film nicht Reißen, ansonsten besteht das Risiko des sogenannten „Dosedumping".

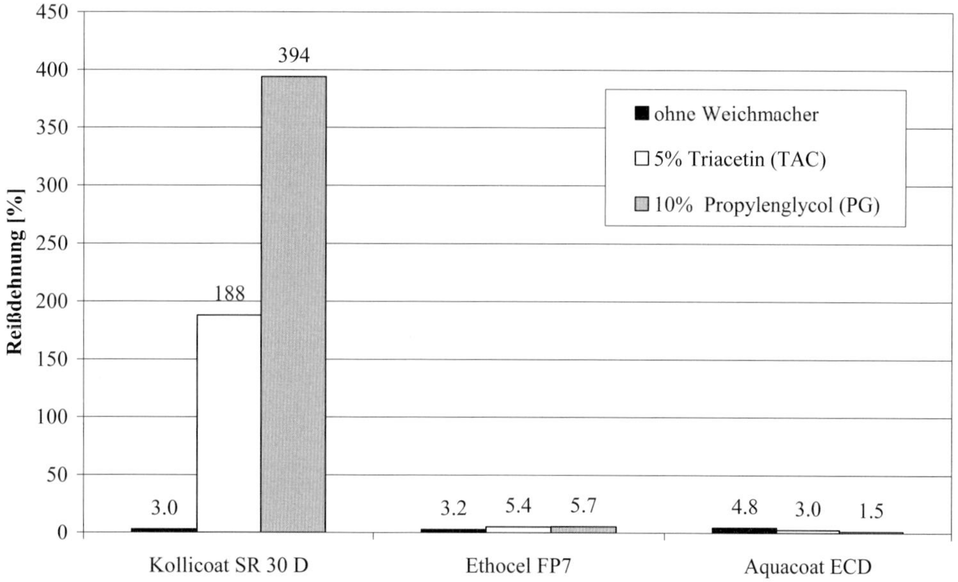

Abb. 6-11 Abhängigkeit der Reißdehnung von der Art des Weichmachers, im Vergleich verschiedene zur Retardierung verwendbare Produkte

Es ist zu beachten, dass die Zugabe von Weichmachern die Klebrigkeit des Filmes erhöht. Auch wenn sich Anteile von beispielweise 5% TEC noch problemlos verarbeiten lassen, kann es bei höheren Weichmacherkonzentrationen nötig sein, geringe Mengen Talk oder 0,1% hochdisperses Siliziumdioxid hinzuzugeben. Diese Hilfsstoffe wirken als Trennmittel und ein Verkleben der zu überziehende Partikel kann somit effektiv verhindert werden [1].

Für die Praxis bedeutet dass, das eine Ausgangsformulierung basierend auf Kollicoat® SR 30 D mit Weichmacher zu versehen ist (z.B. 5% TEC). Der Weichmacher sollte hierbei immer verdünnt unter starkem rühren zugegeben werden um eventuelle Koagulationen zu vermeiden. Man sollte die Mischung immer für etwa zwei Stunden rühren, um eine homogene Verteilung des Additivs in der Latex-Dispersion zu gewährleisten.

Parallel hierzu ist eine fein dispergierte Suspension aus Talk und Farbpigmenten herzustellen (z.B. Titandioxid, Eisenoxid). Diese ist dann in die Dispersion einzurühren. Wegen der starken retardierenden Wirkung von PVAc kann es notwendig sein, einen Porenbildner in den Film einzuarbeiten. Möglich ist an dieser Stelle der Einsatz von Kollidon® 30 (PVP) da dieses Polymer bereits in der Formulierung enthalten ist (Tab. 6.8).

Tab. 6-8 Formulierung basierend auf Kollicoat® SR 30 D

Hilfsstoff	Trockenmasse [g]	Anteil an Dispersion (m/m) [%]
Kollicoat® SR 30 D	15,00	50,00
Triethylcitrat (TEC)	0,75	0,75
Kollidon® 30	0,50	0,50
Titandioxid	0,50	0,50
Eisenoxid (rot)	0,50	0,50
Talk	3,50	3,50
Wasser		44,25

PVAc ist in Wasser unlöslich. Die Freisetzung des Wirkstoffes erfolgt bei der finalen Darreichungsform durch Permeation. Somit ist auch hier das Fick'sche Gesetz anwendbar, was bedeutet, dass die Freisetzung von der aufgetragenen Filmdicke abhängig ist (Abb. 6-12). Das Freisetzungsprofil jedoch lediglich über die Filmdicke einzustellen kann insbesondere bei dünnen Filmen zu einer hohen Variation des Freisetzungsprofils führen. Es empfiehlt sich daher eine Mindestauftragsmenge von 2-4mg/cm² für Pellets und 4-6mg/cm² für Tabletten [15,16]. Das Freisetzungsprofil wird entsprechend über die Zumischung von Porenbildner (z.B. Kollidon® 30) eingestellt.

Auch Kollicoat® IR kann als Porenbildner verwendet werden. Hierbei profitiert die Formulierung zudem von den positiven Eigenschaften dieses Copolymers. Die erhaltenen Filme sind sehr elastisch und es gibt keinerlei Risiken für Risse oder sonstige Defekte, wenn Pellets in MUPS weiterverarbeitet werden [17]. Zudem lässt sich das Freisetzungsprofil einfach einstellen (Abb. 6-13). Die Freisetzung des Wirkstoffes erfolgt unabhängig vom pH-Wert des Testmediums (Abb. 6-14), sofern der Wirkstoff selbst in allen Medien gleich gut löslich ist. Das Medium an sich übt keinen Einfluss auf den polymeren Filmüberzug aus [14].

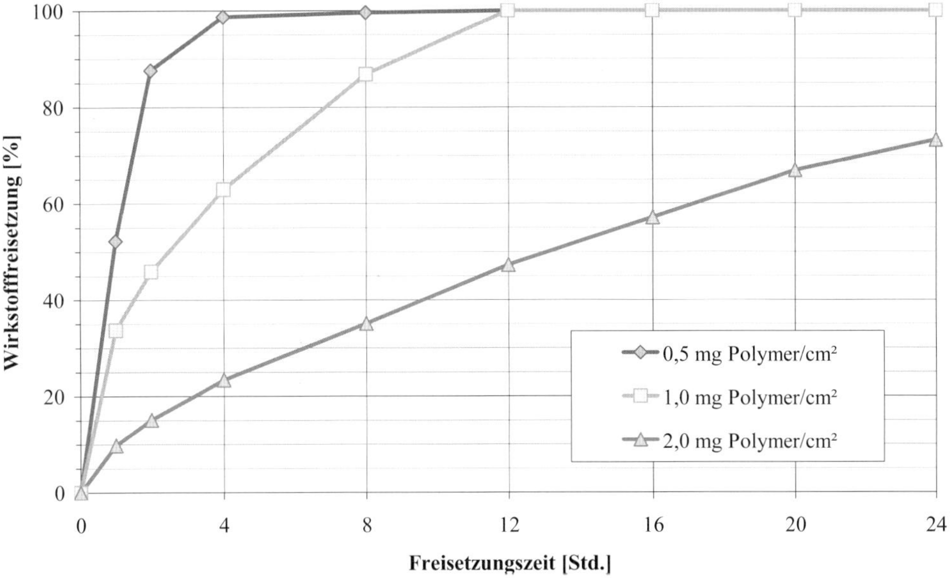

Abb. 6-12 Wirkstofffreisetzung von Theophylline Retard Pellets als Funktion der Filmauftragsmenge einer Kollicoat® SR 30 D Formulierung

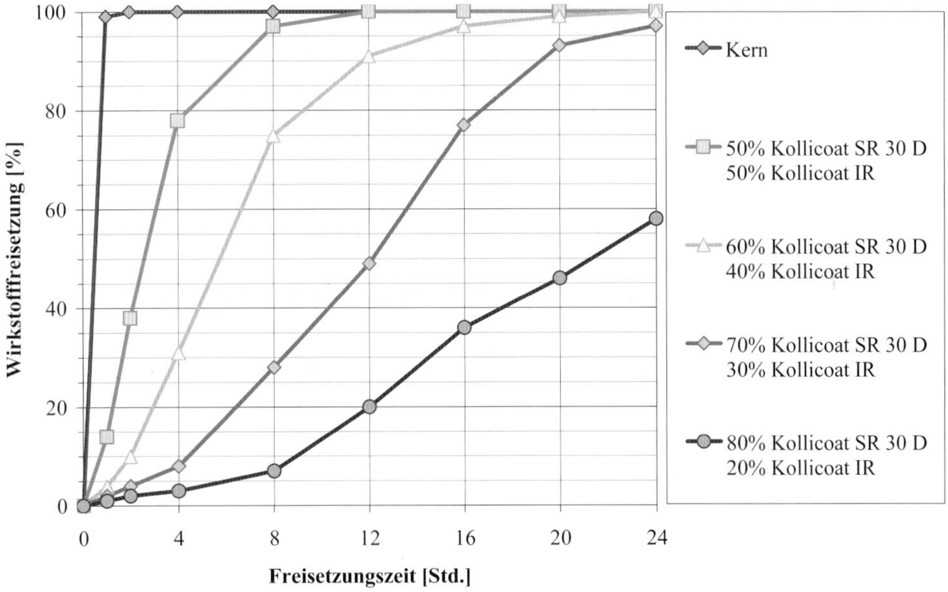

Abb. 6-13 Abhängigkeit des Freisetzungsprofils vom Mischungsverhältnis der Polymere Kollicoat® SR 30 D und Kollicoat® IR – Propranolol HCl Retard Filmtabletten, Filmauftragsmenge 6 mg/cm²

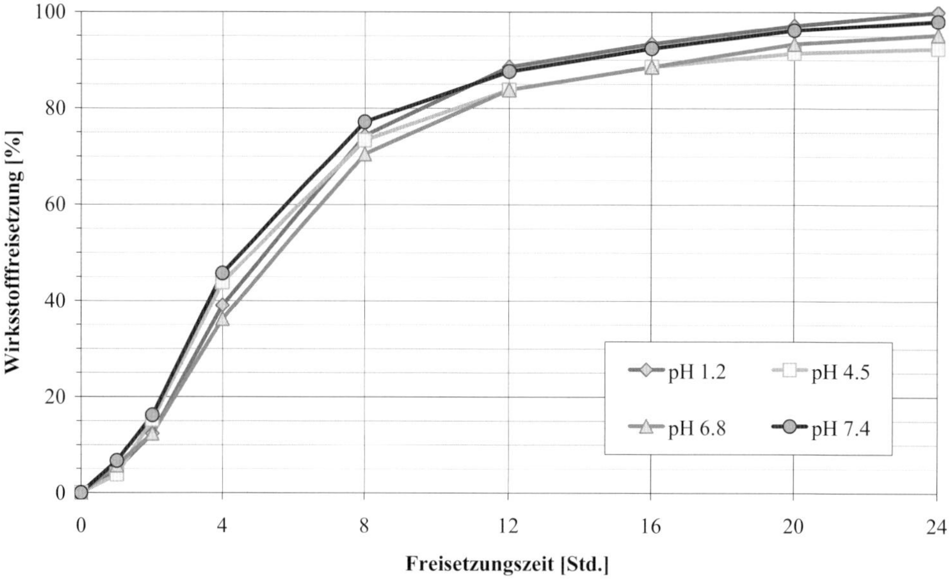

Abb. 6-14 Wirkstofffreisetzung von Propranolol Retard Pellets in Medien verschiedenen pH-Werts bei einer Filmauftragsmenge von $2mg/cm^2$

Ein weiteres Einsatzgebiet für Kollicoat® SR 30 D sind Schwimmtabletten. Bei dieser Anwendung hält ein entstehender Lufteinschluss die Filmtablette im Magen. Über einen retardierten Kern wird dann über einen längeren Zeitraum hinweg, Wirkstoff im Magen abgegeben [18]. Zudem kann Kollicoat® SR 30 D auch als Binder in der Nassgranulation eingesetzt werden [1].

6.3 Quellenverzeichnis

[1] Bühler V. 2007, Kollicoat® Grades, Functional Polymers for the Pharmaceutical Industry, BASF, Ludwigshafen, Germany

[2] Cech T., Kolter K. 2008, Influence of plasticizer on the film properties of HPMC and PVA and comparison of the results with the properties of Kollicoat® IR as single film former, ExcipientFest Europe, Cork, Ireland

[3] Cech T., Kolter K. 2007, Comparison of the coating properties of Kollicoat® IR and other film forming polymers used for instant release film-coating, ExcipientFest Europe, Cork, Ireland

[4] Kolter K., Gotsche M., Schneider T. 2001, Physicochemical characterization of Kollicoat® IR, AAPS Annual Meeting and Exposition, Denver, U.S.A

[5] Cech T. 2007, Benchmarking of instant release film coating polymers, University of Applied Science, Bingen/Rhein, Germany

[6] Kibbe A. H. 2000, Handbook of Pharmaceutical Excipients, Pharmaceutical Press, London, U.K.

[7] Cech T., Kolter K. 2007, Comparison of the coating properties of instant release film coating materials using a newly developed test method – the Process-Parameter-Chart, 3. Pharmaceutical Science World Congress, Amsterdam, the Netherlands

[8] Cech T. 2006, Moisture protection with instant release coatings, University of Applied Science, Bingen/Rhein, Germany

[9] Agnese T., Cech T., Kolter K. 2008, Developing an instant release moisture protective coating formulation based on Kollicoat® Protect as film forming polymer, PBP World Meeting, Barcelona, Spain

[10] Agnese T., Cech T., Kolter K. 2008, Comparing different moisture protective instant release coatings for solid oral dosage forms, PBP World Meeting, Barcelona, Spain

[11] Cech T., Wildschek F. 2008, Trouble Shooting: Film Coating – Scuffing, ExAct No. 21, BASF, Ludwigshafen, Germany

[12] Kolter K., Reich H.-B. 1999, Optimization of an enteric coating formulation based on Kollicoat® MAE 30 DP, AAPS Annual Meeting and Exposition, San Francisco, U.S.A.

[13] Bühler V. 2008, Kollidon®, Polyvinylpyrrolidone excipients for the pharmaceutical industry, BASF, Ludwigshafen, Germany

[14] Kolter K., Ruchatz F. 1999, Kollicoat® SR 30 D – A new sustained release excipient, CRS, Boston, U.S.A.

[15] Gebert, S., Kolter, K. 2002, Coated drug delivery systems based on Kollicoat® SR 30 D, APV / APGI, Florence, Italy

[16] Kolter K., Rock T. C. 2000, Kollicoat® SR 30 D – Coatings on different drugs, CRS, Paris, France

[17] Weber M. 2003, Innovative single-unit drug delivery systems using Kollicoat® SR 30 D – coatings, CRS. Glasgow, Scotland

[18] Strubing S., Metz H., Mäder K. 2008, Characterization of poly(vinyl acetate) based floating matrix tablets, Journal of Controlled Release, 126

7 Coating mit Cellulosederivaten

Ulrich Müller

Einleitung

Die Cellulosederivate können in *Polymere ohne Modifikation der Freisetzung* und *Polymere mit Modifikation der Freisetzung* unterteilt werden. Die Filmbildner auf Cellulosebasis sind teilweise wässrig, organisch sowie organisch/wässrig verarbeitbar.

Die Polymerauswahl richtet sich nach den Zielvorgaben für das Coating und die gewünschte Funktion des Polymers im Filmüberzug (mit oder ohne Veränderung der Freisetzungseigenschaften). Dabei sind:

- die Verträglichkeit des Polymers mit dem Wirkstoff
- die Lagerstabilität der jeweiligen Arzneiform sowie
- die mögliche Verarbeitungstechnik (wässrig, organisch, organisch/wässrig)

in Betracht zu ziehen.

Bei Zielfreigabe ab bestimmten pH-Werten kommen die folgenden Cellulosederivate in Frage:

- Hypromellosephthalat (HPMC-P): ab pH 5,0 oder 5,5 (je nach Typ)
- Hypromelloseacetatsuccinat (HPMC-AS): ab pH 5,5, 6,0 oder 6,5 (je nach Typ)
- Celluloseacetatphthalat (CAP): ab pH 6,0

Beim Ansatz der Polymerlösungen oder Polymerdispersionen sind insbesondere:

- die Reihenfolge und
- Zeitdauer

der Einarbeitung der Komponenten zu beachten.

7.1 Cellulosederivate ohne Modifikation der Freisetzung

7.1.1 HPMC

Hydroxypropylmethylcellulose, Hypromellose, nichtionischer wasserlöslicher Filmbildner, keine Modifikation der Freisetzung

CAS-Nummer: 9004-65-3

E-Nummer: E 464

Herstellung: Einwirkung von Methylchlorid und Propylenoxid auf Alkalicellulose (gemischter nichtionischer Ether der Cellulose) [1]

Benennung in den Pharmakopöen [2]:

BP: Hypromellose

JP: Hydroxypropylmethylcellulose

PhEur: Hypromellose / Hypromellosum

USP: Hypromellose

Übliche Konzentration (für das Tablettencoating): ca. 6 bis 10 % Polymer in Lösung [3]

Übliche Anwendungsbereiche (nach Viskosität der Polymerlösung) [4]:

3 mPa•s: Pelletcoating und Granulatcoating

6 mPa•s: hauptsächlich für Tablettencoating

15 mPa•s: für größere Tabletten (aufgrund größerer Filmelastizität)

Verarbeitung: Die Verarbeitung kann prinzipiell wässrig oder organisch erfolgen.

Bei wässriger Verarbeitung besteht die Möglichkeit eines Heiß-Kalt-Ansatzes. Heißes Wasser ist ein schlechtes Lösungsmittel für Hypromellose. Deshalb kann man HPMC sehr gut in heißem Wasser dispergieren. Dazu wird ca. 1/3 der benötigten Wassermenge über 80 °C erhitzt und die Hypromellose mittels intensiven Rührens darin dispergiert. Anschließend wird die restliche benötigte Wassermenge kaltes Wasser unter Rühren hinzugegeben. Unterhalb von ca. 30 °C beginnen sich die fein dispergierten HPMC Teilchen zu lösen. Zu starkes Rühren sollte vermieden werden um den Lufteintrag und sich eventuell anschließende Schaumbildung möglichst gering zu halten. Der Zusatz von Schauminhibitoren ist möglich [3].

Bei nichtwässriger Verarbeitung macht man sich den Umstand zu Nutze, das HPMC unlöslich in einfachen Alkoholen ist. Somit bildet man zunächst, unter der Verwendung eines geeigneten Rührers, eine Dispersion von HPMC in Ethanol. Anschließend fügt man einen höherwertigen Alkohol oder Methylenchlorid bzw. Dichlormethan hinzu [3].

verwendbare Weichmacher: Polyethylenglycol, Glycerin, Triethylcitrat, Sorbitol

Pigmente: Als Weiß-Pigmente kommen Titandioxid, Talkum oder Polydextrose in Frage. Die Farbpigmente können zur Einfärbung des Filmes ebenfalls zugesetzt werden.

Die Zugabe hoher Pigmentanteile (> 20 %) sollte nur mit den höherviskosen Hypromellosen (6 mPa•s und 15 mPa•s) erfolgen, da sonst eine signifikante Verringerung der Filmhärte festgestellt werden kann(Siehe Abb. 7-1) [3].

Beispiele für Handelsnamen und Hersteller: Pharmacoat (Shin-Etsu), Metolose (Shin-Etsu), Methocel (Dow-Chemicals)

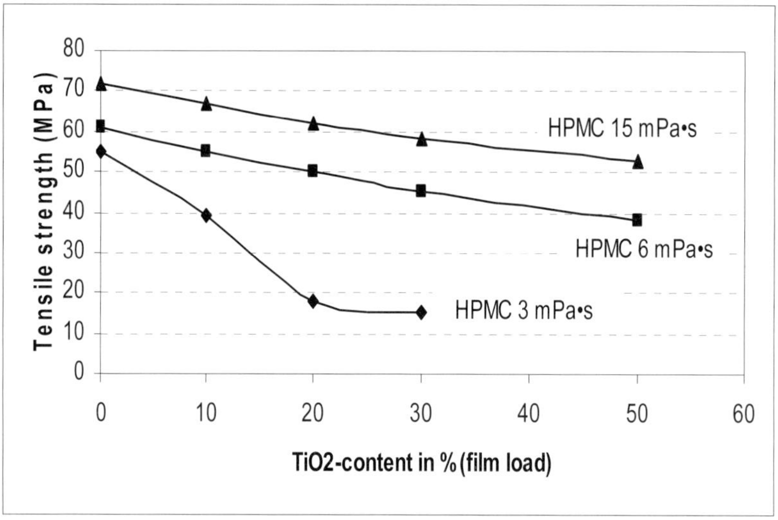

Abb. 7-1 Einfluss TiO_2-Anteil auf Filmhärte [4]

Bemerkungen: Überwiegend findet die HPMC ihre Verwendung zur Herstellung von nichtfunktionalen sofortlöslichen Filmüberzügen. HPMC wird auch als Porenbildner für sehr dichte Filme eingesetzt, um dort Sollbruchstellen zu erzielen. Die Zugabe von Hydroxypropylmethylcellulosephthalat (HPMC-P) als zusätzliches wasserunlösliches Polymer verzögert die Freisetzung des Filmes und kann somit zur Geschmacksmaskierung oder einer Verzögerung der Freisetzung verwendet werden.

HEC

Hydroxyethylcellulose, Hyetellose, nichtionischer wasserlöslicher Filmbildner, keine Modifikation der Freisetzung

CAS-Nummer: 9004-62-0

Herstellung: Veretherung von Cellulose mit Ethylenoxid (partiell hydroxyethylierte Cellulose) [1]

Benennung in den Pharmakopöen [2]:

BP: Hydroxyethylcellulose
PhEur: Hydroxyethylcellulosum
USP: Hydroxyethyl cellulose

Verarbeitung: Die Verarbeitung erfolgt in der Regel wässrig. Siehe dazu die Verarbeitungshinweise von HPMC.

verwendbare Weichmacher: Glycerin, Ethanolamin, Sorbitol, sulfoniertes Rizinusöl

Beispiel für Handelsnamen und Hersteller: Natrosol (Aqualon)

HPC

Hydroxypropylcellulose, Hyprolose, nichtionischer wasserlöslicher Filmbildner, keine Modifikation der Freisetzung

CAS-Nummer: 9004-64-2

E-Nummer: E 463

Herstellung: Hergestellt aus Alkalicellulose und Propylenoxid (Partiell hydroxypropylierte Cellulose) [1]

Benennung in den Pharmakopöen [2]:

BP: Hydroxypropylcellulose
JP: Hydroxypropylcellulose
PhEur: Hydroxypropylcellulosum
USP: Hydroxypropyl cellulose

Verwendbare Weichmacher: Weichmacherzusatz ist nicht zwingend erforderlich. Falls doch gewünscht können die folgenden Weichmacher verwendet werden: Propylenglycol, Glycerin, Trimethylpropan, Polyethylenglycol

Verarbeitung: Die Verarbeitung kann wässrig oder organisch erfolgen. Für eine wässrige Verarbeitung empfiehlt sich die Durchführung eines Heiß-Kalt-Ansatzes oder eines reinen Kaltansatzes. Dazu wird das Polymerpulver mit ca. der sechsfachen Gewichtsmenge Wasser von 50 °C bis 60 °C unter Verwendung eines Rührwerks vermischt. Dann erfolgt, ebenfalls unter Rühren, die Zugabe der entsprechenden Restmenge kalten Wassers.

Beim Kaltansatz wird das Polymerpulver langsam und kontinuierlich in die effektivste Bewegungszone (Verwirbelungszone) des Rührwerks eingearbeitet. Die Geschwindigkeit der Zugabe hat dabei so zu erfolgen, dass keine Klumpenbildung erfolgt [5].

Bei der Verarbeitung mit organischen Lösungsmitteln kann das HPC unter Verwendung eines Rührwerks direkt in das Lösungsmittel eingearbeitet werden. Gute organische Lösungsmittel für HPC sind zum Beispiel: Methanol, Ethanol oder Propylenglycol [5].

Übliche Konzentration (für das Tablettencoating): 4 %* [6]

(*bezogen auf die Gesamtformulierung)

Beispiele für Handelsnamen und Hersteller: Nisso HPC (Nisso), Klucel (Aqualon)

Bemerkung: Wird in der Regel mit HPMC oder MC eingesetzt, da reine HPC-Filme eine gewisse Klebeneigung aufweisen können.

MC

Methylcellulose, nichtionischer wasserlöslicher Filmbildner, keine Modifikation der Freisetzung

CAS-Nummer: 9004-67-5

E-Nummer: E 461

Herstellung: Einwirkung von Dimethylsulfat (bzw. Methylenchlorid) unter Druck auf Alkalicellulose (Polymethylether der Cellulose) [1]

Benennung in den Pharmakopöen [2]:

BP: Methylcellulose

JP: Methylcellulose

PhEur: Methylcellulosum

USP: Methylcellulose

Verarbeitung: Die Verarbeitung kann prinzipiell wässrig oder organisch erfolgen. Siehe Verarbeitung von HPMC.

Verwendbare Weichmacher: Glycerin, Propylenglycol

Pigmente: Zusatz von Farbpigmenten möglich

Übliche Konzentration für das Coating von Granulaten und Pellets: 7 %* [7]

(*Feststoff in Lösung)

Die Methylcellulose eignet sich in besonderer Weise für das Befilmen von kleineren Partikeln wie Pellets oder Granulaten. Die Agglomerationsneigung ist deutlich geringer als beispielweise die einer HPMC (s. Abb. 7-2) [7].

Beispiele für Handelsnamen und Hersteller: Metolose SM (Shin-Etsu), Methocel A (Dow-Chemicals)

Bemerkungen: Höhere Sprödigkeit aber geringere Klebeneigung als HPMC.

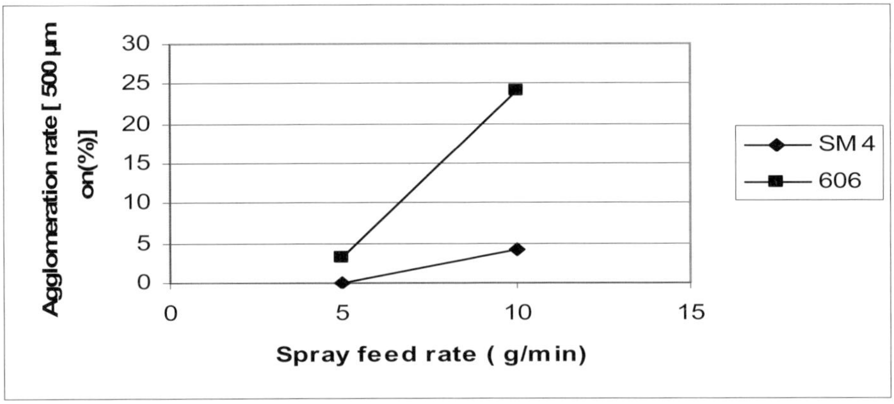

Abb. 7-2 Vergleich der Agglomerationsneigung von MC (Metolose SM 4) und HPMC (Pharmacoat 606) [4]

CMC-Na

Carboxymethylcellulose-Natrium, Carmellose, anionischer Filmbildner, keine Modifikation der Freisetzung

CAS-Nummer: 9004-32-4

E-Nummer: E 466

Herstellung: Einwirkung von Na-Monochloracetat auf Alkalicellulose (Natriumsalz des Cellulose-Glykolsäureethers) [1]

Benennung in den Pharmakopöen [2]:

BP: Carmellose sodium

JP: Carmellose sodium

PhEur: Carmellosum natricum

USP: Carboxymethylcellulose sodium

Beispiele für Handelsnamen und Hersteller: Blanose (Aqualon), Cellogen (Dai-Ichi)

Bemerkung: Durch den ionischen Charakter sind Wechselwirkungen mit anderen ionischen Komponenten in der Filmformulierung möglich. Aluminium und Schwermetallionen können zur Bildung unlöslicher Salze führen. Unter pH 3 führt es zu einer Ausflockung der freien Säure (Glycolsäure). Teilweise nutzt man die Entstehung von schwerlöslichen Verbindungen mit kationischen Stoffen gezielt für die Herstellung von Retardformen [1].

7.2 Cellulosederivate mit Modifikation der Freisetzung

EC

Ethylcellulose, nichtionischer Filmbildner, retardierender Filmüberzug

CAS-Nummer: 9004-57-3
E-Nummer: E 462

Herstellung: Einwirken von Ethylchlorid auf Alkalicellulose (Ethylether der Cellulose) [1]

Benennung in den Pharmakopöen [2]:

BP: Ethylcellulose
PhEur: Ethylcellulosum
USP-NF: Ethylcellulose

verwendbare Weichmacher: Dibutylsebacat, Triethylcitrat, Triacetin, acetylierte Monoglyceride

Verarbeitung: Die Verarbeitung kann wässrig oder mit organischen Lösungsmitteln erfolgen.
Bei wässriger Verarbeitung sind wässrige Dispersionen im Handel erhältlich. Zur Herstellung der gebrauchsfertigen Dispersion wird dann noch Wasser und ein geeigneter Weichmacher zugesetzt. Ethylcellulose ist praktisch unlöslich in Glycerin, Propylenglycol und Wasser.

Übliche Konzentration (für das Tablettencoating): 5,0 bis 10,0 %* [8]
(*basierend auf dem Tablettengewicht)

Beispiele für Handelsnamen und Hersteller: Ethocel (Dow-Chemicals), Aquacoat ECD (FMC), Surelease (Colorcon)

Bemerkung: Wird auch in Verbindung mit HPMC oder PEG eingesetzt. HPMC oder PEG wirken dann als Porenbildner.

CAP

Celluloseacetatphthalat, Cellacefate, nichtionischer Filmbildner, magensaftresistenter Filmüberzug

CAS-Numer: 9004-38-0

Herstellung: (Gemischter Partialester der Cellulose) [1]

Freigabe pH-Wert: 6,0

Benennung in den Pharmakopöen [2]:

BP: Cellacefate

JP: Cellulose acetate phthalate

PhEur: Cellulosi acetas phthalas

USP: Cellacefate

Verarbeitung: Die Verarbeitung erfolgt in der Regel mit organischen Lösungsmitteln. CAP wird auch als 30 % wässrige Dispersion gehandelt. Zur Herstellung der gebrauchsfertigen Dispersion findet dann noch eine Vermischung mit Wasser und einem Weichmacher statt.

verwendbare Weichmacher: Diethylphthalat, Triethylcitrat, Triacetin, acetylierte Monoglyceride

Beispiel für Handelsnamen und Hersteller: Eastman CAP (Eastman), Aquacoat CPD (FMC)

Übliche Konzentration (für das Tablettencoating): 0,5 bis 9 %* [2]

(*basierend auf dem Gewicht des Tablettenkernes)

HPMC-P

Hydroxypropylmethylcellulosephthalat, Hypromellosephthalat, nichtionischer wasserunlöslicher Filmbildner, magensaftresistenter Filmüberzug

CAS-Nummer: 9050-31-1

Freigabe pH-Wert: von 5,0 bis 5,5

Herstellung: Veresterung von Hydroxypropylmethylcellulose mit Phthalsäureanhydrid [1]

Benennung in den Pharmakopöen [2]:

BP: Hypromellose phthalate
JP: Hypromellose phthalate
PhEur: Hypromellosi phthalas
NF: Hypromellose phthalate

verwendbare Weichmacher: Triethylcitrat, Rizinusöl, Olivenöl

verwendbare Pigmente: Als Pigmente kommen Titandioxid oder Farbpigmente in Frage.

Trennmittel: Talkum

Beispiel für Handelsnamen und Hersteller: HP50, HP55, HP55S (Shin-Etsu)

Übliche Konzentration (für das Tablettencoating): 5,0 bis 10,0 %* [9]
(*Feststoff in Lösung)

Bemerkungen: Geringere Hydrolysetendenz als CAP.

HPMC-AS

Hydroxypropylmethylcelluloseacetatsuccinat, Hypromelloseacetatsuccinat, nichtionischer Filmbildner, magensaftresistenter Filmüberzug

Herstellung: Veresterung von Hypromellose mit Essigsäureanhydrid und Bernsteinsäureanhydrid in einem Reaktionsmedium von Carbonsäuren, wie der Essigsäure, und der Verwendung von alkalischen Carboxylgruppen, wie Natriumacetat, als Katalysator [2].

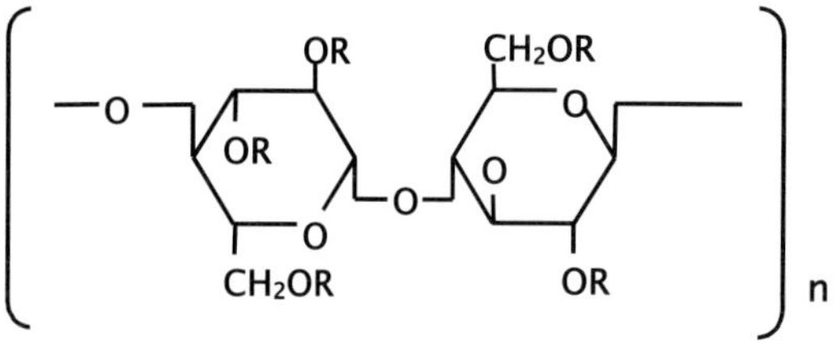

R = -H - $COCH_3$

-CH_3 - $COCH_2CH_2COOH$

-$CH_2CH(CH_3)OH$ - $CH_2CH(CH_3)OCOCH_3$ - $CH_2CH(CH_3)OCOCH_2CH_2COC$

Abb. 7-3 Struktur HPMC-AS [10]

CAS-Nummer: 71138-97-1

Freigabe pH-Wert: 5,5 oder 6,5

Benennung in den Pharmakopöen [2]:

*JPE: Hydroxypropylmethylcellulose Acetate Succinate

USP-NF: Hypromellose acetate succinate

*JPE = JAPANESE Pharmaceutical Excipients Directory

verwendbare Weichmacher: Triethylcitrat, Triacetin, Propylencarbonat

Trennmittel: Talkum

Andere Möglichkeiten des Coatings [10]:

Wässriges Coating mittels Dispersion

Wässriges Coating mittels "Dual Feed Spray Nozzle" (Polymer und Weichmacher werden erst in der Düse vermischt)

Nichtwässriges Coating mit organischen Lösungsmitteln

Ammoniakalisch basiertes Coating (Coating einer mittels Base neutralisierten HPMCAS)

Dry Coating (Polymerpulver (Feststoff und Weichmacher (Flüssigkeit) werden separat zugeführt auf die zu überziehenden Kerne aufgebracht, s.a. Kap 11)

Übliche Konzentrationen [10]:

Wässriges Coating mittels Dispersion: 7,0 %*

Wässriges Coating mittels „Dual Feed Spray Nozzle“: 15 %*

Nichtwässriges Coating mit Ethanol/Wasser: 6 % *

Ammoniakalisch basiertes Coating: 7 % *

Dry Coating: 100 %*

(*Feststoffanteil in der Coating-Dispersion)

Beispiele für Handelsnamen und Hersteller: AQOAT (Shin-Etsu)

Bemerkungen:
Sehr geringe Hydrolysetendenz im Vergleich zum HPMC-P oder CAP (s. Abb. 7-4)

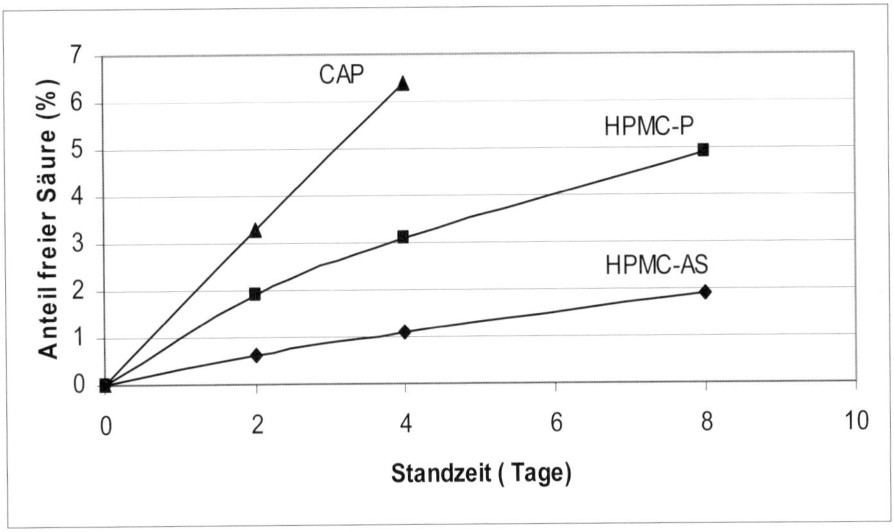

Abb. 7-4 Anteil freier Säure in Abhängigkeit von der Standzeit [4]

7.3 Quellenverzeichnis

[1] Burger A., Wachter H. 1993, Hunnius Pharmazeutisches Wörterbuch, 8.Auflage, Walter de Gruyter, Berlin, New York

[2] Rowe R. C., Sheskey P. J., Owen S. C. 2006, Handbook of Pharmaceutical Excipients, Fifth Edition, Pharmaceutical Press and American Pharmacists Association, USA.

[3] Anonymus 2007, Pharmacoat Brochure (Printed 2007.9/1,000), Shin-Etsu Chemicals Co., Ltd, Japan

[4] Anonymus 2007, Pharmacoat Brochure (Printed 2007.9/1,000), Shin-Etsu Chemicals Co., Ltd, Japan

[5] Anonymus 2001, Klucel Brochure (Physical and Chemical Properties (250-2F REV. 10-01 500), Hercules Incorporated, Aqualon Division, USA

[6] Anonymus 2000, Technical Information, Klucel, (Bulletin VC-556C), Hercules Incorporated, Aqualon Division, USA

[7] Anonymus 1999, Technical Information No. M-1, Shin-Etsu Chemicals Co., Ltd, Japan

[8] Anonymus 2007, Aquacoat ECD, AQC / ECD 1.01.07/07/06RS, FMC BioPolymer, USA

[9] Anonymus 2001, Technical Bulletin of HPMCP, appendix-2 (2001.9/500), Shin-Etsu Chemicals Co., Ltd, Japan

[10] Anonymus 2008, AQOAT Brochure, Shin-Etsu Chemicals Co., Ltd, Japan

8 Coating mit pflanzlichen Proteinen

Jens-Peter Krause

Einleitung

Proteine sind natürliche Biopolymere mit einem sehr hohen „funktionellen Potenzial". Unter funktionellem Potential wird die Gesamtheit an techno-funktionellen Eigenschaften verstanden, die ein Protein auf Grund seiner nativen Struktur besitzt [1].

Da die Proteinstruktur die Fähigkeit der Proteine zu Wechselwirkungen bedingt, umfasst der Begriff des funktionellen Potentials auch die durch Wechselwirkungen unterschiedlichster Art verursachten funktionellen Eigenschaften.

Um diese Proteine als technische Biopolymere nutzbar zu machen, bedarf es neben der detaillierten Kenntnis der Proteinstrukturen auch spezifischer Gewinnungs- und Modifizierungsverfahren.

Tab. 8-1 Allgemeine und funktionelle Eigenschaften von Proteinen

Allgemeine Eigenschaften	Funktionelle Eigenschaften
Sensorik	Farbe, Aroma, Textur, Mundgefühl
Kinästhetik	Weichheit, Sandigkeit, Trübung
Hydratation	Löslichkeit, Dispergierbarkeit, Benetzbarkeit, Wasserabsorption, Quellung, Eindickung, Gelierung, Fließverhalten, Wasserbindungsvermögen, Syneräse, Viskosität, Teigbildung
Grenzflächenwirkung	Emulgiereigenschaften, Schaumbildungsvermögen, Schaumstabilisierung, Protein/Lipid-Filmbildung, Lipid-Bindung, Aromabindung, Stabilisierung
Struktur	Elastizität, Sandigkeit, Kohäsion, Kaubarkeit
Textur	Viskosität, Adhäsion, Netzwerkbildung
Rheologie	Aggregation, Klebrigkeit, Gelierung, Teigbildung, Texturierbarkeit, Faserbildung, Extrudierbarkeit, Elastizität

Zu diesen in Tabelle 8-1 dokumentierten, im weitesten Sinne intrinsischen Faktoren, kommen technologiebedingte äußere Faktoren wie Temperatur- und pH-Einflüsse als relevante, die Funktionalität beeinflussende Größen hinzu.

Gezielte physikalische, enzymatische und chemische Modifizierungen können darüber hinaus zu „maßgeschneiderten" Veränderungen von Proteinstruktur und damit Funktionalität genutzt werden.

Proteinprodukte für techno-funktionelle Applikationen sind auf dem Markt kaum verfügbar.

Die „Proteinqualität“ wird hauptsächlich über den Proteingehalt im Produkt definiert [2]. Daraus resultiert auch die typische Klassifizierung in:

- Proteinmehle (< 60 %)
- Proteinkonzentrate (> 65 %)
- Proteinisolate (> 90 %).

Pflanzliche Proteine sind aufgrund ihrer nativen Struktur und Modifizierbarkeit hochinteressante Rohstoffen für Filme und Coatings. Nachfolgend sollen die wesentlichen Zusammenhänge zwischen Struktur und Grenzflächenverhalten pflanzlicher Proteine dargestellt und Ergebnisse zur Filmbildung diskutiert werden. Das Kapitel soll vornehmlich auf pflanzliche Proteine als potentielle Coatings aufmerksam machen und zu weiteren Entwicklungen anregen.

8.1 Struktur-Funktionalitätsbeziehungen pflanzlicher Proteine

8.1.1 Struktur pflanzlicher Speicherproteine

Pflanzliche Proteine sind, wie alle Proteine, aus einer Sequenz von Aminosäuren (Primärstruktur) aufgebaut. Über Peptidbindungen (amidartige Bindungen zwischen der Carboxylgruppe und der Aminogruppe von zwei Aminosäuren) entsteht ein Makromolekül, dass entlang des so gebildeten Peptidrückgrats eine Vielzahl von funktionellen Aminosäureresten besitzt.

Aminosäureketten mit einer Länge unter 100 Aminosäuren bezeichnet man als Peptide.

Entsprechend dem energetisch günstigsten Zustand, falten sich diese Ketten während der Proteinsynthese spontan zu einer Raumstruktur (Tertiärstruktur). Dabei ist die Tertiärstruktur bereits durch die Aminosäuresequenz determiniert.

Lagern sich tertiäre Untereinheiten zu größeren funktionellen Komplexen zusammen, spricht man von der Quartärstruktur (s.a. Abb. 8-1).

Globuline (s.a. Tab. 8-2) sind typischerweise derart kompakte, annähernd kugelige Gebilde, die hydrophobe, sehr dicht gepackte „Kerne“ vorrangig aus unpolaren Aminosäurereste enthalten [3]. Polare hydrophile Aminosäurereste befinden sich überwiegend an der Oberfläche des Proteinmoleküls [3,4].

Es gibt verschiedene Vorschläge, Proteine zu klassifizieren. Aus technologischer Sicht, d.h. sowohl für die Proteingewinnung als auch die Applikation, ist eine von OSBORNE vorgenommene Einteilung nach der Löslichkeit hilfreich (Tab. 8.2) [5].

Tab. 8-2 Einteilung der Pflanzenproteine nach der Löslichkeit

Proteinklasse	Häufiges Vorkommen	Löslichkeit
Albumine	Ölsaaten	Wasser, neutral bis schwach sauerer pH-Wert
Globuline	Ölsaaten, Leguminosen	Salzlösung
Prolamine	Getreidesamen	70 - 80 %ige ethanolische Lösung
Gluteline	Getreide-, Grassamen	partiell löslich in alkalischer, salzhaltiger oder alkoholischer Lösung

Albumine und Globuline lassen sich prinzipiell durch eine wässrige Extraktion aus einem (entölten) Mehl gewinnen, für Prolamine und Gluteline werden kommerziell wässrig-alkoholische Extraktionslösungen verwendet. Bereits die deutlichen Unterschiede in der Löslichkeit bieten sehr unterschiedliche Einsatzmöglichkeiten, auf die in wenigen Beispielen noch eingegangen wird.

Die räumliche Struktur jedes Proteinmoleküls wird, wie bereits erwähnt, durch die Primärstruktur, d.h. die Aminosäuresequenz in der Polypeptidekette, bestimmt. Die Vielfalt der Aminosäurereste lässt kovalente (Disulfidbindung) und nichtkovalente Wechselwirkungen zu, die Einfluss auf die Ausbildung und Stabilität der Raumstruktur haben (Denaturierungsstabilität).

Die Faltung des Proteins in die Tertiär- und Komplexierung in die Quartärstruktur erzeugt eine typische Verteilung von Ladungen und hydrophoben Clustern an der Oberfläche, die wesentlich die Löslichkeit des Proteins determinieren. So bestehen die Proteinisolate aus Ölsamen und Körnerleguminosen (z. B. Sojabohne, Lupine, Raps, Sonnenblume, Lein) aus globulären Speicherproteinen mit relativen Molekularmassen von 300 – 350 kDa, 150 – 210 kDa bzw. 12 – 15 kDa [6,7]. Davon liegen die hochmolekularen 11-S- und 7-S-Globuline in oligomerer Form, d. h. als nichtkovalente Assoziate von Untereinheiten vor (Abb. 8-1), während die niedermolekluaren 2-S-Speicherproteine monomer sind.

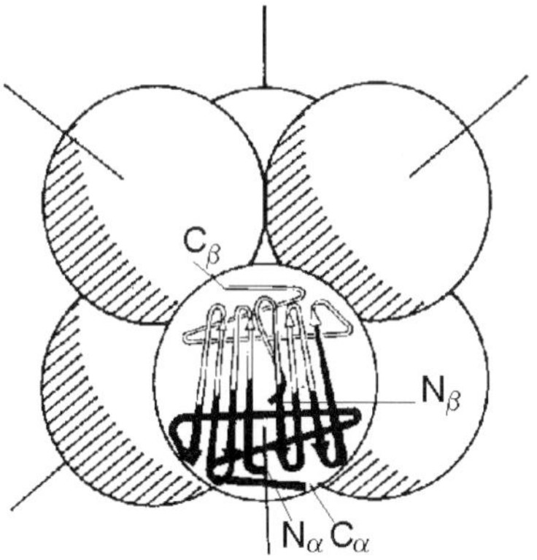

Abb. 8-1

Modell der globulären Proteinstruktur. Untereinheiten (aufgeschnitten) wird aus kovalent verknüpfter hydrophober ß-Kette ($C_ß$, $N_ß$) mit hydrophiler α-Kette (C_α, N_α) gebildet. Hydrophobe Wechselwirkungen stabilisieren die oligomere Struktur (nach [8]).

Globuläre Proteinstrukturen sind nach dem Prinzip des „non-polar in – polar out" aufgebaut, d. h. dass die polaren, hydrophilen Aminosäuren an der Moleküloberfläche angeordnet sind, während die nichtpolaren Aminosäuren einen hydrophoben Kern bilden und die Proteinstruktur über hydrophobe Wechselwirkungen stabilisieren [9]. Diese native Konformation weist bereits interessante kolloidale Eigenschaften auf, wie Grenzflächenadsorption, Filmbildung und Schaumstabilisierung.

Darüber hinaus können durch gezielte Modifizierungen, neuartige Strukturen mit besonderen techno-funktionellen Eigenschaften reproduzierbar induziert werden. Über die Dissoziation in die Untereinheiten, Entfaltung der Polypeptidketten oder deren Hydrolyse (Spaltung) lassen sich gezielt polymere Strukturen erzeugen, die besonders geeignet sind zur Filmbildung, Adsorption an Grenzflächen oder Netzwerkbildung (Abb. 8-2).

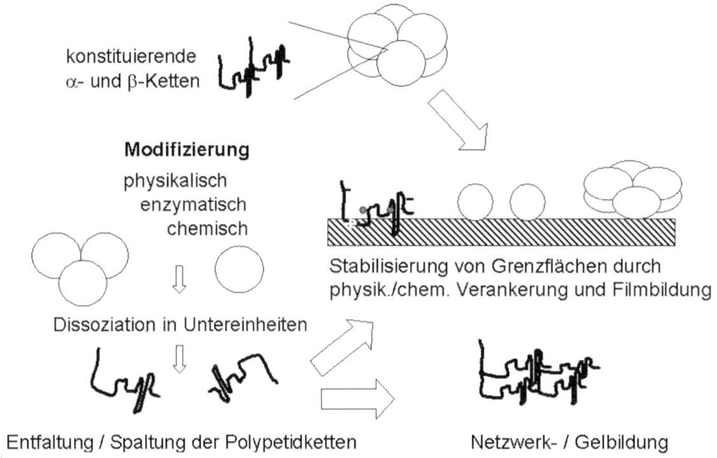

Abb. 8-2 Modifizierung und techno-funktionelle Eigenschaften oligomerer Proteinen

8.1.2 Modifizierung und kolloidale Strukturen

Die wasserlöslichen Proteine, Globuline und Albumine, zeichnen sich durch sehr differenzierte Funktionalitäten aus. Besonders deutlich wird das am Beispiel des Rapsproteins [10].

Untersuchungen haben gezeigt, dass sich die Adsorptionsisothermen an der Grenzfläche Luft-Wasser erheblich sowohl im Plateauwert des Filmdrucks (max. erreichbare Senkung der Oberflächenspannung) als auch in der kritischen Mizellkonzentration (CMC) unterscheiden (Abb. 8-3).

Das wesentlich kleinere Albumin diffundiert erheblich schneller an die Grenzfläche und erreicht das Plateau bereits bei einer deutlich niedrigeren kritischen Mizellkonzentration (CMC). Die Rigidität des Albumins bietet jedoch nur wenige Kontaktstellen des Moleküls mit der Grenzfläche. Im Ergebnis kommt es zu einer geringeren Absenkung der freien Energie der Grenzfläche und damit des Filmdrucks.

Adsorbieren globuläre Moleküle an der Grenzfläche, zeigt sich zunächst ein niedrigeres Geschwindigkeitsprofil. Die adsorbierten Moleküle verändern aus energetischen Gründen an der Grenzfläche ihre Konformation. Dissoziation und partielle Entfaltung führen zu einer weiteren Absenkung der Gesamtenergie. Es werden höhere Filmdrücke gemessen.

Die physikochemischen Ursachen - dissozierbare Untereinheitenstruktur des Globulins und deren entfaltbaren Polypeptidketten sowie die sehr rigide und kompakte Struktur des Albumins – werden im Elektropherogramm (Abb. 8-4) deutlich. Unter denaturierenden Messbedingungen (SDS-PAGE) dissozieren die Untereinheiten und freie Ketten können sichtbar gemacht werden. Die Vielzahl von kovalenten Bindungen im Albumin lässt keine sichtbare Konformationsveränderung zu.

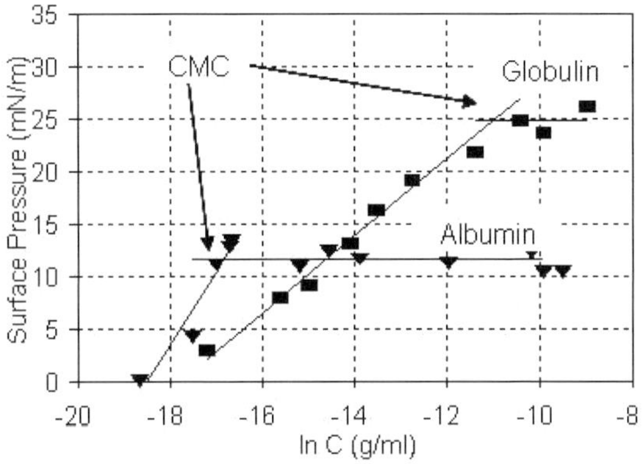

Abb. 8-3

Grenzflächenadsorptionsisothermen von Rapsproteinen (aus [3])

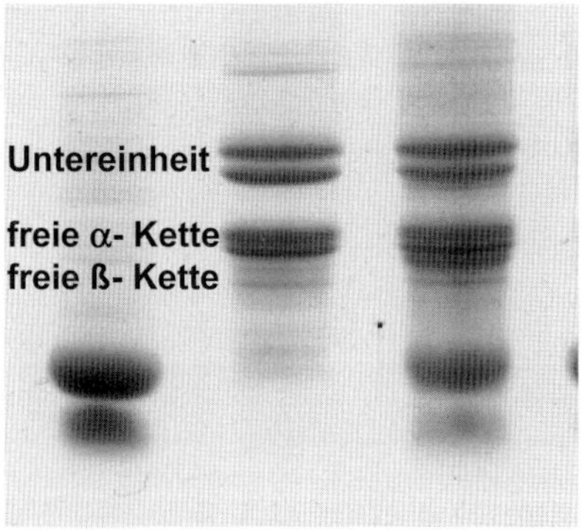

Abb. 8-4

Elektropherogramme (SDS-PAGE) des Napins (links), Cruciferins (Mitte) und eines Isolates (rechts) (aus [11])

Das Legumin der Ackerbohne wurde hinsichtlich seiner emulsionsbildenden Eigenschaften in Makro-Emulsionskonzentraten (D_{32} = 1 µm, Ölgehalt > 70 %) u.a. elektronenmikroskopisch untersucht. Es zeigte sich, dass die stabilisierenden Proteinfilme im Bereich der bekannten „thin black films“ (Schichtdicke < 30 nm) liegen (Abb. 8-5) [12].

Die enorme Stabilität der Schichten (gemessene Koaleszenzdrücke von 3,4 MPa) lässt auf kompakte Filmbildung insbesondere durch entfaltete Polypeptidketten nach Succinylierung schließen [13].

Grenzflächenrheologische Untersuchungen bestätigen eine erhebliche Zunahme der Filmviskosität in Abhängigkeit von der Modifizierung [14]. Neben den chemischen Modifizierungen, die gezielte Struktur und Ladungsveränderungen am Molekül induzieren, bietet sich insbesondere die enzymatische Hydrolyse an. Durch die Partialhydrolyse mittels proteinspezifischer Enzyme werden Adsorptions- und Emulgiereigenschaften signifikant verbessert [15].

Chemische und enzymatische Modifizierung verbessern die Filmbildungseigenschaften bei sinkender Proteinviskosität, ein erheblicher Vorteil für die Anwendung hoher Scherkräfte zur Herstellung von Coatings. Das hervorragende Gelbildungsverhalten von Pflanzenproteinen in Kombination mit einem enormen Bindungsvermögen für hydrophobe und hydrophile Substanzen sind geeignet, daraus gelbasierte Produkte herzustellen.

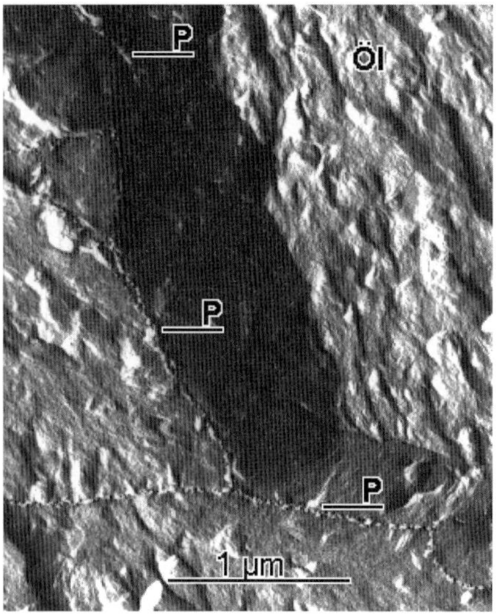

Abb. 8-5

Rasterelektronenmikroskopische Aufnahme von Proteinfilmen (P) im Emulsionskonzentrat (aus [1])

8.2 Filmbildung

Die Fähigkeit von Proteinen, dreidimensionale Netzwerkstrukturen auszubilden, wird zur Herstellung von Filmen und Coatings benutzt. Während Filme (Folien) leicht vom Produkt entfernbar sein sollen, werden Coatings direkt auf dem Produkt gebildet und damit zum integralen Bestandteil.

Selbsttragende Filme („stand-alone films") werden auch als Testsubstrat zur Untersuchung spezieller Eigenschaften wie mechanische und thermische Stabilität, Löslichkeits- und Barriereverhalten von Coatings eingesetzt (s.a. Kap. 12).

Essbarkeit und Bioabbaubarkeit von Proteinfilmen werden durch die Art der Proteinfunktionalisierung (Modifizierung) und die Filmbildung selbst ausgeprägt. Beide Merkmale bleiben erhalten, wenn ausschließlich thermische, enzymatische oder physikalische Verfahren im gesamten Herstellungsprozess angewandt werden (food- / pharma-grade) [16]. Durch chemische Modifizierungen am Protein oder Film ist der Einsatz für Lebensmittel und Pharmaprodukte nahezu ausgeschlossen. Ein weiteres Problem bei der Verwendung von Proteinen wie auch anderer essbarer Filme ist ein verstärktes mikrobielles Wachstum, das nur durch Einhaltung bestimmter Milieubedingungen (Wasseraktivität, pH, Temperatur) oder die Verwendung von Antimikrobiotika verhindert werden kann. Es ist auf eine ausreichende Kennzeichnung der verwendeten Proteine zu achten, da einige Proteine ein allergisches Potenzial besitzen [17]. Ein weiteres Problem bei der Verwendung von Proteinen wie auch anderer essbarer Filmen ist die Vermeidung mikrobiellen Wachstums durch Einhaltung bestimmter Milieubedingungen (Wasseraktivität, pH, Temperatur) oder die Verwendung von Antimikrobiotika.

Proteinfilme sollen als Barrieren für Gase und Feuchtigkeit, Oxidation, Geschmacks- und Aromafreisetzung dienen und können durch die typische Ionenstärke und pH-abhängige Löslichkeit zur retardierten Freisetzung von Inhaltsstoffen genutzt werden.

Entscheidendes Kriterium für die Verarbeitung und Anwendung ist die Löslichkeit der Proteine nach OSBORNE (s. Tab. 8-2). Als bekannte Vertreter tierischer Proteinquellen mit unterschiedlichem Löslichkeitsverhalten seien nur genannt: Kollagen, Gelantine und Casein. Bei den pflanzlichen Proteinen gibt es ebenfalls Unterschiede im Löslichkeitsverhalten, das gezielt für Coatings genutzt werden kann (Tab. 8-3).

Die Bildung von Proteinfilmen verläuft über eine langsame Trocknung (Dehydrierung) der Proteinlösung. Die verringerte Hydratation der Moleküle begünstigt inter- und intrachainare Wechselwirkungen der Proteine und resultiert in spröden und relativ steifen Filmen. Niedermolekulare Substanzen (Glycerol, Sorbitol, Fettsäuren, Monoglyceride) werden deshalb, wie bei anderen Polymerüberzügen auch, häufig zur Plastifizierung der Filmmatrix zugesetzt. Derartige Weichmacher („Plasticizers") reduzieren hauptsächlich Wasserstoffbrücken- und elektrostatische Bindungen und verbessern dadurch die rheologischen Eigenschaften der Filme. Nachteilig ist die Minderung bestimmter Barriereeigenschaften [18].

Die Proteinfilme lassen sich weiter durch den Einbau von Trägerstoffen mit z.B. antimikrobieller, antifungizider Wirkung oder nachträglicher Vernetzung oder Beschichtung zur Erhöhung der Barriere- oder Freisetzungseigenschaften funktionalisieren [19,20,21].

Tab. 8-3 Löslichkeit ausgewählter pflanzlicher Proteine (nach [22])

Proteinisolate aus:	Wasser	Wasser, saurer pH	Wasser, alkalischer pH	Wässrig-alkoholische Lösung
Getreide (Zein)				X
Weizen (Gluten)		X	X	X
Soja	X			
Raps			X	
Erbse			X	
Baumwolle			X	

8.3 Barrierewirkung von Filmen

Die Barrierewirkung von polymeren Filmen beruht, unabhängig vom Ursprung des Polymers, auf der Regulierung des Transportes von Molekülen innerhalb des Filmes (Massenstrom). Verantwortlich dafür sind die Zusammensetzung und Struktur des Filmes, die durch die Umgebungsbedingungen ebenso wie durch die Herstellung geprägt werden.

Der Massenstrom von permeierenden Molekülen in einem Polymerfilm wird üblicherweise durch drei stoffspezifische Koeffizienten beschrieben

- Diffusionskoeffizient D – kinetische Eigenschaft des Systems Permeat-Polymerfilm (SPP): Bewegung des Permeats durch den Polymerfilm
- Löslichkeitskoeffizient S – thermodynamische Eigenschaft des SPP: Dissolution des Moleküls im Polymer
- Permeabilitätskoeffizient P – thermodynamisch-kinetische Eigenschaft des SPP: resultierender Molekül-Massenstrom

Das Modell der „aktivierten Diffusion" geht von oszillierenden Netzwerkzuständen des Polymerfilmes aus [23]. Im aktivierten Zustand entstehen aufgrund von Kettenbewegungen „Fehlstellen" im Gitter, durch die Moleküle wandern können. Im Grundzustand schließen sich diese Fehlstellen wieder, wodurch eine Bewegung des Moleküls im Netzwerk entsteht.

Unter der Voraussetzung einer ausreichend niedrigen Konzentration des permeierenden Moleküls im SPP, kann S bekanntlich nach dem Henry Gesetz kalkuliert werden.

Der Permeabilitätskoeffizient gibt letztlich die Durchdringbarkeit des SPP für ein spezifisches Molekül an und ist im Gleichgewichtszustand (D und S sind konstant) definiert:

$$P = \frac{\dot{m} \cdot L}{A \cdot \Delta p}$$

$\dot{m}$...Massenstrom

L...Filmdicke

A...Querschnittsfläche

Δp...Partialdruckdifferenz im Polymernetzwerk

Bereits aus dieser einfachen Betrachtung wird deutlich, dass die Barrierewirkung eines Polymerfilmes von einer Vielzahl von Netzwerkeigenschaften abhängt [24]:

- Polarität
- Inertheit gegenüber permeierenden Molekülen
- Kettensteifigkeit und Packungsdichte
- Vernetzungsgrad
- Glasübergangstemperatur

Eine hohe Barrierewirkung bedeutet nichts anderes als eine starke Verzögerung des Molekültransportes im Vergleich zum Massenstrom ohne Anwesenheit des Polymernetzwerkes.

8.4 Fallbeispiele

8.4.1 Zein

Zein umfasst eine Gruppe alkohollöslicher Proteine aus Mais. Es ist ein sehr gut untersuchtes Pflanzenprotein und fand, bedingt durch die Wasserunlöslichkeit, schon früh vielfältige Verwendung in Papierstreichfarbe, Klebern, Binder, Textilfasern, Coatings etc.

Zein ist traditionell ein Beiprodukt der Stärkeherstellung, tritt heute aber auch in großen Mengen als Begleitprodukt der Bioethanolproduktion auf. Ein aktuell entwickelter adsorptiver Prozess zur Entfernung von Begleitstoffe, die zu unerwünschten Farb- und Geruchsveränderungen führen, lässt auch Anwendungen für dieses Produktgruppe im Pharmabereich erwarten [25]. Zein-Coatings können durch Aufbringen einer Lösung auf festen Oberflächen hergestellt werden. Nachdem das Lösungsmittel verdampft ist, bilden sich harte, glatte Filme aus, die sogar mikrobiellem Befall widerstehen [26]. Besonders auffällig an Zein-Filmen ist eine hohe Zugfestigkeit und Elastizität, die durch Weichmacher gezielt beeinflusst werden können. Die hohe Beständigkeit von Zein-Coatings gegen Wassersorption bis zu a_w-Werten von 0,85 konnte durch eine weitere Oberflächenmodifizierung mittels UV-härtender Beschichtung weiter verbessert werden [27].

Der Vergleich von Coatings auf Basis von Zein-Pseudolatex – eine kolloidale Dispersion aus festen oder halbfesten thermoplastischen, wasserunlöslichen Polymeren kleiner 1 µm Durchmesser – mit lösungsmittelbasierten Filmen zeigte ebenfalls eine erheblich verbesserte Wasserbeständigkeit [28].

Zein wird in 70% Ethanol für 30 min gelöst und durch die Zugabe von Wasser zu gleichen Teilen ein Pseudolatex mit einer Proteinkonzentration von 10% hergestellt [29].

Als geeigneter Weichmacher erwies sich Polyethylenglycol PEG 400 in einer Mindestkonzentration von 10 % (bezogen auf Molekulargewicht). Auch mit Glycerol wurden Filmeigenschaften erreicht, die den Ansprüchen eines pharmazeutischen Coatings genügen.

Die Vernetzung ist auch beim Zeinfilm ein probates Mittel für verbesserte Filmeigenschaften. Dazu wurde Zein mittels 1-Ethyl-3-[3-Dimethylaminopropyl]Carbodiimid Hydrochlorid (EDC), *N*-Hydroxysuccinimid (NHS) [30] oder Transglutaminase [31] vernetzt und zeigte danach sehr geringe Aggregationsneigung in der wässrigen Filmbildungslösung sowie verbesserte mechanische Eigenschaften des Filmes.

Die Freigabe von Wirkstoff aus wirbelschichtummantelten Tabletten lässt sich über die Menge an aufgebrachtem Zein-Pseudolatex und den pH-Wert des Dissolutionsmilieus steuern. So verlief die Freigabe am schnellsten in 0,1 N HCl und verlangsamte sich deutlich bei pH 6 (60% Freisetzung über 24h) und pH 7,4 (25% Freigabe). Durch das Aufbringen eines zusätzlichen Polymercoatings mit einem anderen pH-Freigabeprofil (Eudragit) konnte ein synergistischer Effekt für das resultierende Freigabeprofil erzielt werden [32].

8.4.2 Weizengluten

Gluten (auch Kleber) bezeichnet Gemische von Speicherproteinen bestimmter Getreidearten und setzt sich aus den OSBORNE Fraktionen Prolamine und Gluteline zusammen. Im Weizen werden die Fraktionen als Gliadin und Glutenin bezeichnet und fallen als Beiprodukt der Stärkeherstellung an.

Glutenin ist mit einer relativen Molekularmasse von mehr als 10^7 eines der größten natürlich vorkommenden Polymermoleküle [33]. Die Struktur ist noch nicht vollständig aufgeklärt. Die existierenden Strukturmodelle gehen jedoch davon aus, dass die Untereinheiten des Glutenins durch intermolekulare Disulfidbrücken verknüpft sind und darüber die Molekülstruktur stabilisieren [34]. Zur Erzeugung amphiphiler Eigenschaften des Glutenins wird eine Desamidierung im sauren oder alkalischen pH-Bereich bei höheren Temperaturen kommerziell bereits durchgeführt [35] Ähnliche Ergebnisse werden auch nach partieller enzymatischer Hydrolyse erzielt [36]. Das modifizierte Glutenin wird wasserlöslich und die Filme können ohne Anwesenheit von Ethanol gebildet werden. Problematisch ist der Einsatz von Glutenin bei Zöliakiepatienten.

Zur Bildung von Filmen werden Glutenindispersionen im pH-Bereich optimaler Löslichkeit ggf. unter Zusatz von Ethanol (modifikationsabhängig) bei erhöhter Temperatur hergestellt. Die Filme oder Coatings können schließlich nach bekannten Verfahren produziert werden, wobei auch hier die Zugabe von Weichmachern empfohlen wird.

Die Verwendung von Vernetzungsagenzien, bevorzugt auf Enzymbasis, reguliert auch bei Gluteninfilmen Barriereeigenschaften und rheologisches Verhalten, wenn eine bestimmte Konzentration und damit ein entsprechender Vernetzungsgrad überschritten wird [37].

8.4.3 Sojaprotein

Die Verwendung von Pflanzenproteinen, die im wässrigen Medium löslich sind, stellt neue Anforderungen an die Filmkomposition und -bildung.

Untersuchungen zum Einfluss der Trocknungsbedingungen auf Filmeigenschaften zeigten mit steigender Trocknungstemperatur eine zunehmende Versprödung, geringere Elastizität und verringerte Wasserdampfdurchlässigkeit der Proteinfilme [38]. Dieses Verhalten ist auch von Polymerfilmen bekannt und beruht auf der unzureichenden Ausbildung elastischer Netzwerkstrukturen bei schneller Trocknung.

Neben den Trocknungsbedingungen lassen sich die Filmeigenschaften ebenfalls über den Zusatz von Weichmachern regulieren [39].

Die Proteinqualität und -konzentration spielen neben pH und Trocknungsbedingungen eine entscheidende Rolle für die Filmqualität. Gegossene Filme aus einem Soja-Mehl, -Konzentrat und -Isolaten wiesen erhöhte Zugfestigkeiten und Elongation mit steigender Proteinqualität und -konzentration in der Ausgangslösung auf [39].

Die proteinspezifische Wasserlöslichkeit und die damit verbundenen Filminstabilitäten lassen sich durch Mischungen mit Cellulose oder Film-Nachvernetzung (z.B. thermisch) beheben [40]. Die Wirkung der Vernetzung auf hydrophobe und mechanische Eigenschaften des gebildeten Films wird auch hier in erheblichem Maß von technologischen Parametern wie Enzymkonzentration, pH-Wert und Temperatur der Filmbildung beeinflusst [41].

Auch an einer kontrollierten Wirkstofffreigabe über gezielte Vernetzungsreaktionen wird gearbeitet [42]. Bemerkenswert ist die Induzierung von kovalenten Vernetzungsreaktionen in Sojaproteinfilmen durch energiereiche Strahlung. Aromatische Aminosäurereste wie Thyrosin oder Phenylalanin absorbieren UV-Strahlung und rekombinieren unter Bildung kovalenter Bindungen. Die Filme weisen erhöhte Zugfestigkeiten [43] bei verringerter Wasserlöslichkeit auf [44].

8.5 Zusammenfassung und Ausblick

Ähnlich wie bei Sojaproteinen wird auch an der Nutzung weiterer homologer Pflanzenproteine aus Ölsaaten und Körnerleguminosen als Filmbildner gearbeitet, um die natürlich vorhandene Essbarkeit und Bioabbaubarkeit dieser Rohstoffklasse mit Filmbildung und Barriereeigenschaften zu kombinieren (Tab. 8-5).

Physikochemische Besonderheiten der einzelnen Proteine werden dabei berücksichtigt und versucht, in funktionelle Filme zu überführen. So besteht Interesse, phenolische Minorkomponenten der Lupinensaat in einen Lupinenfilm einzubauen, um das antioxidative Potential zu nutzen [45].

Filme aus dem Speicherprotein Vicilin der Bohne wiesen erst nach Hitzebehandlung der Castinglösung erhöhte Zugfestigkeiten auf, was auf eine Zunahme hydrophober Wechselwirkungen zurückgeführt wird [46].

Tab. 8-5 Übersicht über filmbildende Pflanzenproteine, eingesetzte Weichmacher und funktionelle Additive [nach 47]

Funktionelle Komponente	Material
Filmbildner	Mais, Weizen, Soja, Erbse, Reis, Baumwolle, Erdnuss, Raps, Lupine
Weichmacher	Glycerin, Propylenglycol, Sorbitol, Saccharose, Polyethylenglycol, Maissirup, Wasser
Additive	Antioxidantien, Antimikrobiotika, Aromen, Farbstoffe Emulgatoren (Lecithin, Tween, Span) Lipidemulsionen (Wachse, Fettsäuren)

Den enormen Möglichkeiten der Modifizierbarkeit von Proteinen und damit der Funktionalisierung von Filmen und Coatings steht die hohe Feuchteempfindlichkeit entgegen. Speziell für den Pharma- und Foodbereich zeichnen sich physikalisch/enzymatische Modifizierungen und Kombinationen aus Proteinen mit hydrophoben Filmbildnern als praktikabler Weg zur Nutzung des funktionellen Potentials von Pflanzenproteinen als Coatingmaterial ab.

8.6 Quellenverzeichnis

[1] Schwenke K.D. 2001, Reflections about the functional potential of legume proteins. A review, Nahrung 45, 377-381

[2] Krause J.-P., Kroll J. Rawel H. 2007, in: Rapsprotein in der Humanernährung, UFOP-Schriften 32, 11-101

[3] Schulz G.E, 1977, Structural rules for globular proteins. Angew. Chem. 16, 24-33

[4] Ludescher R.D. 1996, Physical and chemical properties of amino acids and proteins. In: Food proteins: Properties and characterization, Nakai S., Modler H.W. (Hrsg.), VCH Publishers, Weinheim, 23-71

[5] Osborne Th.B. 1924, The Vegetables Proteins, Longmans, Green & Co, London

[6] Derbyshire E., Wright D. J., Boulter D. 1976, Legumin and Vicilin, Storage Proteins of Legume Seeds, Phytochemistry 15, 3-24

[7] Prakash V., Rao M. S., 1986, Physicochemical properties of oilseed proteins. CRC Critical Review Biochemistry 20, 265-363

[8] Plietz P., Zirwer D., Schlesier B., Gast K., Damaschun G. 1984, Comparison of the structures of different 11S and 7S globulins by small-angle X-ray scattering, quasi-elastic light scattering and circular dichroism spectroscopy, Kulturpflanze. 32, 139-163

[9] Schulz G. E., Schirmer R. H., 1979, Principles of Proteine Structure, Springer Verlag

[10] Krause J.-P., Schwenke K.D., 2001, Behaviour of a protein isolate from rapeseed (Brassica Napus) and its main protein components - globulin and albumin - at air/solution and solid interfaces, and in emulsions, Colloids Surfaces B 21, 29-36

[11] Schwenke K.D., Dahme A., Wolter Th. 1998, Heat-indunced gelation of rapeseed proteins: Effect of protein interaction and acetylation, J. Am. Oil Chem. Soc. 75, 83-87

[12] Krause J.-P., Buchheim W. 1994, Ultrastructure of o/w emulsions stabilized by faba bean protein isolates, Nahrung 37, 455-463

[13] Krause J.-P., Wüstneck R., Seifert A., Schwenke K.D., 1998, Stress-Relaxation behaviour of spread films and coalescence stability of o/w emulsions formed by succinylated legumin from faba beans (Vicia faba L.), Colloids Surfaces B: 10, 119-126

[14] Krause J.-P., Krägel J., Schwenke K.D., 1997, Properties of interfacial films formed by succinylated legumin from faba beans (Vicia faba L.), Colloids Surfaces B:8, 279-286

[15] Krause J.-P., Schwenke K.D., 1995, Changes in interfacial properties of legumin from faba beans (Vicia faba L.) by tryptic hydrolysis, Nahrung 39, 396-405

[16] Krochta, J.M. De Mulder-Johnston, C. 1997, Edible and Biodegradable Polymer Films: Challenges and Opportunities, Food Technol. 51, 61-74

[17] Ferreira, F., Hawranek, T., Gruber, P., Wopfner, N. & Mari, A. 2004, Allergic cross-reactivity: from gene to the clinic, Allergy 59, 243-267

[18] Sothornvit R., Krochta J.M. 2005, in: Innovations in Food Packaging (J. H. Han ed.), Elsevier Science & Technology Books

[19] Sivarooban T., Hettiarachchy N.S., Johnson M.G. 2008, Physical and antimicrobial properties of grape seed extract, nisin, and EDTA incorporated soy protein edible films, Food Research Int., 41, 781-785

[20] Rojas-Grau M.A., Soliva-Fortuny R., Martin-Belloso O. 2009, Edible coatings to in corporate active ingredients to fresh-cut fruits: a review, Trends Food Sci. Technol. 20, 438-447

[21] Chen L., Remondetto G., Rouabhia M., Subirade M., 2008, Kinetics of the breakdown of cross-linked soy protein films for drug delivery, Biomaterials, 29, 3750-3756

[22] Krochta J.M. 2002, in: Protein-based films and coatings (A. Gennadios ed.), CRC Press

[23] DiBenedetto A.T., 1963, Molecular properties of amorphous high polymers II. An interpretation of gaseous diffusion through polymers, J. Polym. Sci. A1, 3477-3487

[24] Robertson G.L. 1993, Permeability of thermoplastic polymers, in: Food Packaging: Principles and Practice, Marcel Dekker

[25] Sessa D.J., Palmquist D.E. 2009, Decolorization/deodorization of zein via activated carbons and molecular sieves, Industrial Crops and Products 30, 162-164

26] Reiners R.A., Wall J.S., Inglett G.E. 1973, in: Industrial Uses of Cereals, (Y. Pomeranz ed), St. Paul, MN: American Association of Cereal Chemists

[27] Biswas A., Selling G.W., Kruger Woods K., Evans K. 2009, Surface modification of zein films, Ind. Crops Prod. 30, 168-171

[28] Li X.N., Guo H.X., Heinamaki J. 2010, Aqueous coating dispersion (pseudolatex) of zein improves formulation of sustained-release tablets containing very water-soluble drug, J. Col. Interf. Sci., In Press

[29] Guo H.X, Heinämäki J., Yliruusi J. 2008, Stable aqueous film coating dispersion of zein, J. Col. Interf. Sci. 322, 478-484

[30] Kim S., Sessa D. J., Lawton J. W. 2004, Characterization of zein modified with a mild cross-linking agent, Ind. J. Crops Prod., 20, 291-300

[31] Chambi H., Grosso C. 2006, Edible films produced with gelatin and casein cross-linked with transglutaminase, Food Res. Int. 39, 458-466

[32] O'Donnell P.B., Wu Ch., J. Wang, L. Wang, B. Oshlack, M. Chasin, R. Bodmeier, J. W. McGinity 1997, Aqueous pseudolatex of zein for film coating of solid dosage forms, Eur. J. Pharm. Biopharm. 43, 83-89

[33] Kasarda, D.D. 1999. Glutenin Polymers: The In Vitro to In Vivo Transition, Cereal Foods World, 44, 566-572

[34] D'Ovidio R., Masci St. 2004, The low-molecular-weight glutenin subunits of wheat gluten, J. Cereal Sci. 39, 321-339

[35] Matsudomi, N., Kato, A. and Kobayashi, K. 1982, Conformational and Surface Proper ties of Deamidated Gluten, Agric. Biol. Chem. 46, 1583-1586

[36] Mimouni, B., Raymond, J., Merle-Desnoyers, A.M., Azanza, J.L., Ducastaing, A. 1994, Combined Acid Deamidation and Enzymic Hydrolysis for Improvement of the Functional Properties of Wheat Gluten, J. Cereal Sci. 20, 153-165

[37] Hernandez-Munoz P., Villalobos R., Chiralt A. 2004, Effect of cross-linking using aldehydes on properties of glutenin-rich films, Food Hydrocoll. 18, 403-411

[38] Alcantara C.R., Rumsey T.R., Krochta, J.M. 1998. Drying Rate Effect on the Proper ties of Whey Protein Films, J. Food Process Engr. 21, 387-405

[39] Park S.K., Hettiarachchy N.S., Ju Z.Y., Gennadios A. 2002, in: Protein-based films and coatings (A. Gennadios ed.), CRC Press

[40] Su J.-F., Huang Z., Yuan X.-Y., Wang X.-Y., Li M. 2010, Structure and properties of carboxymethyl cellulose/soy protein isolate blend edible films crosslinked by Maillard reactions, Carbohyd. Polym. 79, 145-153

[41] Jiang Y., Tang Ch.-H., Wen Q.-B., Li L., Yang X.-Q. 2007, Effect of processing pa rameters on the properties of transglutaminase-treated soy protein isolate films, Innov. Food Sci. Emerg. Technol. 8, 218-225

[42] Chen L., Remondetto G., Rouabhia M., Subirade M. 2008, Kinetics of the breakdown of cross-linked soy protein films for drug delivery, Biomaterials 29, 3750-3756

[43] Gennadios, A., Rhim, J.W., Handa, A.,Weller, C.L. and Hanna, M.A. 1998, Ultraviolet Radiation Affects Physical and Molecular Properties of Soy Protein Films, J. Food Sci., 63:225-228

[44] Rhim, J.W., Gennadios, A., Handa, A.,Weller, C.L., Hanna, M.A. 2000. Solubility, Tensile, and Color Properties of Modified Soy Protein Isolate Films, J. Agric. Food Chem. 48, 4937-4941

[45] Salgado P.R., Ortiz S.E.M., Petruccelli S., Mauri A.N. 2010, Biodegradable sunflower protein films naturally activated with antioxidant compounds, Food Hydrocoll. 24 525-533

[46] Tang Ch.-H., Xiao M.-L., Chen Z., Yang X.-Q., Shou-Wei Y. 2009, Properties of cast films of vicilin-rich protein isolates from Phaseolus legumes: Influence of heat curing, LWT - Food Sci. Technol. 42, 1659-1666

[47] Hun J.H., Gennadios A. 2005, in: Innovations in Food Packaging (J. Han ed.), El sevier Science & Technology Books

9 Coating mit Biopolymeren

Mont Kumpugdee-Vollrath, Jurairat Nunthanid, Pornsak Sriamornsak

Einleitung

Biopolymere sind Polymere, die in der Natur vorkommen bzw. mit einigen Prozessen weiter bearbeitet werden, sodass sie für bestimmte Zwecke eingesetzt werden können. Häufig sind sie durch ihre Bioabbaubarkeit, Biokompatibilität und nicht vorhandene bzw. geringe Toxizität von Interesse für den Einsatz in der Medizin bzw. Pharmazie.

Einige Biopolymere wurden bereits in der Pharmazie, der Medizin und in Lebensmitteln eingesetzt. Beispiele dieser Biopolymere sind Polysaccharide, Polyester und Polyamide. Im folgenden Abschnitt stehen die Polysaccharide im Fokus, da sie sich besonders als Coatingmaterial eignen. Zu den Polysacchariden gehören zum Beispiel Chitosan, Chitin, Pektine, Alginate, Dextran und Carrageen [1,2]. Diese Biopolymere stellen aber oft Probleme bei der Bearbeitung aufgrund ihrer hohen Viskosität sowie Stabilität gegen chemische und physikalische Einflüsse dar.

9.1 Chitosan

Chitosan ist ein naturelles Biopolymer und wird durch die N-Deacetylierung von Chitin hergestellt, wobei Chitin aus Krebsschalen bzw. anderer Krustentiere oder aus der Zellwand von Bakterien und Pilzen gewonnen wird. Chitin ist nicht in Wasser, aber in organischen Lösungsmitteln wie Dimethylacetamid oder Hexafluoroisopropanol löslich. Wegen seiner Löslichkeit wird Chitin selten als Filmbildner eingesetzt. Chitosan ist für die Anwendung im pharmazeutischen Bereich interessant, weil dieses Polymer bioabbaubar und biokompatibel ist sowie niedrigere Toxizität aufweist. Chitosan löst sich nicht in Wasser, Schwefelsäure und Phosphorsäure, dafür aber in Salzsäure, Essigsäure, Milchsäure, Propionsäure und Zitronensäure. Chitosan kann bei niedrigem pH-Wert ein Gel bilden. Ein Film aus Chitosan kann einfach mittels Gießmethode hergestellt werden. Deshalb findet Chitosan häufiger Anwendung als Chitin.

9.1.1 Fallbeispiel A

Nunthanid, et al [3] haben über den Einfluss von Wärme auf die überzogenen Theophyllin-Tabletten berichtet. Um die Chitosan-Lösung herzustellen, wurde Chitosan (MG 800.000-1.000.000) in 1%v/v. Essigsäure aufgelöst, so dass eine Konzentration von 0,5 %m/m erreicht wurde. Anschließend wurde die Lösung ohne Weichmacher als Coatingflüssigkeit eingesetzt. Die Coatingbedingungen sind in der Tab. 9-1 zusammengestellt. Durch diese Methode wurde herausgefunden, dass Chitosan aus flüssiger Essigsäure einen Chitosoniumacetat-Film bilden kann. Dieser Salzfilm kann sich dann in Wasser auflösen und wird für die Wirkstofffreigabesteuerung genutzt. Chitosan-Salzfilme aus höheren Viskositäten haben niedrigere Wasserlöslichkeit als Filme aus niedrigeren Viskositäten. Dabei ist zu beachten, dass dieser Salzfilm durch hohe Temperaturen in Chitin, welches wasserunlöslich ist, umgewandelt wird. In den nachstehenden Abschnitten werden Beispiele gezeigt, welche Filme mit welcher Qualität hergestellt werden können.

Tab. 9-1 Coatingparameter A [3]

Parameter	Beschreibung
Coater-Typ	Rama Coater 18, Narong Karnchang, Thailand
Kern	Theophyllin-Tabletten
Sprührate (ml/min)	15-30
Coater-Geschwindigkeit (rpm)	9
Trocknungstemperatur (°C)	55-60
Nachtrocknungstemperatur (°C)	40-100
Nachtrocknungszeit (h)	6-24

Ergebnisse der eingesetzte Formulierung und Parameter „A“

Der Überzug wurde erfolgreich mit einer Filmdicke von ca. 0,165 mm hergestellt. Die resultierenden Filme ohne Nachtrocknung hatten eine glatte Oberfläche ohne Risse (Abb. 9-1A). Die Nachtrocknung bei allen Zeiten und Temperaturen führt zu Rissbildung aufgrund des Verlustes der Feuchtigkeit im Chitosan-Salzfilm, z.B. traten bei 100 °C und 24 h mehr Risse auf der Oberfläche auf (Abb. 9-1B).

Die Freisetzung (Abb. 9-2A) zeigte, dass eine verzögerte Freigabe des Wirkstoffs erfolgte. Dies bedeutet, dass ein guter und homogener Überzug aus Chitosan hergestellt werden konnte. Aus der Freisetzugsuntersuchung konnte auch entnommen werden, dass der Wirkstoff Theophyllin in den nachgetrockneten Tabletten sehr schnell freigesetzt wurde (Abb. 9-2B). Dieses könnte aufgrund der Rissbildung sein. Es wurde durch die FTIR und C13-NMR Messungen bestätigt, dass der hergestellte Chitosan-Salzfilm in Form von Chitosoniumacetat existiert.

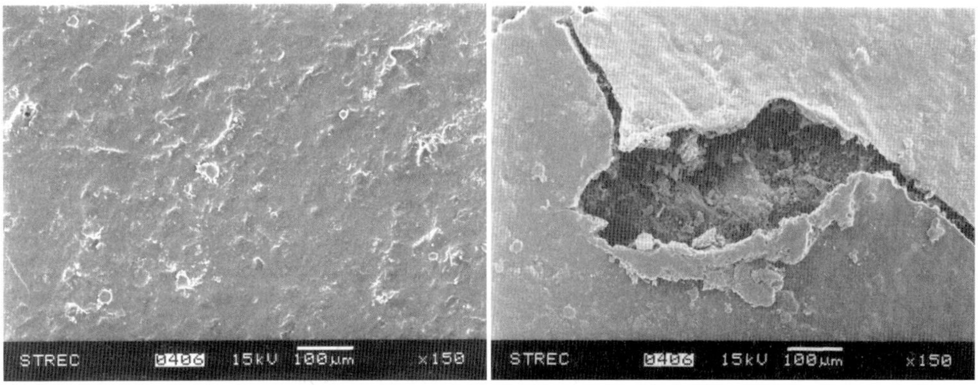

(A) (B)

Abb. 9-1 REM-Bilder des Chitosan-Salzfilms (A) ohne Nachtrocknung, (B) Nachtrocknung 100 °C, 24 h [3]

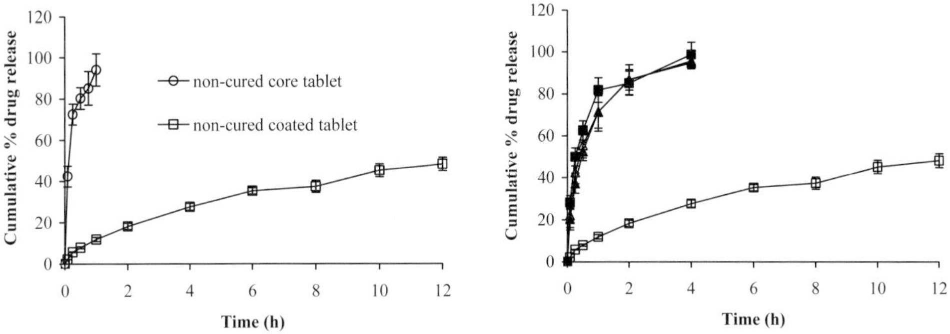

(A) (B)

Abb. 9-2 Freisetzungsprofile von Theophyllin in destilliertem Wasser (Anzahl der Messungen = 6, Darstellung des Mittelwertes ± Standardabweichung):
(A) nicht nachgetrocknete Tabletten mit Überzug und O ohne Überzug (B) Tabletten mit Überzug ohne Nachtrocknung, Δ mit Nachtrocknung bei 6 h und 100 °C, ■ mit Nachtrocknung bei 12 h und 100 °C, ▲ mit Nachtrocknung bei 24 h und 100 °C [3]

9.1.2 Fallbeispiel B

Nunthanid, et al [4] haben den Einfluss von Wechselwirkung zwischen zwei Wirkstoffen und dem Polymer Chitosan auf die Wirkstoff-Freigabe untersucht. Dabei wurden Filme aus verschiedenen Chitosan-Typen durch Gießverfahren hergestellt. Als Modellwirkstoffe wurden Salicylsäure und Theophyllin benutzt. Mittels Röntgendiffraktometrie, Thermoanalyse, FTIR-, NMR-Spektroskopie und Freigabeuntersuchung wurde herausgefunden, dass Salicylsäure mit Chitosan wechselwirkt und Salicylat bilden kann. Zwischen Theophyllin und Chitosan war hingegen keine Wechselwirkung. Wenn Chitosan mit diesen beiden Wirkstoffen vermischt wurde, hatten die Mischungen schnelle Freigaben beim Test in Wasser. Verzögerte Freigabe konnte jedoch durch die Benutzung von hoch viskosen Chitosan erreicht werden. Aus den Ergebnissen ist zu entnehmen, dass die eingesetzten Wirkstoffe sehr großen Einfluss auf die Freigabe haben können. Deshalb muss dieses bei der Formulierung beachten werden.

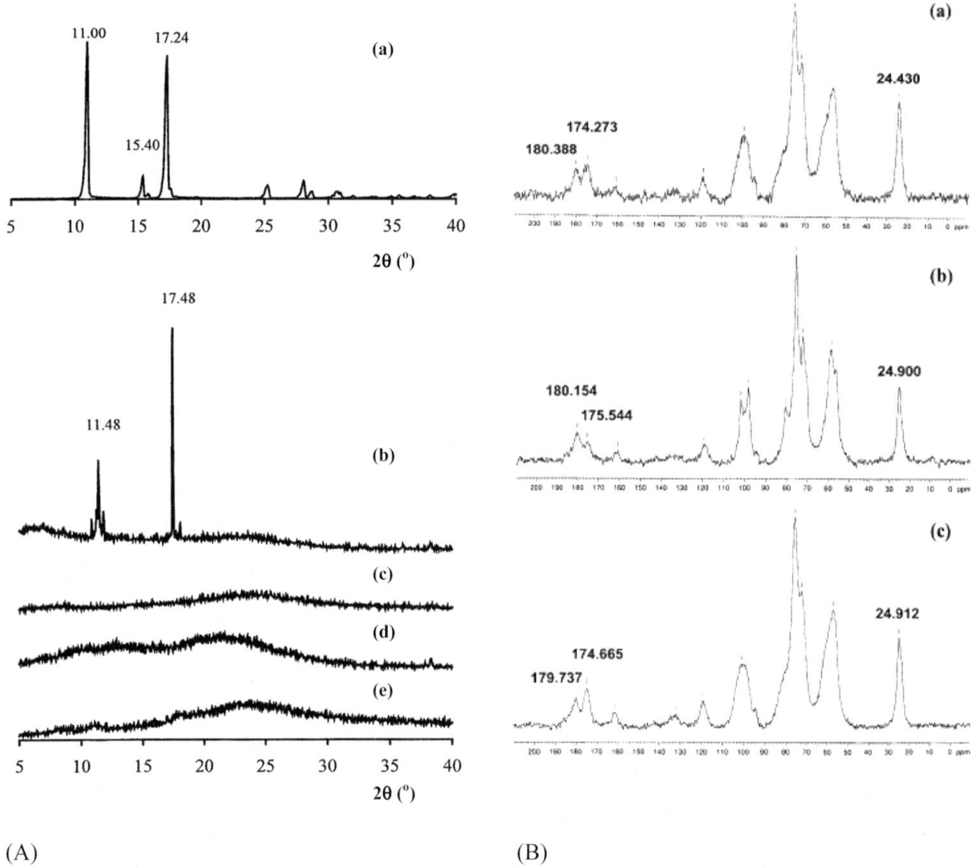

Abb. 9-3 (A) Röntgendiffraktogramme von Chitosan-Film gemischt mit Salicylsäure (SA) bei verschiedenen Wirkstoffkonzentrationen: a) reines SA-Pulver, b) 40% SA, c) 30% SA, d) 10% SA und e) reiner Chitosan-Film (B) Fester Zustand 13C NMR Spektren von verschiedenen Typen des Chitosans gemischt mit 10% Salicylsäure: a) VL-82%DD, b) VL-100%DD, und c) H-80–85%DD
VL: niedrige Viskosität, DD: Grad der Deacetylierung, H: hohe Viskosität [4]

Die FTIR Ergebnisse zeigten, dass Salicylsäure mit Chitosan über die Amidgruppe in Wechselwirkung treten kann. Der amorphe Zustand des Chitosan-Films, der als breites Spektrum ohne signifikanten Peak zu sehen ist, ist deutlich (Abb. 9-3 A, e) zu erkennen. Der Wirkstoff Salicylsäure allein (Abb. 9-3A, a) hatte dagegen deutlich die Peaks in verschiedenen Winkeln (2θ) z.B. 11°, 15,40° und 17,24°. Dieses deutet auf hohe kristalline Strukturen hin. Die Filme, die aus der Mischung von Wirkstoff und Chitosan hergestellt wurden (Abb. 9-3A, b-d), hatten je nach Konzentration des beigemischten Wirkstoffs sowohl amorphe als auch kristalline Strukturen. Die Resonanz bei 24 ppm aus den NMR-Ergebnissen (Abb. 9-3B) deutet die CH_3-Carbongruppe an und die bei 180 ppm das Carbonylcarbon. Diese beiden Resonanzen bestätigen die Bildung von Chitosoniumacetat.

9.1.3 Fallbeispiel C

Nunthanid, et al [5] haben verschiedene Typen von Chitosan mittels diverser Techniken untersucht. Mittels REM und optischer Betrachtung konnte gezeigt werden, dass Filme aus allen Chitosan-Typen eine klare und farblose bzw. gelbe Struktur aufwiesen. Die Filme hatten, wie gewünscht, eine glatte und homogene Struktur ohne Poren (Abb. 9-4a). Die Unebenheit, (z.B. Abb. 9-4e) die in den REM Aufnahmen zu sehen ist, resultiert aus der Unregelmäßigkeit der Petrischale, welche beim Gießen verwendet wurde. Wenn die Filme für einige Wochen gelagert wurden, färbten sie sich dunkelgelb.

a)

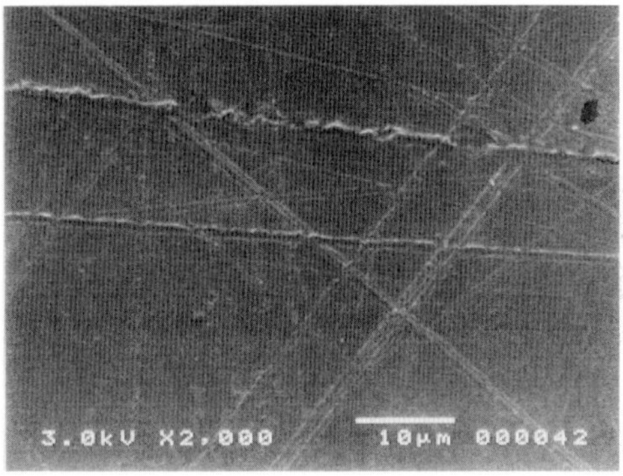

c)

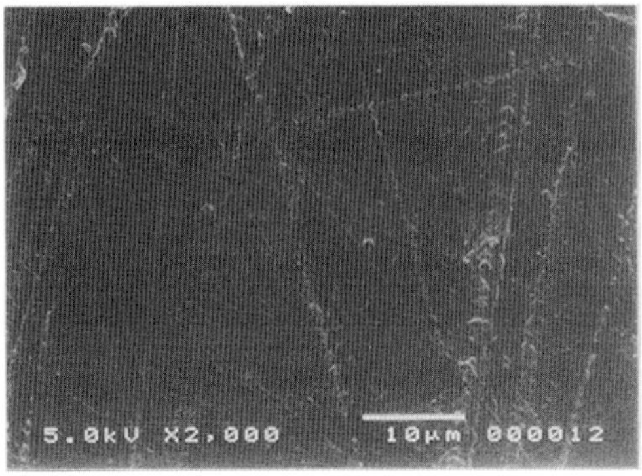

b)

d)

Abb. 9-4 REM-Aufnahmen von Chitosan-Filmen verschiedener Typen: a) VL-82% DD, b) VL-100% DD, c) H-80–85% DD, und d) H-100% DD [5]
VL: niedrige Viskosität, DD: Grad der Deacetylierung, H: hohe Viskosität

Der breite endotherme Peak bei ca. 100 °C in den DSC-Thermogrammen (Abb. 9-5A) entstand durch den Wasserverlust. Danach traten zwei exotherme Peaks bei ca. 150 °C und 270 °C auf, welche auf die Zersetzung des Films hindeuten. Die TGA Thermogramme (Abb. 9-5B) zeigten, dass es zwei Stufen (ca. 150 °C und 270 °C) von Gewichtsverlust gibt. Filme aus H-Typ Chitosan können mehr Wasser aufnehmen als Chitosan mit niedrigeren Viskositäten (VL-Typ) (Abb. 9-6A). Wenn die Filme gequollen waren, bildeten sie eine gelartige Struktur und anschließend lösten sie sich auf. Der Quellungsindex reduzierte sich mit der Zeit. Dies könnte in der Quervernetzung der positiv geladenen Amid-Gruppe und negativ geladenen Phosphat-Gruppe begründet sein. Die Quervernetzung macht die innere Struktur des Films dichter und deshalb kann das Volumen nicht mehr vergrößert werden. Dieses führt zur Reduzierung des Quellungsindexes (Abb. 9-6B).

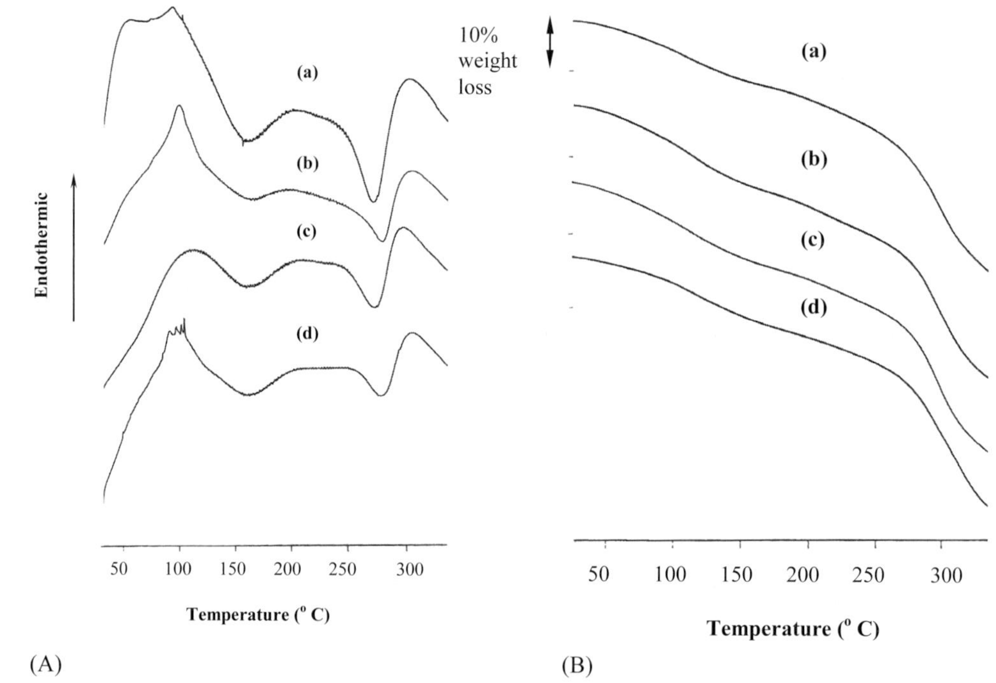

Abb. 9-5 (A) DSC-Thermogramme und (B) TGA-Thermogramme von Chitosan-Filmen verschiedener Typen: a) VL-82% DD, b) VL-100% DD, c) H-80–85% DD, und d) H-100% DD [5] *VL: niedrige Viskosität, DD: Grad der Deacetylierung, H: hohe Viskosität*

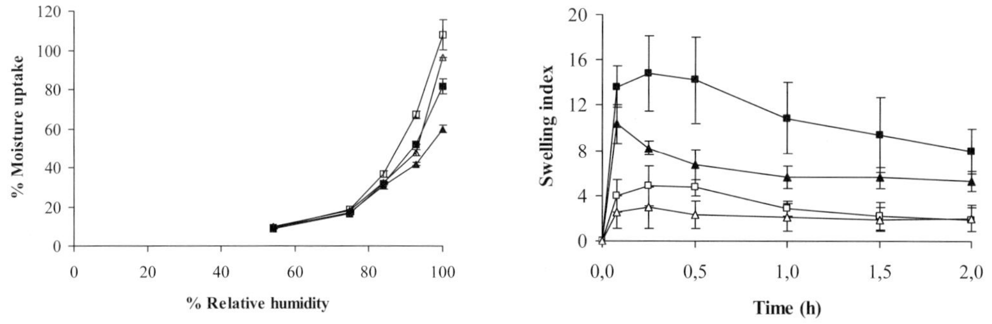

(A) (B)

Abb. 9-6 (A) Wasseraufnahmenkapazität von Chitosan-Filmen aus verschiedenen Typen bei 25°C (B) Quellungsindex von Chitosan-Filmen in Phosphatpuffer pH 7,4: (■) VL-82% DD, (▲) VL-100% DD, (□) H-80–85% DD, and (△) H-100% DD, n=3 [5]

Es wurde durch die FTIR Ergebnisse (Abb. 9-7A) bestätigt, dass der Chitosan-Film aus Essigsäure sich in eine Chitosoniumacetat Form umwandelte. Während die NMR Ergebnisse zeigten, dass nicht vollständige Deacetylierung von Chitosan (82%DD-Typ) einen kleinen Unterschied zu vollständiger Deacetylierung von Chitosan (100%DD-Typ) hat, d.h. 82%DD-Typ-Chitosan hat zusätzliche Resonanz bei 174 ppm (Abb. 9-7B). Folgende IR-Bande konnten verschiedenen chemischen Gruppen zugeordnet werden:

3359-3367 cm^{-1}: O-H
1655-1657 cm^{-1}: C-O
1550-1000 cm^{-1}: asymmetrische Carbonyl Anion
1400 cm^{-1}: symmetrische Carbonyl Anion

Verschiedene Typen (VL, H) von Chitosan hatten unterschiedliche mechanische Festigkeit. Tabelle 9-2 fasst zusammen, dass Filme aus Chitosan mit hoher Viskosität (H-Typ) eine höhere mechanische Festigkeit hatten.

Tab. 9-2

Mechanische Festigkeit und % Dehnung, Mittelwert ± Standardabweichung von fünf Proben [5]
VL: niedrige Viskosität, DD: Grad der Deacetylierung, H: hohe Viskosität

Chitosan-Typ	Festigkeit (MPa)	Dehnung %
VL-82% DD	47,07±3,10	9,34±1,13
VL-100% DD	36,77±2,48	4,79±1,17
H-80-85% DD	52,93±6,44	23,82±4,11
H-100% DD	61,76±5,14	18,25±6,08

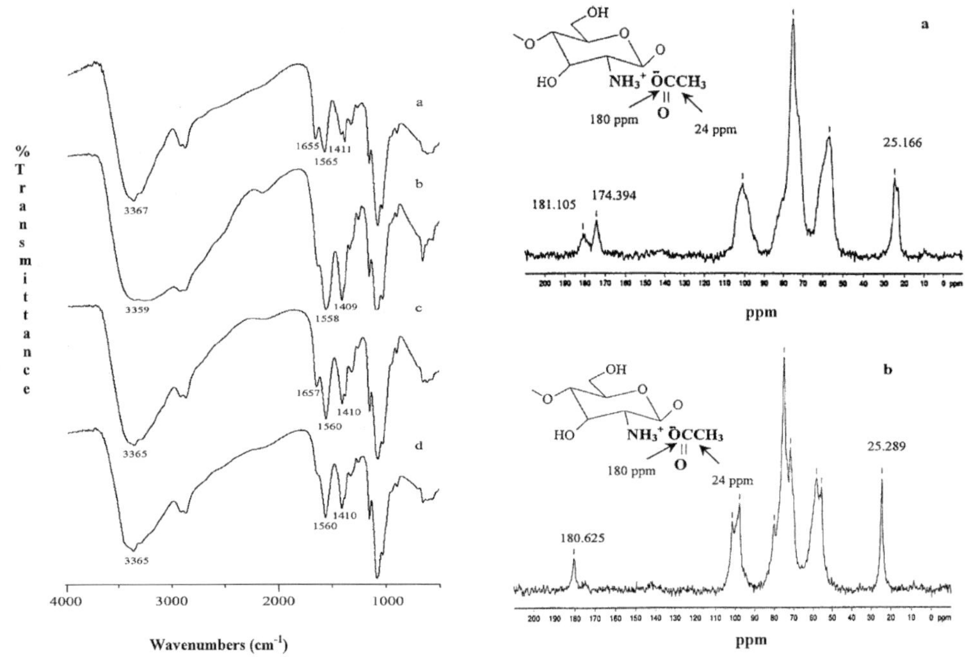

(A) (B)

Abb. 9-7 (A) FTIR Spektren von Chitosan-Filmen aus verschiedenen Typen (B) Fester Zustand 13C NMR Spektren von Chitosan-Filmen aus verschiedenen Typen: a) VL-82% DD, b) VL-100% DD, c) H-80–85% DD, und d) H-100% DD [5]
VL: niedrige Viskosität, DD: Grad der Deacetylierung, H: hohe Viskosität

9.1.4 Fallbeispiel D

Kaur, et al [6] berichten über die Nutzung von Kombination aus Eudragit RS, Eudragit RL und Chitosan als Zwischenschicht (2. Schicht), um die Freigabe bei Pellets zu steuern. Diese Pellets hatten insgesamt drei Überzugschichten d.h. die erste Schicht ist hydrophob aber die dritte Schicht hat magensaftresistente Eigenschaften. Methylparaben wurde als Weichmacher eingesetzt, da Methylparaben sich als besserer Weichmacher für Eudragit gezeigt hatte.

9.1.5 Zusammenfassung - Chitosan

Außer den oben aufgeführten Fallbeispielen sind noch einige Nutzungen von Chitosan möglich. Fernandez-Saiz, et al [7] berichten, dass Chitosan eine antibakterielle Eigenschaft z.B. gegen *S. aureus* hat, wenn es eine chemische Verbindung wie Carboxylate (-NH_3 + -OOCH) bilden kann. Chitosan wurde in Lebensmitteln [8,9] und Medizinprodukten [10,11] eingesetzt. Die Haltbarkeit von Eiern konnte durch die Beschichtung mit Chitosan verlängert werden. Der Einsatz von Weichmacher Sorbitol erzeugt bessere Ergebnisse als Glycerol oder Propylenglykol. Wenn die Mischung von Chitosan und Polyvinylalkohol eingesetzt wurde, um Katheter zu beschichten, konnten durch die Reduktion der Proteinabsorption an den Katheteroberflächen und die antibakterielle Wirkung von Chitosan Komplikationen bei der Anwendung reduziert werden. Ähnliche Wirkung wurde bei beschichteten Fixierungsschrauben für gebrochene Knochen erzielt. Die Kombination zwischen Chitosan, Eudragit RS/RL und organischer Säure wurde als Dickdarm-Targeting eingesetzt. Die Freigabe des Wirkstoffs im Dickdarm erfolgt durch die Abspaltung des Chitosans durch Bakterien [6]. Auch eine Kombination aus Chitosan und Pektin wurde als Dickdarm-Targeting verwendet [12].

Tab. 9-3 Coatingformulierung und -parameter Fallbeispiel D [6]

Substanz	Masse
Eudragit RS30D	60
Eudragit RL30D	15
Methylparaben	15
Chitosan	7,5
Bernsteinsäure	7,5
Talkum	50
Wasser	q.s.

Parameter	Beschreibung
Coater-Typ	Uni-Glatt
Kern	Pellets
Zulufttempearatur (°C)	60-65
Ablufttempearatur (°C)	40-45
Sprührate (g/min)	5-7
Zerstäubungsdruck (bar)	3
Nachtrocknungszeit im Gerät (min)	10
Nachtrocknungszeit im Trockenschrank (°C, h)	40, 24

9.2 Pektine

Pektine sind pflanzliche Polysaccharide oder Polyuronide. Sie bestehen aus α-1,4-glycosidisch verknüpften D-Galacturonsäure-Einheiten. Pektine gibt es in unterschiedlichen Typen abhängig vom Verseifungsgrad. Die Herkunft und verschiedene Einsatzmöglichkeiten von Pektinen sind in der Literatur zusammengefasst [2,13]. Die Benutzung als Überzugsmaterial ist in vielen Bereichen möglich. Einige werden in diesem Abschnitt als Fallbeispiele beschrieben. Meistens wurden Pektine nicht alleine, sondern in Kombination mit anderen Polymeren als Überzugsmaterial eingesetzt.

9.2.1 Fallbeispiel E

Ofori-Kwakye, et al [14] hatten über eine Benutzung von Pektin in Kombination mit Chitosan und Hydroxypropylmethylcellulose (HPMC) berichtet. Die Polymere aus der Tab. 9-4 wurden zusammengemischt und in 0,1 M HCl mit Hilfe von Rührern in Gel gebracht. Glycerol wurde als Weichmacher eingesetzt.

Ergebnisse der eingesetzten Formulierung und Parameter „E“

Die Tabletten wurden für die weitere Charakterisierung mit der oben genannten Formulierung besprüht bis eine Gewichtszunahme von 6%, 9% und 13% erreicht war. Die Tabletten mit höherer Gewichtszunahme wiesen eine niedrigere Wirkstofffreigabe auf, da sich eine dickere Gel-Schicht auf den Tabletten gebildet hatte. Die Freigabe in 0,1 M HCl ist höher als im Sorensen Phosphatpuffer pH 7,4. Im Vergleich sind ca. 98% Paracetamol in HCl und im Puffer nur 76% innerhalb von 90 min freigesetzt worden. Die verzögerte Freigabe konnte durch diese Formulierung erreicht werden, d.h. nach 5 Std. wurden nur 24%, 11% und 7% des Wirkstoffs in 0,1 M HCl freigesetzt, wenn die Tabletten eine Gewichtszunahme von 6%, 9% bzw. 13% hatten.

9.2.2 Fallbeispiel F

Hiorth, et al [12] haben die Möglichkeit des Einsatzes von Calcium und Chitosan als Quervernetzer, um Immersion-Coating (siehe Gel-Coating, Kap. 11) herzustellen, untersucht. Das Immersion-Coating wurde durch das Eintauchen von Pellets in heiße Pektinlösung (72°C) für 10 min erzeugt. Anschließend wurden die Pellets filtriert und mit Wasser abgespült. Danach wurden die Pellets entweder in kalte $CaCl_2$-Lösung oder heiße Chitosan-Lösung für 5 min. eingetaucht, dann gewaschen und in Ethanol als Mechanismen-Stopper eingetaucht und wieder gewaschen bzw. getrocknet. Die so entstandenen Pellets waren mit Calcium-Pektinat oder Calcium-Pektinat-Chitosan überzogen. Verschiedene Parameter wurden in dieser Arbeit variiert, mit dem Ergebnis, dass Chitosan wahrscheinlich ein besserer Quervernetzer als Calcium ist, da die Verzögerung der Freigabe des Wirkstoffs besser erfolgte.

9.2.3 Fallbeispiel G

Semde, et al [15] untersuchten die Nutzung der Kombination zwischen Pektin und Eudragit NE sowie Eudragit RL als Dickdarm-Drug-Delivery. Verschiedene Zusammensetzungen wurden getestet. Beispiele der Formulierungen und Coatingparameter sind in der Tab. 9-5 und Tab. 9-6 zusammengefasst. Die Freigabe des Theophyllin-Wirkstoffes ist von der Pektinkonzentration abhängig. Eine optimale Mischung d.h. 20%m/m Pektin relativ zu Eudragit RL-Konzentration zeigte eine gute verzögerte Freigabe.

Tab. 9-4 Coatingformulierung und -parameter E [14]

Substanz	Masse
Pectin USP	70
Chitosan	11,7
HPMC E4	4,3
Glycerol	17,1
0,1 M HCl	7010

Parameter	Beschreibung
Coater-Typ	Accelacota 10, Manesty
Kern	Paracetamol-Tabletten
Chargengröße (kg)	1,5
Zulufttemperatur (°C)	68-70
Ablufttemperatur (°C)	50-52
Produktbetttemperatur (°C)	32-35
Sprührate (g/min)	13-15
Distanz der Sprühpistole (cm)	18
Coater-Geschwindigkeit	8,7
Zuluftströmung (m^3/h)	7,5-8,2
Zerstäubungsdruck (bar)	1,5-2,0
Ventilatordruck (bar)	0,7-1,0
Nachtrocknung (min)	10

Tab. 9-5 Coatingformulierung G [15]

Substanz	G1, Masse (g)	G2, Masse (g)	G3, Masse (g)
Eudragit NE30D, trocken	100	100	100
Eudragit RL30D, trocken	50	50	50
Pectin HM, trocken	5	10	7,5
Polysorbat 80	1,6	1,6	1,6
Silikon-Emulsion	1,6	1,6	1,6
Wasser	q.s. 1180	q.s. 1000	q.s. 1000
Menge	%m/m	%m/m	%m/m
Feststoff	13,3	16,3	16,1
Pectin HM : Eudragit RL	10	20	-
Coatingmenge	20	19	19,5

Tab. 9-6 Coatingparameter G [15]

Parameter	Beschreibung
Coater-Typ	Uniglatt, Glatt
Kern	Theophyllin-Pellets
Zulufttempearatur (°C)	36 oder 28
Sprührate (ml/min)	9,5-11,5
Zerstäubungsdruck (bar)	1
Nachtrocknungstemperatur (°C)	60
Nachtrocknungszeit (h)	15

9.2.4 Fallbeispiel H

Wakerly, et al [16] berichten über die Nutzung von der Kombination zwischen Pektin und Ethycellullose (EC). Beispiele der Formulierungen (H1-H3) und Coatingparameter sind in der Tab. 9-7 zusammengefasst. Die Wirkstofffreigabe ist von der Menge der EC und der Menge des Coatingmaterials abhängig. Je größer die Menge, desto weniger Freigabe. Auch Wie, et al [17] berichteten über die Kombination zwischen Pektin und EC. Verschiedene Verhältnisse zwischen Pektin und EC 1:0, 0:1 und 1:1 wurden gestestet.

Pellets, die nur mit Pektin bei 20% Gewichtszunahme überzogen wurden, gaben den Wirkstoff schnell frei. Innerhalb von fünf Stunden waren 100% vom 5-Fluorouracil-Wirkstoff freigesetzt. Im Gegensatz dazu wurden bei einem Verhältnis von 1:2 innerhalb von fünf Stunden nur 9,8% bzw. 4,1% Wirkstoff freigesetzt, in Abhängigkeit von der Menge des Coatingmaterials.

Tab. 9-7 Coatingformulierung und -parameter H [16]

Formulierung	H1	H2	H3	H4
Verhältnis Pektin USP zu Surelease	60:40	50:50	40:60	1:2
Parameter	Beschreibung für H1-H3			Beschreibung für H4
Coater-Typ	Strea-1, Aeromatic			Coater, Jiangsu, China
Kern	Paracetamol-Tablette			5-Fluorouracil-Pellets
Zulufttempearatur (°C)	75			40-45
Ablufttempearatur (°C)	75			-
Produktbetttempearatur (°C)	70			-
Sprührate	2 (g/min)			0,5-0,8 (m^3/min)
Zerstäubungsdruck (bar)	1			0,2-0,3

9.2.5 Zusammenfassung - Pektine

Pektin wurde bisher nicht allein als Coatingmaterial im klassischen Coatingverfahren eingesetzt. Nur durch spezielle Coatingtechnik, wie Gel-Coating (Kap. 11) konnte Pektin einen guten Film bilden. Dieses könnte in der Schwierigkeit bei der Bearbeitung von Pektin als Coatingmaterial begründet sein. Die normale Konzentration einer Pektin-Lösung (10-15%m/m) hat eine zu hohe Viskostität, weshalb diese nicht optimal eingesetzt werden kann bzw. wenn mit niedrigerer Viskosität -was niedrigere Konzentration bedeutet- gearbeitet wird, dann dauert der Coatingprozess sehr lange und ist nicht ökonomisch.

Durch Abspaltung von Pektinen mittels Enzymen im Dickdarm wird der Wirkstoff freigesetzt. Deshalb wird Pektin bzw. Pektinkombinationen als Dickdarm-Targeting (Colon-Drug-Delivery) eingesetzt [18,19]. Mögliche Pektinkombinationen sind z.B. Pektin/Chitosan/ HPMC [14,20], Pektin/EC [16,17], Pektin/Eudragit [15], Pektin/Chitosan/Eudragit RS [21], und Pektin/Chitosan [12,22]. Um die Freigabe des Wirkstoffs besser steuern zu können, benötigt Pektin Ionen, welche z.B. aus Calcium oder Chitosan stammen [12]. Wenn Pektin oder Chitosan allein als Überzugsmaterial eingesetzt werden sollen, ist der Einsatz von ca. 20%m/m Glycerol als Weichmacher zu empfehlen [23]. Mariniello, et al [24] berichten über die Möglichkeit des Einsatzes von Pektin und Sojamehl in der Relation von 2:1 als Überzugmaterial für Lebensmittel und Pharmaprodukte. Durch die Beimischung vom Enzym-Transglutaminase konnten die Eigenschaften wie Festigkeit und Rauhigkeit von Polymermischung verbessert werden [24]. Auch die Beimischung von Gelatine oder Sojaprotein verbesserte die Eigenschaften von Pektin-Filmen im Hinblick auf die Elastizität, Festigkeit, Wasserlöslichkeit und Dampfdurchlässigkeit [25].

9.3 Alginate

Alginate sind Salze der Alginsäure und gehören ebenfalls zu den Polysacchariden. Sie bestehen aus einer Mischung von Uronsäuren, α-L-Guluronsäure und β-D-Mannuronsäure, welche 1,4-glycosidisch in wechselndem Verhältnis zu linearen Ketten verbunden sind. Innerhalb der Struktur werden homopolymere Bereiche gebildet, deshalb können Alginate auch als Block-Polymere bezeichnet werden.

9.3.1 Fallbeispiel I

Pongjanyakul, et al [26] testeten die Nutzung der Kombination von Alginat und Magnesium-Aluminium-Silicat. Die Tabletten konnten mit der Mischung aus Alginatnatrium und Magnesium-Aluminium-Silicat überzogen werden. Beispiele der Formulierungen und Coatingparameter sind in der Tab. 9-8 und 9-9 dargestellt. Als Weichmacher wurden Glycerin oder PEG400 verschiedener Konzentrationen eingesetzt. Dadurch konnte die Freigabe des Wirkstoffes im Gastrointestinaltrakt gesteuert werden. In Anwesenheit von Glycerin und PEG400 erfolgt die Freigabe des Wirkstoffs schneller als ohne. Die REM Bilder zeigen, dass der Überzug ziemlich homogen und glatt ist. Bei der Überzugstufe von 4,3-4,7 mg/cm^2 beträgt die Schichtdicke ca. 20-30 μm.

Tab. 9-8 Coatingformulierung I [26]

Substanz	Menge
Alginatnatrium (SA) (%m/v im Wasser)	2
Magnesium-Aluminium-Silicat (MAS) (%m/v im Wasser)	2
Verhältnis SA:MAS	1:1
Glycerin (%m/m zu SA)	10, 30, 50
PEG400 (%m/m zu SA)	10, 30, 50

Tab. 9-9 Coatingparameter I [26]

Parameter	Beschreibung
Coater-Typ	Thai Coater FC15, Thailand
Kern	Tabletten
Zulufttempearatur (°C)	60-65
Sprührate (ml/min)	4
Zerstäubungsdruck (MPa)	0,28

9.3.2 Fallbeispiel J

Mitrevej, et al [22] berichten über die Nutzung der Kombination von Alginatnatrium mit Pektin oder Chitosan. Das Rizinusöl ist als Weichmacher in jeder Formulierung in der Konzentration von 10% eingesetzt worden. Die Polymerkomplexe aus Chitosan-Alginatnatrium bzw. Chitosan-Pektin konnten gute Filme erzeugen, welche zur Steuerung der Freigabe des Wirkstoffs Diclofenacnatrium führten.

Tab. 9-10 Coatingformulierung J [22]

Substanz	J1	J2	J3	J4	J5
Chitosan 1%m/m in Essigsäure (C)			1		
Alginatnatrium 1%m/m in Wasser (A)				1	
Pektin 1%m/m in Wasser (P)					1
Verhältnis C:A	1:1				
Verhältnis C:P		1:1			

Tab. 9-11 Coatingparameter J [22]

Parameter	Beschreibung
Coater-Typ	Glatt GPCG-1
Kern	Pellets
Zuluftgeschwindigkeit (m3/h)	100
Ablufttemperatur (°C)	40-50
Produktbetttempearatur (°C)	40-50
Zerstäubungsdruck (MPa)	0.3
Sprührate (g/min)	16
Nachtrocknungstemperatur (°C)	50
Nachtrocknungszeit (h)	6

9.3.3 Zusammenfassung - Alginate

Alginate werden schon seit einiger Zeit als Überzugsmaterial eingesetzt. Im Lebensmittelbereich wurde Calciumalginat als Coatingmaterial verwendet, um Hühnerhaut gegen Mikroorganismen wie z.B. Salmonellen zu schützen [27]. Eine andere Forschergruppe beschrieb [28], dass frisch geschnittenes Obst wie Äpfel oder Papayas mit Alginaten beschichtet werden können, um es länger haltbar zu machen. Mit Beimischung von Bifidobakteria kann zusätzlich die probiotische Wirkung erhalten werden. Im Pharmabereich wurden Theophyllin-Pellets mit Alginatnatrium mittels Gel-Bildung durch Calciumionen an der Grenzfläche beschichtet [29]. Eine homogene Filmschicht mit Schichtdicken von ca. 30-40 µm wurde erreicht. Tabelle 9-12 fasst die geeigneten Weichmacher für Biopolymere aus Polysaccharide zusammen. In der Regel können andere Weichmacher, die in der Pharmazie eingesetzt wurden, auch genutzt werden.

Tab. 9-12 Beispiele für Weichmacher für Biopolymere aus Polysacchariden [12,23,25,26,28,30].

Weichmacher	Biopolymer
Sonnenblumenöl	Alginate
Glycerol	Pektin, Chitosan
Glycerin	Alginate
Polyethylglykol	Alginate
Propylenglykol	Chitosan
Sorbitol	Chitosan
Protein	Pektin
Gelatine	Pektin

9.4 Quellenverzeichnis

[1] Steinbüchel A., Marchessault R.H. (Eds.) 2005, Biopolymers for medical and pharmaceutical applications, Volume 2, Wiley-VCH, Weinheim

[2] Sriamornsak P. 2008, Pectin: A pharmaceutical biopolymer, Silpakorn University Press, Nakhon Pathom, Thailand

[3] Nunthanid J., Wanchana S., Sriamornsak P., Limmatavapirat S., Luangtanaanan M., Puttipipatkhachorn S. 2002, Effect of heat on characteristics of chitosan film coated on theophylline tablets, Drug Dev Ind Pharm 28, 919-930

[4] Puttipipatkhachorna S., Nunthanid J., Yamamoto K., Peck G.E. 2001, Drug physical state and drug-polymer interaction on drug release from chitosan matrix films, J Controlled Release 75, 143-153

[5] Nunthanid J., Puttipipatkhachorn S., Yamamoto K., PeckG.E. 2001, Physical properties and molecular behavior of chitosan films, Drug Dev Ind Pharm 27, 143-157

[6] Kaur K., Kim K. 2009, Studies of chitosan/organic acid/Eudragit RS/RL-coated system for colonic delivery, Int J Pharm 366, 140-148

[7] Fernandez-Saiz P., Ocio M.J. Lagaron J.M. 2006, Film-forming process and biocide assessment of high-molecular-weight chitosan as determined by combined ATR-FTIR spectroscopy and antimicrobial assays, Biopolymers 83, 577-83

[8] Goosen M.F.A. (Ed) 1996, Applications of chitin and chitosan, CRC Press LLC, USA

[9] No H.K., Meyers S.P., Prinyawiwatkul W., Xu Z. 2007, Applications of chitosan for improvement of quality and shelf life of foods: a review, J Food Sci 72, R87-100

[10] Greene A.H., Bumgardner J.D., Yang Y., Moseley J., Haggard W.O. 2008, Chitosan coated stainless steel screws for fixation in contaminated fractures, Clin Orthop Relat Res 466(7), 1699-704

[11] Yang S.H., Lee Y.S., Lin F.H., Yang J.M., Chen K.S. 2007, Chitosan/poly(vinyl alcohol) blending hydrogel coating improves the surface characteristics of segmented polyurethane urethral catheters, J Biomed Mater Res B Appl Biomater 83(2), 304-13

[12] Hiorth M., Versland T., Heikkilä J., Tho I., Sande S.A. 2006, Immersion coating of pellets with calcium pectinate and chitosan, Int J Pharm 308(1-2), 25-32

[13] Thakur B.R., Singh R.K., Handa A.K. 1997, Chemistry and uses of pectin, Crit Rev Food Sci Nutr 37(1), 47-73

[14] Ofori-Kwakye K., Fell J.T. 2003, Biphasic drug release from film-coated tablets, Int J Pharm 250, 431-440

[15] Semdé R., Amighi K., Devleeschouwer M.J., Moës A.J. 2000, Studies of pectin HM/Eudragit RL/Eudragit NE film-coating formulations intended for colonic drug delivery, Int J Pharm 197, 181-92

[16] Wakerly Z., Fell J.T., Attwood D., Parkins D. 1996, Pectin/ethylcellulose film coating formulations for colonic drug delivery, Pharm Res 13, 1210-2

[17] Wie H., Qing D., De-Ying C., Bai X., Fanli-Fang F. 2007, Pectin/Ethylcellulose as film coatings for colon-specific drug delivery: preparation and in vitro evaluation using 5-fluorouracil pellets, PDA J Pharm Sci Technol 61, 121-30

[18] Wei H., Qing D., De-Ying C., Bai X., Li-Fang F. 2008, Study on colon-specific pectin/ ethylcellulose film-coated 5-fluorouracil pellets in rats, Int J Pharm 348, 35-45

[19] Ahmed S. 2005, Effect of simulated gastrointestinal conditions on drug release from pectin/ethylcellulose as film coating for drug delivery to the colon, Drug Dev Ind Pharm 31, 465-470

[20] Macleod G.S., Fell J.T., Collett J.H., Sharma H.L., Smith A.M. 1999, Selective drug delivery to the colon using pectin:chitosan:hydroxypropyl methylcellulose film coated tablets, Int J Pharm 187, 251-7

[21] Ghaffari A., Navaee K., Oskoui M., Bayati K., Rafiee-Tehrani M. 2007, Preparation and characterization of free mixed-film of pectin/chitosan/Eudragit RS intended for sigmoidal drug delivery, J Pharm Biopharm 67, 175-86

[22] Mitrevej A., Sinchaipanid N., Rungvejhavuttivittaya Y., Kositchaiyong V. 2001, Multiunit controlled-release diclofenac sodium capsules using complex of chitosan with sodium alginate or pectin, Pharm Dev Technol. 6, 385-92

[23] Hiorth M., Tho I., Sande S.A. 2003, The formation and permeability of drugs across free pectin and chitosan films prepared by a spraying method, Eur J Pharm Biopharm 56, 175-81

[24] Mariniello L., Di Pierro P., Esposito C., Sorrentino A., Masi P., Porta R. 2003, Preparation and mechanical properties of edible pectin-soy flour films obtained in the absence or presence of transglutaminase, J Biotechnol 102, 191-198

[25] Liu L., Liu C.K., Fishman M.L., Hicks K.B. 2007, Composite films from pectin and fish skin gelatin or soybean flour protein, J Agric Food Chem 55, 2349-55

[26] Pongjanyakul T., Puttipipatkhachorn S. 2007, Alginate-magnesium aluminum silicate films: effect of plasticizers on film properties, drug permeation and drug release from coated tablets, Int J Pharm 333, 34-44

[27] Mehyar G.F., Han J.H., Holley R.A., Blank G., Hydamaka A. 2007, Suitability of pea starch and calcium alginate as antimicrobial coatings on chicken skin, Poult Sci 86, 386-93

[28] Tapia M.S., Rojas-Graü M.A., Rodríguez F.J., Ramírez J. 2007, Carmona, A., Martin-Belloso, O., Alginate- and gellan-based edible films for probiotic coatings on freshcut-fruits, J Food Sci 72, E190-6

[29] Sriamornsak P., Burton M.A., Kennedy R.A. 2006, Development of polysaccharide gel coated pellets for oral administration 1. Physico-mechanical properties, Int J Pharm. 326, 80-8

[30] Kim S.H., No H.K., Prinyawiwatkul W. 2008, Plasticizer types and coating methods affect quality and shelf life of eggs coated with chitosan, J Food Sci 73, S111-7

10 Coating mit fertigen Materialien

Gerhard Waßmann, Shashank Durge, Mont Kumpugdee-Vollrath

Einleitung

Die Anforderungen des Marketings bestimmen neben den gewünschten Polymereigenschaften in erheblichem Maße die Entscheidung für ein bestimmtes Coatingmaterial. Im betrieblichen Ablauf ist dann zu klären, ob die Suspension selbst entwickelt und produziert oder eine passende Fertigware (sogenanntes „Ready made“) eingekauft wird.

Hohe Qualitätsstandards und weitentwickelte Messmethoden garantieren die Reproduzierbarkeit der Coatingeigenschaften von „Ready made“ Produkten, wie z.B. bestimmte Farbtöne. Die Preise für Ready-mades liegen je nach Qualität der eingesetzten Rohstoffe und des Marktsegments zwischen 25 und 55 €/ kg.

Der verbleibende monetäre Vorteil einer Eigenproduktion ist inzwischen gering geworden, wie das folgende Beispiel einer typischen, qualitativ hochwertigen Rezeptur für Pharma und Nahrungsergänzung zeigt (Tab. 10-1).

Tab. 10-1 Kostenkalkulation für eine Coatingrezeptur in Eigenherstellung [1]

Komponente	Anteil in %	Preis €/ kg	Preisanteil in €
HPMC	60	35,00	21,00
Glycerin	4	2,00	0,08
Lactose	6	2,00	0,12
Talkum	4	1,00	0,04
TiO_2	25	6,00	1,50
Fe-Oxid	1	15,00	0,15
	Summe €/kg:		22,89
	Ready Made €/kg:		~ 32,00

Aus der Kostenkalkulation ist unschwer zu erkennen, dass der Gehalt und die Qualität der eingesetzten HPMC preisbestimmend sind. Zusätzliche Kosten entstehen durch den regulatorischen Service und die Gleichförmigkeit der Qualität.

Um solche Ready-mades ökonomisch effektiv zu machen, wird bei Qualitätsherstellern eine hochwertige HPMC verwendet und mit anderen preiswerten Polymeren gemischt, wie z.B.:

- Polyvinylalhokol (PVA) als zusätzliche Feuchtebarriere
- Polyvinylpyrrolidon (PVP) als Dispergierhilfsmittel für Pigmente

- Polydextrose zur Unterstützung der Filmbildung
- Lactose oder Maltodextrin zur Hydrophilisierung des Überzuges (Beschleunigung des Zerfalls bei Applikation)
- Mikrokristalline Cellulose (MCC) als mechanische Stabilisierung

Wie jede spezialisierte Produktion haben Ready-mades deutliche Vorteile für den Verarbeiter gegenüber einer Eigenproduktion:

- Effizientere Logistik durch reduzierten Aufwand bei Einkauf, Lagerhaltung und EDV-Erfassung
- Qualifizierung und Auditierung nur je eines Herstellers von Ready-made Produkt
- Validierung nur eines Produktionsschrittes

Der Hersteller der Ready-mades kann durch entsprechende Unterstützung die Zulassung erleichtern. Durch zeitnahe und bedarfsgerechte Belieferung entstehen geringere Materialnebenkosten.

Die steigende Popularität der Ready-mades öffnet den Markt für viele Anbieter wie die Übersicht in Tab. 10-2 verdeutlicht.

Tab. 10-2 Übersicht über Anbieter von Ready-made Produkten [2-13]

Firmenname	Produktname	Internetseite
Colorcon	Opadry	www.colorcon.com
Seppic	Sepifilm	www.sepifilm.com
Pharmaceutical Coatings Put Ltd (PCPT)	Tabcoat	www.tabcoat.com www.pharmacoat.com
Biogrund	Aquapolish	www.filmcoating-excellence.de
Sensient	Spectracoat	www.sensient-tech.com
BASF	Kollicoat	s. Kapitel 6
International Specialty Products (ISP)	Advantia	http://online1.ispcorp.com
Roquette/ Biogrund	Lycoat	www.readilycoat.com
Ideal Cures	Instacoat	www.idealcures.com
Kerry Sheffield	SheffCoat	www.sheffield-products.com
Wincoat Colours and Coatings, India	Wincoat	www.wincoatreadymix.com
Vikram Thermo India	Drugcoat	http://drugcoat.weebly.com/ http://vikramthermo.com/

Die Anbieter unterscheiden sich in Qualität, Produkterfahrung, Service und Preis ebenso wie bei der Produktpalette, die ein Leitpolymer oder ein breites Sortiment beinhaltet.

Während Colorcon als Marktführer wegen seiner Qualität im höherpreisigen Marktsegment allgemein bekannt ist, werden in der Literatur auch polymerorientierte Anbieter wie BASF und Sortimentanbieter wie z.B. PCPT, ISP, etc. als funktionell, ökonomisch und qualitativ hochwertig beschrieben.

10.1 Beispiele für Ready-mades

Die nachfolgenden Beispiele sind den Produktblättern des jeweiligen Herstellers entnommen und dienen lediglich als Orientierungshilfe für die Auswahl von Ready-made. Es wird kein Anspruch auf Vollständigkeit erhoben und dringend empfohlen, bei Interesse detaillierte Informationen des Herstellers einzuholen.

SEPIFILM™ Film Coating Systems [14]

Produktname	Feststoff-anteil	Gewichtszu-nahme
SEPIFILM™ LP + SEPISPERSE™ Dry	12 %	5 %
SEPIFILM™ 050 + SEPISPERSE™ Dry	15 %	3 %
SEPIFILM™ 003 + SEPISPERSE™ Dry	18 %	3 %
SEPIFILM™ Gloss	5 %	0,2 %

Formulierungsbeispiel „Sepifilm LP“ als Feuchtebarriere [14]:

Filmbildner: Hypromellose (HPMC)

Binder: Mikrokristalline Cellulose

Weichmacher: pflanzliche Stearinsäure

Farbe: Pigmente

Coatingparameter (Beispiel)

SEPIFILM™ LP (mit oder ohne SEPISPERSE® Dry)

Gerät-Typ	Manesty XL™ Lab01	Manesty Accelacota®	IMA-GS HT/M	Driacoater® 500
Feststoffgehalt der Dispersion (%)	12 (LP 770)	12 (LP 014)	11 (LP 014)	12 % (LP 014)
Chargengröße (kg)	5	100	88,2	3
Sprührate (ml/min) oder g/min*	15-27	200 – 300*	180 - 200	7 – 15*
Zulufttemperatur (°C)	60	70 - 75	62	55 - 60
Ablufttemperatur (°C)	47	-	-	42
Produktbetttemperatur (°C)	43	40 - 45	36 - 40	-
Sprühdruck (bar)	2	3,5-5	2,5	3
Luftströmung (m³/h)	440	1800	1000	270
Sprühzeit (min) {% Gewichtszunahme}	76 {3% }	60 {2%}	90 {2,2 % }	70 {3 %}

SEPIFILM™ 050, 003 & 752 und ähnliche

Gerät-Typ	Driacoater® 500	Glatt Coater 1000
Feststoffgehalt der Dispersion (%)	15 (SEPIFILM™ 050)	20 (SEPIFILM 752)
Chargengröße (kg)	3	80
Sprührate (g/min/kg)	7 (1 Düse)	3,1 (3 Düsen)
Rotationsgeschwindigkeit (rpm)	10	8
Zulufttemperatur (°C)	60	65
Ablufttemperatur (°C)	44	
Produktbetttemperatur (°C)	39 - 40	38 - 40
Sprühdruck (bar)	3	3,5
Luftströmung (m³/h)	330	1800
Sprühzeit (min) {%Gewichtszunahme}	85 {3 %}	55 {3 %}

10.2 Zusammenfassung

Jeder Hersteller verfügt über die Beispielformulierungen mit Angabe der Prozessparameter und deren Ergebnisse. Diese Information soll vor eigener Versuchsdurchführung eingeholt werden, um Entwicklungszeit zu ersparen [15-20].

10.3 Quellenverzeichnis

[1] Waßmann G. 2009, Ästhetisches Coating - Kosten versus Vorteile, 1. Symposium Produktdesign in der Pharma- und Lebensmittelindustrie, Technische Fachhochschule Berlin, 22.01-23.01.2009

[2] http://www.colorcon.com, Stand 07/2010

[3] http://www.sepifilm.com/products, Stand 07/2010

[4] http://www.pharmacoat.com, Stand 07/2010

[5] http://www.filmcoating-excellence.de, Stand 07/2010

[6] http://www.sensient-tech.com, Stand 07/2010

[7] http://www.pharma-ingredients.basf.com, Stand 07/2010

[8] http://online1.ispcorp.com/en-US/Pages/default.aspx, Stand 07/2010

[9] http://www.readilycoat.com, Stand 07/2010

[10] http://www.idealcures.com, Stand 07/2010

[11] http://www.sheffield-products.com/Our_Capabilities/Excipients/Coatings, Stand 07/2010

[12] http://www.wincoatreadymix.com, Stand 07/2010

[13] http://vikramthermo.com, Stand 07/2010

[14] http://www.sepifilm.com/products/conditions of use.asp, Stand 07/2010

[15] Anonymus 2009, Broschüre, Sensient Pharmaceutical Technologies, Norfolk, UK

[16] Tamhane P.M. 2009, Broschüre Wincoat "Readymix for Tablet Coating" Broschüre, Wincoat Colours & Coatings PVT.Ltd., Ambernath, Maharashtra, India

[17] Anonymus, Tabcoat TC „Readymix film coatings“ Broschüre, Pharmaceutical Coatings Put. Ltd., Mumbai, India

[18] Anonymus, Product formulation „Lycoat PH190FC, PH189FC, PH180FC“, Roquette, Lestrem, France

[19] Anonymus, Broschüre „Lycoat - New solutions for film coating from Roquette“, Roquette, Lestrem, France

[20] Anonymus, Broschüre „Sepifilm - Coating made easier“, Seppic GmbH, Köln, P/0319/GB/05/April 2009

11 Innovative Coatingverfahren

Mont Kumpugdee-Vollrath, Pornsak Sriamornsak, Jurairat Nunthanid, Evrin Gögebakan

Einleitung

Aktuelle Befilmungsmethoden basieren auf wässrigen oder organischen Lösemitteln. Flüchtige organische Lösemittel (VOC: Volatile Organic Compounds) müssen mit technisch aufwendigen Verfahren aus dem Produkt entfernt werden, um die maximal zulässigen VOC-Grenzwerte (maximaler „daily intake") einzuhalten. Die bestehende Explosionsgefahr ist durch entsprechende Maßnahmen zu vermeiden.

Ein weiteres Augenmerk liegt auf den eingesetzten Weichmachern. Besteht eine gesundheitsschädliche Wirkung sollte auf deren Einsatz verzichtet oder durch unschädliche Substituten ersetzt werden.

Die moderne pharmazeutische Forschung befasst sich mit der Suche nach neuen Biopolymeren als Überzugsmaterialien, die gängige Polymere ersetzten sollen. Gesucht werden neue Coatingmaterialien auf biologischer oder organischer Basis, die wasserlöslich sind, aber auch solche Systeme, die beim Coatingprozess ganz auf organische als auch wässrige Lösemittel verzichten können.

Einige innovative Coatingtechniken für Pharmaprodukte wurden in den letzten Jahrzehnten entwickelt [1,2]. In diesem Abschnitt werden neue Ansätze für die Befilmung von Arzneiformen vorgestellt.

11.1 Coating durch Gelbildung (Gel-Coating)

Gel-Coating bedeutet, dass der wasserunlösliche Überzug auf der Grenzfläche zwischen Kern und Flüssigkeit erzeugt wird. Nach der Trocknung des überzogenen Kerns entsteht ein festes Produkt mit homogener Filmschicht. Meistens wird diese durch Benutzung von quellbarem Polymer und Kationen z.B. Calcium ermöglicht. Deswegen sind Polysaccharide z.B. Pektine und Alginate gut geeignet.

Sriamornsak, et al [3,4] haben über ein Gel-Coating mit Hilfe von Kalium-Pektin und Alginatnatrium berichtet. Für den Coatingprozess wurden Theophyllin-Pellets mit Durchmesser von ca. 1-2 mm als Kern benutzt. Diese Kerne enthielten Theophyllin, mikrokristalline Cellulose sowie Calciumacetat. Als Bindemittel wurde Polyvinylpyrrolidon eingesetzt. Die Lösungen aus Pektinen oder Alginaten wurden nach der Formulierung in Tab. 11-1 hergestellt. Um Überzüge an den Grenzflächen zu erzeugen, wurden ca. 5 g der Kerne in einer Lösung aus verschiedenen Polysacchariden (1-4 %m/m) mit Hilfe von Propeller-Rührern für 10 min langsam dispergiert. Während des Dispgergierens diffundiert Calcium aus den Kernen und vernetzt die Polysaccharide zum wasserunlöslichen Calcium-Polysaccharid-Gel um die Kerne. Durch diese Methode wurden Filme aus Calcium Alginaten bzw. Calcium Pektinaten erzeugt und, nach Waschen und Trocknen der überzogenen Kerne, charakterisiert.

Tab. 11-1 Coatingformulierung A [3,4]

Substanz	% Masse
Alginat oder Pektin	1-4
Wasser	q.s.

Abb. 11-1 zeigt eine schematische Darstellung der Gelbildung aus Calcium und Polysacchariden (z.B. Alginate und Pektine) an der Grenzfläche. Aus den REM-Aufnahmen ist zu entnehmen, dass die Oberflächen der überzogenen Pellets homogen, ohne Poren bzw. Risse und glatt waren (Abb. 11-2). Die Dicke der Filme lag zwischen. 30-40 µm. Im Ergebnis der Bruchmessung (Abb. 11-3), die nur einen Bruchpeak bei ca. 0,58 mm zeigt, wurde ein gleichzeitiges Brechen von Kern und Umhüllung festgestellt, was auf eine gute Haftung des Überzugs am Kern hindeutet.

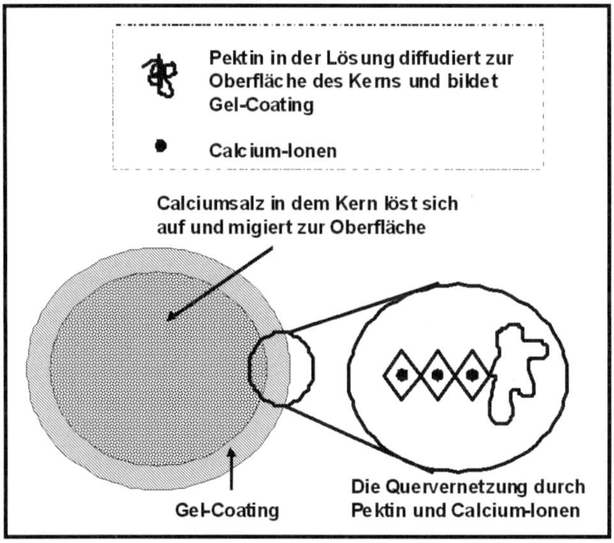

Abb. 11-1 Schematische Darstellung des Gel-Coatings aus Calcium und Polysacchariden wie z.B. Alginaten und Pektinen an einer Grenzfläche [3,4]

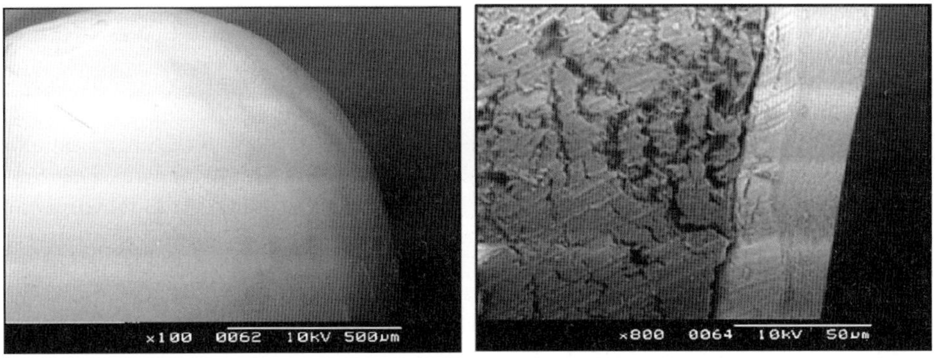

(a) (b)

Abb. 11-2 REM-Aufnahmen (a) Oberfläche des überzogenen Pellets mit 2%m/m Alginatnatrium, (b) Querschnitt des überzogenen Pellets mit 2%m/m Alginatnatrium [3,4]

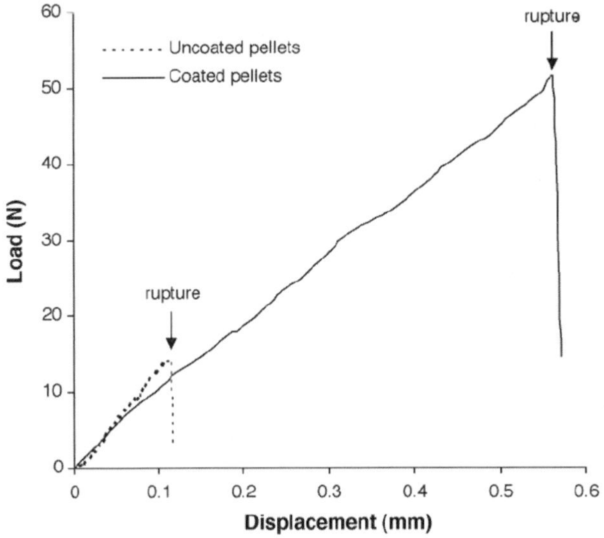

Abb. 11-3 Bruchmessung von nicht überzogenen (---) und überzogenen (—) (1%m/m Alginatnatrium) Pellets [3,4]

11.2 Coating durch Kompression (Compression-Coating)

Compression-Coating wird aktuell erst von einigen Forschungsgruppen in der Pharmazie eingesetzt [5-9]. Nunthanid, et al [5] haben berichtet, dass Coating mittels Kompression möglich ist. Dabei wurden sprühgetrocknetes Chitosanacetat (CSA) und Hydroxypropylmethycellulose (HPMC) als Hilfsstoffe und 5-Aminosalicylsäure als Modellwirkstoff benutzt. Das Verhältnis zwischen HPMC und CSA variierte zwischen 100:0 und 40:60. Die Tablettierung erfolgt mittels einer hydraulischen Presse bei folgenden Einstellungen:

- Gewicht: Kern 100 mg, Coating 200 mg
- Stempeldurchmesser: Kern 6 mm, Coating 10 mm
- Druck: Kern und Coating 0,5 kN

Wie in Abb. 11-4 zu sehen ist, sind die Überzugschichten homogen und der Kern liegt zentrisch.

Weitere Informationen über das Compression-Coating sind in der Veröffentlichung [6-9] zu finden. Die Position der Kerne ist für den homogenen Überzug wichtig und muss eingehalten werden, sonst ergibt sich eine unkontrollierbare Freisetzung des Wirkstoffs [1]. Die industrielle Umsetzung einer Compression-Coating-Anlage ist dementsprechend aufwendig.

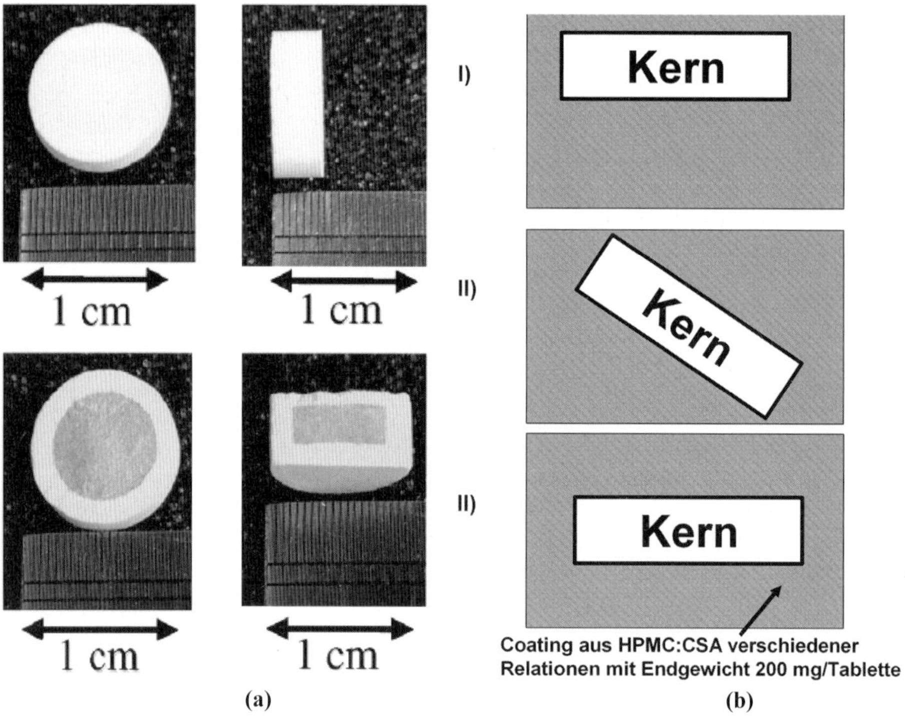

Abb. 11-4 (a) Compression-Coating von 5-Aminosalicylsäure mittels HPMC und CSA, (b) schematische Darstellung des Kerns und Coatings mit nicht gut platziertem Kern (I,II) und guter Platzierung (III) [5]

11.3 Coating mit Lipid-Dispersion

Normalerweise sind Coatingflüssigkeiten wässrige oder organische Lösungen bzw. Dispersionen. Um organische Lösemittel zu vermeiden bzw. mehr Überzugsmaterial schneller auf den Träger zu bringen, wurden Lipid-Dispersionen (Emulsionen) entwickelt.

Lipide wie Wachse, Fette und Öle wurden bis jetzt nur im Lebensmittelbereich verwendet. Hierbei werden natürliche und synthetische Lipide zur Befilmung von Obst, Gemüse, Fisch, Fleisch oder Milchprodukten genutzt, um eine bessere Haltbarkeit zu gewährleisten.

Schaal [10] hat eine Emulsion auf eine Arzneiform aufgesprüht, die nach der Trocknung eine hydrophobe (feuchtigkeitsabweisende) Lipidschicht ausbildet. Darüber hinaus können Wirkstoffe in den Überzug eingearbeitet werden. Im flüssigen Zustand kann das dispergierte Triglycerid auf der zu befilmenden Oberfläche spreiten und bildet während der anschließenden Verdunstung des Lösemittels einen kristallinen Lipidfilm. An einem Beispiel soll die Herstellung näher erläutert werden.

Zunächst wird die lipophile Phase Trilaurin bei 60-80 °C geschmolzen und anschließend Natriumglycocholat und Phospholipide zugegeben. Die Mischung wird solange gerührt, bis eine klare Dispersion entstanden ist. Für die Herstellung der hydrophilen Phase wird gereinigtes Wasser mit einer 0,2% Mischung aus 1 Teil Propyl-4-hydroxybenzoat und 3 Teilen Methyl-4-hydroxybenzoat verwendet. Zur Verbesserung der mechanisch-elastischen Eigenschaften des Lipidüberzuges kann Polyvinylalkohol (z.B. Mowiol 5-88) eingesetzt werden. Der Polyvinylalkohol wird dazu bei 70 bis 90°C in das konservierte Wasser eingearbeitet bis eine klare Mischung entsteht. Eine bestimmte Menge der lipophilen Phase wird in einem vortemperierten Becherglas (Wasserbad bei 80°C) mit der hydrophilen Phase gleicher Temperatur vermischt und mit Hilfe eines Mischers (z.B. Ultra-Turrax) homogenisiert. Die Auswahl des Dispergierstabs erfolgt nach der Menge der zu dispergierenden Mischung. Um eine Kristallisation des Trilaurins zu vermeiden, sollte der Dispergierstab auf > 60°C vortemperiert werden. Die fertigen Rezepturen sollten sofort in Flaschen eingefüllt, verschlossen und auf Raumtemperatur abgekühlt werden. Die Flaschen sollten mehrmals geschwenkt werden, um eine Kondensation von Wasser an der Gefäßinnenwand zu vermeiden. Eine 5 minütige Behandlung im Ultraschallbad reduziert den gebildeten Schaum. Die hergestellten Dispersionen werden in der Regel im Klimaschrank bei 23 °C gelagert, um die Haltbarkeit zu verlängern.

Bei einer Zulufttemperatur von 40-45°C wird der vorgewärmte Arzneikern im Trommel-Coater mit der Lipiddispersion besprüht. Um eine Überfeuchtung der Kerne zu vermeiden, wird die Sprührate am Anfang des Prozesses gering gehalten (4 bis 5 g/min). Im weiteren Prozessverlauf kann die Sprührate auf 8 bis 10 g/min erhöht werden. Der Einsatz von Trilaurin-Dispersionen in Wirbelschichtcoatern (Wurster-Coater, Bottom-Spray-Verfahren) ist unproblematisch [10].

11.4 Coating mit Pulver (Dry powder coating)

Dry powder coating [1,11] bedeutet, dass das Überzugsmaterial in Form von Pulver direkt auf den Träger (z.B. Pellets) gesprüht wird. Wechselweise wird flüssiger Weichmacher auch direkt auf den gleichen Träger gesprüht. Das Coating kann im Trommel- oder Wirbelschichtcoater erfolgen. Das überzogene Produkt muss anschließend nachbehandelt werden - das sogenannte „annealing" oder „curing". In einigen Fällen ist ein Besprühen mit kleiner Wassermenge nach dem Überziehen notwendig, um eine homogene Filmschicht zu erreichen. Deshalb ist diese Methode nicht immer Lösungsmittel frei. Außerdem benötigt die Methode einen hohen Anteil an Weichmacher (bis zu 40%) und ggf. auch Trennmittel wie Talkum. Ein Vorteil ist die verkürzte Prozesszeit, da eine Verdunstung des Lösungsmittels entfällt. Weitere Einzelheiten sind nachstehend zusammengefasst.

Obara, et al. [12] berichten über die Möglichkeit des Einsatzes von Coating mit Pulver. Hierbei wurde ein magensaftresistentes Überzugsmaterial wie Hydroxypropylmethylcelluloseacetatsuccinat (HPMCAS) und eine Weichmachermischung aus 30%m/m Triethylcitrat sowie 20%m/m acetyliertes Monoglycerid jeweils bezogen auf die Polymermenge verwendet. Dafür wurde die Mischung aus Filmbildnerpulver (HPMCAS) und 30%m/m Talk (bezogen auf das Polymer) über ein Pulverzuführungssystem direkt auf die feste Arzneiform aufgebracht und gleichzeitig wurden die flüssigen Weichmacherkomponenten aufgesprüht. Zum Vergleich wurden ein CF-Granulator, eine Wirbelschicht und ein Coater mit perforierter Trommel verwendet. Jedoch muss die Gewichtszunahme von mindestens 8% erreicht sein, um magensaftresistente Eigenschaften zu erhalten. Diese Gewichtszunahme ist etwas mehr als bei der wässrigen Coatingzubereitung, welche schon mit Gewichtszunahme von 7% die magensaftresistente Eigenschaft erreicht. Nachdem die benötige Menge an Coatingmaterial auf dem Kern gebracht wurde, wurden die Kerne mit Wasser oder 4%m/v HPMC-Lösung besprüht. Dann wurden die Kerne zur Nachbehandlung „annealing" gebracht. Diese Methode ist deshalb nicht völlig frei von Lösungsmittel.

Pearnchob, et al [13] verwendeten andere Polymere z.B. Eudragit RS PO, Ethylcellulose und Shellac. Propanololhaltige Pellets wurden als Kern eingesetzt. Um die Flexibilität des Films zu erhalten, wurde einer der Weichmacher (Acetyltributylcitrat, acetylierte Monoglyceride oder Triethylcitrat) in 40%tiger Konzentration verwendet. Talkum wurde als Trennmittel benutzt und die HPMC-Lösung vor dem Sprühen direkt mit Weichmacher vermischt. Diese Methode ist ebenfalls nicht lösungsmittelfrei.

Cerea, et al [14] nutzten die niedrige Glasübergangstemperatur von Eudragit E PO (T_g ca. 50 °C). Mit Hilfe von Spheronizer, ohne den Einsatz von Wasser und Weichmacher, wurde das Polymer durch Infrarotlicht aufgeschmolzen. Die Ausbildung homogener Überzüge kann jedoch nur mit Polymeren mit niedriger T_g erreicht werden. Außerdem muss das Polymer einen sehr flexiblen Film ohne Weichmacher ausbilden können.

Engelmann [15] stellte einen lösungsmittelfreien Überzug für Pharmaprodukte her. Verschiedene Formulierungen aus diversen Polymeren wie z.B. Eudragit RL PO, Eudragit RS PO, Eudragit L100-55 und Weichmachern wie z.B. Triethylcitrat (TEC), Diethylphthalat (DEP), Dibutylsebacat (DBS), Dibutylphthalat (DBP) und acetyliertes Monoglycerid wurden getestet. Voraussetzung für die Befilmung sind homogene Pulver-Mischungen aus Polymere und Weichmachern. Mit Hilfe von einer Pulverzuführeinheit (Schneckendosierer, Corona-Pulverdüsensystem oder Schwingrinnendosierer) und einer Flüssigkeitszuführeinheit (handelsübliche Flüssigkeitsdüse) unter dem rotierenden Zylinderverfahren konnte ein Verklumpen der Formulierung verhindert werden. Die gute Befilmung mit Retardierwirkung wurde mit der Kombination von Eudragit RS PO (14 mg/cm^2) mit 40% TEC oder 40% DEP und Eudragit RL PO (14 mg/cm^2) mit 40 % TEC (jeweils (m/m) bezogen auf das Polymer) erreicht. Die beste Formulierung für die Befilmung von Pellets in der Wirbelschicht scheint aber die Kombination aus Eudragit RS PO (14 mg/cm^2) und 40% TEC zu sein und zwar aufgrund ihrer niedriger minimalen Verfilmungstemperatur (MVT = 45°C) und MVT-Einpendelzeit (20 min). Dieses muss jedoch im Pilotmaßstab noch ausgetestet werden.

Andere Arbeitsgruppen untersuchten den Einfluss einer Zwischenschicht bzw. Subcoats [16], von Prozessparametern [17] oder der Benutzung eines Wirbelschichtgranulators auf die Filmbildung [18].

11.5 **Coating durch Schmelzen** (Hot-Melt-Coating)

Für dieses Verfahren müssen Überzugsmaterialien aus Wachs oder Lipid eingesetzt werden. Mögliche Substanzen sind z.B. Sojaöl, Baumwollsamenöl, Bienenwachs, Paraffinwachs, Carnaubawachs, Polyethylenglykol, etc. Vor dem Sprühen müssen Überzugsmaterialien bei hoher Temperatur aufgeschmolzen werden. Nach dem Sprühen wurden die Produkte abgekühlt und dabei entstand ein homogener Film auf dem Träger. Wichtig bei der Prozessdurchführung ist, dass alle Bestandteile wie Pumpe, Sprühdüse, Sprühluft auf gleiche Prozesstemperatur aufgewärmt werden müssen. Vorteil dieser Methode ist, dass sie ohne Einsatz von organischen Lösungsmitteln möglich ist. Coatingmaterialien, wie Wachs und Lipid, sind meistens kostengünstig. Aber Nachteile sind: hohe Prozesstemperatur, welche zur großen Sicherheitsvorkehrung im Betrieb führt, sowie hohe Schichtdicke auf fertigen Produkt, was hohe Transportkosten bedeutet. Weitere Informationen über das Hot-Melt-Coating sind in den Veröffentlichungen [19-22] zu finden.

11.6 **Coating durch elektrostatische Zerstäubung** (Electrostatic spray powder coating)

Die elektrostatischen zerstäubenden Verfahren kommen ohne mechanische Zerstäubung aus. Das Coatingmaterial wird im elektrischen Feld einer Sprühpistole ($\leq$ 100 kV/200 µA) elektrostatisch aufgeladen. Der Transport der Coatingtröpfchen zum Target geschieht durch die Potenzialdifferenz zwischen Sprühsystem und Träger oder Substrat. Die geladenen Überzugsmaterialien haften auf der Oberfläche der geerdeten Substrate. Danach werden die Produkte mit Wärme z.B. durch Infrarotlicht nachbehandelt (curing), um eine homogene Filmschicht zu erhalten. Wichtig bei Pharmaprodukten ist, dass der Kern einen Widerstand von weniger als 10^9 Ω hat, um eine effektive Erdung zu erreichen. Dagegen soll das Überzugsmaterial einen Widerstand mehr als 10^{11} Ω besitzen. Es ist auch erwünscht, dass die Oberfläche der Kerne die Elektrizität weiterleiten kann bzw. eine Ladung hat. Die Leitfähigkeit der Oberfläche kann erreicht werden z.B. durch Lagerung der Kerne in hoher Feuchte für kurze Zeit, durch Besprühen mit Lösung aus Substanzen mit hoher Ladung z.B. quaternäres Ammonium oder durch Beimischung von 1-3 % Salzen wie z.B. Dicalciumphosphat in dem Kern [1]. Eine ähnliche Technik ist durch das patentierte Verfahren Qtrol® [23] im Handel. Dieses arbeitet in etwa wie ein Kopierverfahren im Büro. Weitere Informationen über das elektrostatische Sprühen sind in den Veröffentlichungen [24-26] zu finden. Vorteile dieser Methode sind: Einsatz ohne Lösungsmittel, ohne mechanische Belastung durch Bewegung, genaue Kontrolle der Schichtdicke.

11.7 Coating mit Lichtstrahlung (Photocurable Coating)

Diese Methode basiert auf einer chemischen Reaktion von Polymeren bei Raumtemperatur. Das flüssige Coatingmaterial wird schnell auf den Träger gebracht, da die chemische Reaktion meist mit hoher Geschwindigkeit abläuft. Dabei werden weder Wärme noch Lösungsmittel benötigt. Deshalb ist diese Methode gut für temperaturempfindliche Arzneistoffe geeignet, aber die Arzneistoffe müssen gegen Licht beständig sein.

Um einen Überzug zu erzeugen, wird Strahlung im ultravioletten und sichtbaren Wellenlängenbereich genutzt. Überzugmaterialien sollen im flüssigen Zustand sein. Mit Hilfe von Photoinitiator und Licht wird die Flüssigkeit in eine feste Form gebracht („Free Radical Polymerization"). Polymere, die genutzt werden können, sind z.B. Hydroxyethylmethacrylate, Siloxan, Tetraethylen-Glykol-Dimethacrylate [1]. Weitere Informationen über das Coating mit Lichtstrahlung sind in den Veröffentlichungen [27-29] zu finden.

11.8 Zusammenfassung

Die vorgestellten innovativen Coatingverfahren bieten eine Reihe von Vorteilen und spezielle Lösungen für besondere Coatings z.B.

- gänzlich ohne Lösungsmittel
- nur ein Arbeitsschritt (single-step-process)
- Verhinderung der Wechselwirkung zwischen Stoffen durch getrennte Schichten
- optische Nachbesserungen bei Farbinhomogenitäten
- kurze Prozesszeit
- keine mechanische Belastung

Abhängig von der Technik gibt es auch Nachteile z.B.

- hohe Prozesstemperatur
- Nachtrocknung, evtl. mit hoher Temperatur notwendig
- neue bzw. besondere Ausrüstungen
- hoher Weichmacheranteil
- hohe Schichtdicke des Überzugs

Welche Technik gewählt wird, hängt von den physikalisch-chemischen Eigenschaften der Formulierung und der Wirtschaftlichkeit des Prozesses ab. Es ist wissenswert, solche alternative Verfahren für die Produktion spezieller Produkt zu haben.

11.9 Quellenverzeichnis

[1] Paeratakul O. 2009, Pharmaceutical Coating Technology, Srinakharinwirot University Press, Nakornayok, Thailand

[2] Bose S., Bogner R.H. 2007, Solventless pharmaceutical coating processes: a review, Pharm Dev Technol 12(2), 115-31

[3] Sriamornsak P., Burton M.A., Kennedy R.A. 2006, Development of polysaccharide gel coated pellets for oral administration 1. Physico-mechanical properties, Int J Pharm 326, 80-88

[4] Sriamornsak P., Prakongpan S., Puttipipatkhachorn S., Kennedy R.A. 1997, Development of sustained release theophylline pellets coated with calcium pectinate, J Controlled Release 47, 221-232

[5] Nunthanid J., Huanbutta K., Luangtana-anan M., Sriamornsak P., Limmatvapirat S., Puttipipatkhachorn S. 2008, Development of time-, pH-, and enzyme-controlled colonic drug delivery using spray-dried chitosan acetate and hydroxypropyl methylcellulose, Eur J Pharm Biopharm 68, 253-259

[6] Ando M., Kojima S., Ozeki Y., Nakayama Y., Nabeshima T. 2007, Development and evaluation of a novel dry-coated tablet technology for pellets as a substitute for the conventional encapsulation technology, Int J Pharm 336(1), 99-107

[7] Turkoglu M, Ugurlu T. 2002, In vitro evaluation of pectin-HPMC compression coated 5-aminosalicylic acid tablets for colonic delivery, Eur J Pharm Biopharm 53(1), 65-73

[8] Hamza Y.E., Aburahma M.H. 2010, Innovation of novel sustained release compression-coated tablets for lornoxicam: formulation and in vitro investigations, Drug Dev Ind Pharm 36(3), 337-49

[9] Elshafeey A.H, Sami E.I. 2008, Preparation and in-vivo pharmacokinetic study of a novel extended release compression coated tablets of fenoterol hydrobromide, AAPS PharmSciTech 9(3), 1016-24

[10] Schaal G. 2004, Untersuchungen einer Befilmungsmöglichkeit fester Arzneiformen mit modifizierten Triglycerid-Dispersionen, Dissertation der Biologisch-Pharmazeutischen Fakultät der Friedrich-Schiller-Universität Jena

[11] Luo Y., Zhu J., Ma Y., Zhang H. 2008, Dry coating, a novel coating technology for solid pharmaceutical dosage forms, Int J Pharm 358(1-2), 16-22

[12] Obara S., Maruyama N., Nishiyama Y., Kokubo H. 1999, Dry coating: an innovative enteric coating method using a cellulose derivative, Eur J Pharm Biopharm 47(1), 51-9

[13] Pearnchob N., Bodmeier R. 2003, Dry polymer powder coating and comparison with conventional liquid-based coatings for Eudragit RS, ethylcellulose and shellac, Eur J Pharm Biopharm 56(3), 363-9

[14] Cerea M., Foppoli A., Maroni A., Palugan L., Zema L., Sangalli M.E., Dry coating of soft gelatin capsules with HPMCAS, Drug Dev Ind Pharm 34(11), 1196-1200

[15] Engelmann S. 2004, Entwicklung eines lösungsmittelfreien Befilmungsverfahrens für feste Arzneiformen. Dissertation der Albert-Ludwigs-Universität Freiburg

[16] Sauer D., Watts A.B., Coots L.B., Zheng W.C., McGinity J.W. 2009, Influence of polymeric subcoats on the drug release properties of tablets powder-coated with pre-plasticized Eudragit L 100-55, Int J Pharm 367(1-2), 20-8

[17] Sauer D., Zheng W., Coots L.B., McGinity J.W. 2007, Influence of processing parameters and formulation factors on the drug release from tablets powder-coated with Eudragit L 100-55, Eur J Pharm Biopharm 67(2), 464-75

[18] Kablitz C.D., Harder K., Urbanetz N.A. 2006, Dry coating in a rotary fluid bed, Eur J Pharm Sci 27(2-3), 212-9

[19] Jozwiakowski M.J., Jones D.M., Franz R.M. 1990, Characterization of a hot-melt fluid bed coating process for fine granules, Pharm Res 7(11), 1119-26

[20] Sinchaipanid N., Junyaprasert V., Mitrevej M. 2004, Application of hot-melt coating for controlled release of propanolol hydrochloride pellets, Powder Technol 141, 203-209

[21] Andrews G.P., Jones D.S., Diak O.A., McCoy C.P., Watts A.B., McGinity J.W. 2008, The manufacture and characterisation of hot-melt extruded enteric tablets, Eur J Pharm Biopharm 69(1), 264-73

[22] Guan T., Wang J., Li G., Tang X. 2010, Comparative study of the stability of venlafaxine hydrochloride sustained-release pellets prepared by double-polymer coatings and hot-melt subcoating combined with Eudragit NE30D outercoating, Pharm Dev Technol (doi: 10.3109/10837451003664081)

[23] Reeves L.A., Feaher D.H., Nelson D.H., Whiteman M. 2001, Electrostatic application of powder material to solid dosage forms, Patent 043727, Phoqus Pharmaceuticals

[24] Manabu T. 2008, Improvement of charging characteristics of coating powders in electrostatic powder coating system, Journal of Physics: conference series 142, Article No. 012065

[25] Xu Y., Barringer S.A. 2008, Effect of relative humidity on coating efficiency in nonelectrostatic and electrostatic coating, J Food Sci 73(6), E297-303

[26] Grosvenor M.P., Staniforth J.N. 1996, The influence of water on electrostatic charge retention and dissipation in pharmaceutical compacts for powder coating, Pharm Res 13(11), 1725-9

[27] Bose S., Kelly B., Bogner R,H. 2006, Design space for a solventless photocurable pharmaceutical coating, Journal of Pharmaceutical Innovation, 1(1), 44-53

[28] Wang J.Z.Z., Bogner R.H. 1995, Solvent-free film coating using a novel photocurable polymer, Int J Pharm 119, 81-89

[29] Ruiz C.S.B., Machado L.D.B., Pino E.S., Sampa M.H.O. 2002, Characterization of a clear coating cured by UV/ER radiation, Radiation Physics and Chemistry, 63, 481-483

12 Charakterisierung von Coatings

Evrin Gögebakan, Mont Kumpugdee-Vollrath, Jens-Peter Krause

Einleitung

Die Charakterisierung eines Coatings ermöglicht Vergleichbarkeit und Qualitätskontrolle. Standardisierte Methoden sind dabei von großem Nutzen. An praktischen Beispielen sollen verschiedene Charakterisierungsmethoden demonstriert werden. Der Einsatz dieser Methoden ist sowohl bei freien Filmen als auch bei überzogenen Kernen (z.B. Tabletten, Pellets) möglich.

Die Qualitätskontrolle überzogener Arzneiformen umfasst eine Vielzahl von Prüfmethoden, wie zum Beispiel:

- Mindestfilmbildungstemperatur (MFT) und Glasübergangstemperatur (T_g)
- Bestimmung der Zerfallszeit
- Bestimmung der Wirkstofffreisetzung
- Überprüfung der Lösemittelrestgehaltes
- Härte und Rauhigkeit
- Adhäsionseigenschaften
- Farbvergleichs- und Farbechtheitsüberprüfung
- Überprüfung der Resistenz gegenüber Verdauungssäften

Ausgewählte Methoden werden nachfolgend anhand von Beispielen erläutert.

12.1 Standardprüfungen

Größe und Oberfläche

Bei den üblichen Verfahren können auf Arzneiformen ab etwa 0,2 mm Durchmesser Überzüge aufgebracht werden. Die obere Grenze des Kerns wird durch das Anwendungsgebiet bestimmt, d.h. das Endprodukt muss für pharmazeutische Applikationen oral anwendbar sein [1]. Die Oberfläche der Arzneiform sollte beim Befilmen im Gegensatz zum Dragieren staubfrei und ebenmäßig sein. Bei beiden Verfahren sollten die Kernoberflächen gut benetzbar sein [1]. Gravuren, Einprägungen und auch kleinere Unebenheiten der Arzneiformoberfläche werden zwar befilmt aber nicht überdeckt oder korrigiert. Die Begutachtung der Arzneiformoberfläche ist vor, während und nach dem Befilmen zur Bestimmung der Oberflächenqualität wichtig. Hierbei gibt es verschiedene Möglichkeiten, wie zum Beispiel die reine optische

Kontrolle oder die genauere Methode mittels Lichtmikroskopie oder Rasterelektronenmikroskopie (s.a. Abschnitt 12.5).

Homogenität der Masse

Die Homogenität der Masse der eingesetzten Kerne ist vor und nach dem Coatingprozess zu überprüfen. Es werden 20 unbehandelte Kerne (z.B. Tabletten) nach dem Zufallsprinzip der Charge entnommen und einzeln auf einer Analysenwaage abgewogen, um anschließend die Durchschnittsmasse zu ermitteln. In Tab. 12-1 ist die erlaubte Standardabweichung nach Arzneibuch aufgelistet [2].

Tab. 12-1 Grenzwert der Masse nach dem Europäischen Arzneibuch [2]

Arzneiform	Durchschnittsmasse (mg)	Erlaubte Abweichung von der Durchschnittsmasse (%)
Nicht überzogene Tabletten	80 oder weniger	10
Filmtabletten	mehr als 80 und weniger als 250	7,5
	250 und mehr	5

Härte und Friabilität

Die Härte bzw. Bruchfestigkeit der zu überziehenden Kerne ist ein wichtiger Faktor bei dem Überzugsverfahren. Die Arzneikerne sollten eine genügende Festigkeit haben, um den Roll- und Schleifvorgängen im Trommel-Coater und den mechanischen Belastungen in der Wirbelschichtanlage Stand halten zu können. Andererseits sollte darauf geachtet werden, dass die Kerne in den Verdauungsmedien schnell genug zerfallen, um die Bioverfügbarkeit zu gewährleisten. Zum Dragieren eignen sich weichere Kerne, da nach den ersten Zuckerschichten die Stabilität des Kerns erhöht wird. Die Kerne für Filmüberzüge müssen eine höhere Härte besitzen und zusätzlich Wasser bzw. Lösemittel unempfindlich sein, damit beim Beginn des Auftragens der Dispersionsflüssigkeit der Arzneikern durch die Feuchtigkeit nicht aufquillt [1]. Zur Bestimmung der Bruchfestigkeit von Tabletten werden 10 Tabletten in einem Bruchfestigkeitstester einzeln untersucht, indem sie zwischen zwei Backen gelegt werden, von denen eine auf die andere zubewegt wird bis die Tablette dazwischen zerbricht. Das Gerät misst die Kraft, die notwendig ist, um den Kern zu zerstören [3]. Die hergestellten Arzneikerne sollten eine Härte von 40 bis 50 N besitzen.

Durch mechanische Beanspruchung, Stoßeinwirkungen und Deckeln können Arzneiformoberflächen beschädigt werden. Um diese Beanspruchung zu überprüfen, werden Arzneiformen auf ihre Friabilität (Abrieb) in einem Abriebtester (Trommel: Durchmesser 283 und 291 mm, Tiefe 36 und 40 mm) getestet. Hierfür werden 20 Tabletten (m(d) weniger oder gleich 0,65 g) oder 10 Tabletten (m(d) mehr als 0,65 g) geprüft. Die Tabletten werden mittels Druckluft, Sieb und Abpinseln vom Staub befreit, abgewogen und in der Trommel bei 100 U/min rotiert. Nach der Entnahme aus der Trommel werden die Tabletten entstaubt und wiederum abgewogen. Dabei ist darauf zu achten, dass keine Tablette gesprungen, gespalten oder zerbrochen ist. Der maximal erlaubte Abrieb (Masseverlust) beträgt 0,5 % bis 1 % [1,2].

Die aufgetragene Filmmenge kann bei ausreichender Härte der Arzneiform auch durch einfaches Abziehen der Überzugsschicht (z.B. bei Hydroxypropylmethylcellulose) ermittelt werden (Abb. 12-1).

Abb. 12-1
Filmüberzugstest einer überzogenen Tablette

12.2 Zugfestigkeit

Bei diesem Verfahren wird ein Stab mit dem Querschnitt q und der Länge L_o mit einer Zugkraft K_x belastet. K_x wird als Funktion der Längenänderung L registriert. Es wird als Spannungs-Dehnungskurve dargestellt

Für die Zugspannung σ_x gilt nach dem Hookeschen Gesetz:

$$\sigma_x = \frac{K}{q} = E_o \frac{\Delta L}{\Delta L_o}$$

σ_x ... Zugspannung [N/mm^2]

E ... Elastizitätsmodul [Pa]

Aus der Anfangssteigerung bei sehr kleinen Dehnungen (elastischer Bereich) lässt sich das Elastizitätsmodul berechnen. Bei höheren Spannungen tritt Sprödebruch ein oder die Probe verformt sich plastisch und reißt schließlich. Nach dem Verlauf der Kurven können die Filme in spröde oder zähe bzw. harte oder weiche Filme eingeteilt werden [3].

Effekt von Weichmachern auf die Zugfestigkeit:

- Abnahme der Reißfestigkeit
- Zunahme der Dehnbarkeit

Effekt von Pigmenten auf die Zugfestigkeit:

- Abnahme der Dehnbarkeit und der Reißfestigkeit
- Zunahme der Härte und Elastizität in mit Talkum beladenen Filmen (Talkum zeigt aufgrund der Plättchenform stärkere Wechselwirkung mit dem Polymer)
- Abnahme der Zugfestigkeit von HPMC-Filmen durch Zusatz von Titandioxid und Aluminiumlacken

12.3 Mindestfilmbildungs- und Glasübergangstemperatur

Nach DIN 53787 ist die Mindestfilmbildungstemperatur, MFT („minimum film forming temperature") die Temperatur, oberhalb der eine Polymerdispersion unter festgelegten Bedingungen einen rissfreien Film ausbildet [4].

Homogen erscheinende Filme treten etwa 10 Grad oberhalb der MFT auf. Polymerdispersionen, die unterhalb des MFT noch keinen Film bilden, trocknen zu einer weißen Schicht aus. Dieser so genannte Weißpunkt (Wp) liegt einige Grade unterhalb der MFT. Für die Bestimmung vom MFT und Wp werden ein MFT-Bestimmungsgerät und eine Aufzugsfolie eingesetzt. Dabei wird das gewünschte Temperaturspektrum in das Gerät eingegeben. Anschließend wird das zu untersuchende Material auf die Aufzugsfolie des Gerätes gegossen und in die gewünschte Schichtdicke verstrichen.

Die Glasübergangstemperatur (T_g, glass transition temperature) oder Erweichungstemperatur beschreibt den Übergang von ganz oder teilweise amorphen Polymeren vom glasigen oder spröden in den flüssigen oder gummielastischen Zustand. Die T_g wird als eine plötzliche Änderung der Kettenbeweglichkeit im Polymermolekül beschrieben. Die T_g hat Auswirkungen auf folgende Materialeigenschaften:

- Temperaturabhängigkeit des spezifischen Volumens
- spezifische Wärme
- Viskosität
- Kompressibilität
- Nachgiebigkeit
- Elastizität
- Brechungsindex
- Dielektrizitätskonstante

Die Glasübergangstemperatur oder T_g wird durch die Differentialthermoanalyse (DTA) oder Dynamischen Differenzkalorimetrie (DSC) nach DIN 51005 bestimmt [1,4].

Tab. 12-2 Liste einiger MFT von Filmbildnern [1,5]

Material	Weichmacher	MFT [in °C]	Literatur
Kollicoat SR 30D		18	[5]
Kollicoat SR 30D	5% 1,2-Propylenglykol	16	[5]
	10% 1,2-Propylenglykol	14	[5]
	5% Triethylcitrat	8	[5]
	10% Triethylcitrat	1	[5]
Eudragit S100		>85	[1]
Eudragit L100		>85	[1]

12.4 Zerfall und Freisetzung

Die Auswahl des eingesetzten Polymerfilms für das Coating von Arzneikernen hängt davon ab, wo und in welcher zeitlichen Spanne der Wirkstoff freigesetzt werden soll und ob der Wirkstoff kontrolliert bzw. verzögert in den Blutpegel entlassen wird.

Ist eine schnelle Freisetzung (fast release) gewünscht, können die Kerne mit magensaftlöslichen Polymeren (Löslichkeit bei pH 1,0 - 3,5) überzogen werden.

Wirkstoffe, die verzögert freigesetzt werden (sustained release) oder eine Empfindlichkeit gegenüber der Magensaftsäure aufweisen (enteric coat), werden die Kerne dagegen mit Polymerschichten überzogen, die sich bei pH-Werten von 6,5 - 8,0 auflösen oder quellen, damit der Wirkstoff durch den gequollenen Film diffundieren kann [1].

Freisetzungsorte, deren pH-Milieu und Verweilzeiten sind in Tab. 12-1 dargestellt. Bei der Neuentwicklung von Coatingmaterialien werden Löslichkeitskurven im gesamten pH-Spektrum aufgenommen, um den optimalen Einsatzbereich zu ermitteln [3]. Eine kontrollierte oder verzögerte Wirkstofffreisetzung wird aus verschiedenen Gründen angestrebt:

a) bei Empfindlichkeit des Wirkstoffes gegenüber Magensaft

b) bei Empfindlichkeit des Magens gegenüber den Wirkstoffen

c) zur Verlängerung der Dosierintervalle bei Wirkstoffen mit kurzer Eliminationshalbwertszeit.

d) zur Vermeidung hoher Plasmaspiegelspitzenwerte und

e) zur Vermeidung langer Perioden

Für Wirkstoffe der Gruppe a) und b) müssen magensaftresistente Überzüge verwendet werden, um den Wirkstoff erst im Darm freizusetzen. Bei Wirkstoffen der Gruppen c) bis e) werden die Matrices und Überzüge so verändert, dass der Wirkstoff durch Diffusionsbarrieren verzögert im Darm freigesetzt wird.

Tab. 12-3 Verweilzeit im Verdauungstrakt [1]

Ort	pH-Bereich	Verweilzeit
Mund, Speiseröhre	6,4	ca. 10 sec
Magen	1 - 3,5	0,5 - 3 h
Dünndarm	6,5 - 7,8	6-8 h
Dickdarm	7,5 - 8,0	ca. 10 h

Für die Wirkstofffreisetzung von Arzneiformen kann der Test über einen Freisetzungsapparat (dissolution testing apparatus) nach der Methodik, die im Europäischen Arzneibuch beschrieben ist, erfolgen [2]. Hierfür wird ein definiertes Volumen des zu lösenden Mediums in den Freisetzungsbehälter überführt. Um ein aussagekräftiges Ergebnis zu erhalten, wird eine Mehrfachbestimmung (mindestens 3fach) durchgeführt.

Die Behälter werden in ein Warmwasserbad eingetaucht, die Wassertemperatur wird auf 37 ± 0,5 °C eingestellt und mit einer definierten Umdrehungszahl des Rührers (z.B.

50 ± 1 U/min) umgewälzt. Befindet sich der Freisetzungsbehälter im Gleichgewicht, werden die Proben, jeweils eine Tablette pro Behälter, eingeworfen. Der Wirkstoffgehalt pro Tablette muss für die spätere Auswertung genau definiert sein, um die Vergleichbarkeit der verschiedenen Überzüge und Schichtdicken zu gewährleisten.

Der Wirkstoffgehalt wird durch folgende Formel berechnet:

$$\%\, Wirkstoffgehalt = \frac{Wirkstoff\ (g)}{Wirkstoff\ (g) + Füllstoff\ (g)} \cdot 100\ \%$$

Nach definierten Zeitintervallen werden Proben aus den Behältern entnommen und das entnommene Volumen sofort mit reinem Medium wieder aufgefüllt. Die Proben können nun auf die Wirkstoffkonzentration mittels UV-Spektroskopie bzw. HPLC analysiert werden.

Aus der Darstellung der Konzentration über die Verweilzeit lässt sich das Freisetzungsprofil des Analyts ermitteln und mit verschiedenen physikalischen Modellen abgleichen (z.B. Partikel-, Film- oder Matrixdiffusionsmodell). In Abb. 12-2 ist ein Wirkstofffreisetzungsdiagramm (a) abgebildet und die daraus resultierende Graphik bei Verwendung der Filmdiffusionsgleichung (b). Die Ergebnisse zeigen, dass die Wirkstofffreisetzung durch die Diffusion gesteuert wurde [6].

12.5 Oberflächeneigenschaften und Morphologie

Eine gut befilmte Tablette sollte eine homogene und glatte Oberfläche haben. Die Stege und Kanten der Tablette müssen mit dem Überzugsmaterial umschlossen sein [1,2].

Die Pigmentverteilung sollte einheitlich und homogen sein, d.h. es dürfen keine Farbschattierungen erkennbar sein. Bruchkerben und Einprägungen sollten nicht überdeckt, jedoch vollständig befilmt sein (Abb. 12-3).

Bei Globulis und Pellets ist darauf zu achten, dass das Überzugsgut nicht zu feucht wird. Die Zuluftmenge sollte aufgrund der leichteren Masse geringer gehalten werden, damit der Abrieb nicht zu groß wird (Abb. 12-4).

In der Abb. 12-5 ist der Querschnitt eines überzogenen Globulis dargestellt. Durch die Brechung des Lichtes wirkt das Globuli bis zum innersten Kern mit der Farbsubstanz durchtränkt. Rechts daneben ist ein Globuli gleicher Art, dessen Film zuvor mechanisch abgetrennt wurde. Es ist zu erkennen, dass keine Farbsubstanzen des Coatingmaterials in den Kern eingedrungen sind.

Rasterelektronenmikroskopische Untersuchungen der Filme gestatten Aussagen über die Morphologie. Dazu werden Filme mit elektronengängigem Material beschichtet und im Rasterelektronenmikroskop (REM) gescannt. Zur Untersuchung der inneren Struktur werden die Pellets bzw. Tabletten mittels Metallklinge gebrochen. Aus diesen Untersuchungen lassen sich Aussagen über Filmdichte, Filmstruktur und Schichtdicke treffen.

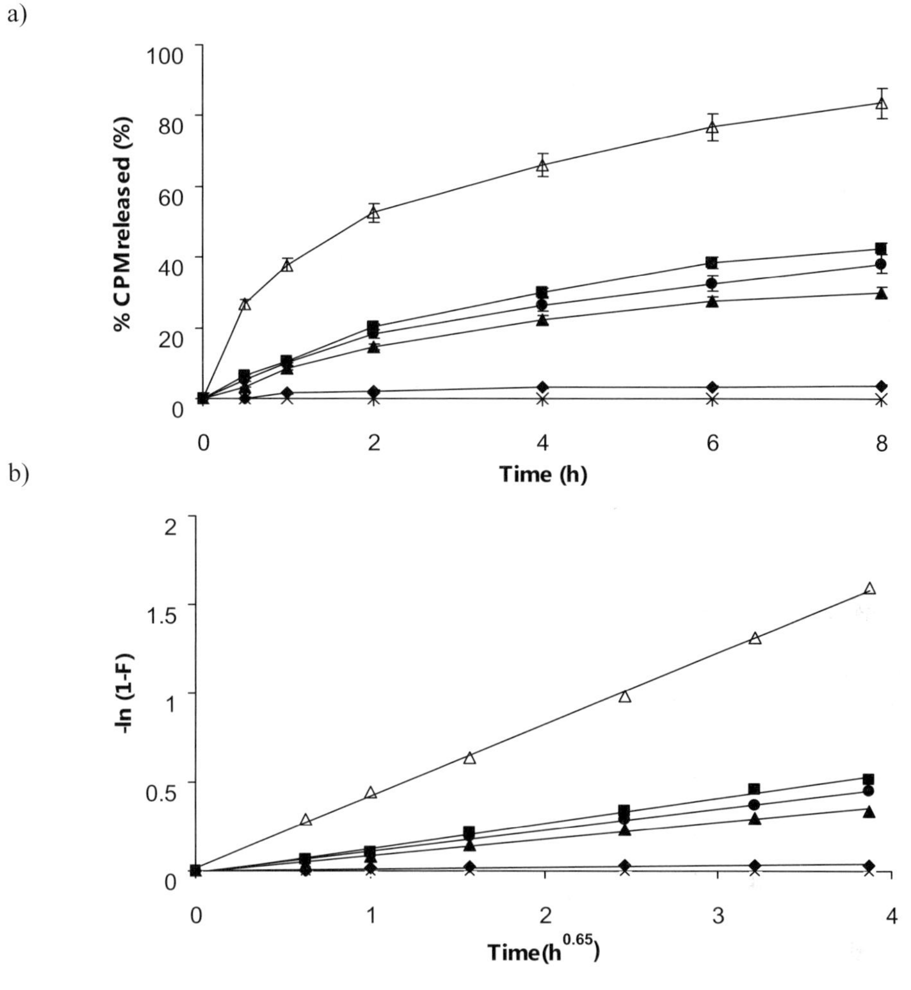

Abb. 12-2
a) Freisetzung von Chlorpheniramin Maleat (CPM) in verschiedenen Medien: entsalztes Wasser (x), simulierter Magensaft (♦), simulierter Darmsaft (■), 0.05 N KCl (▲), 0.2 N KCl (•) und 0.6 N KCl (△); b) Darstellung der Freisetzung nach Verwendung der Filmdiffusionsgleichung mit F = Fraktion der freigesetzten Wirkstoffmenge über die Zeit [6]
Jeder Punkt in der Graphik repräsentiert den Mittelwert aus 3 Prüfungen plus der Standardabweichung

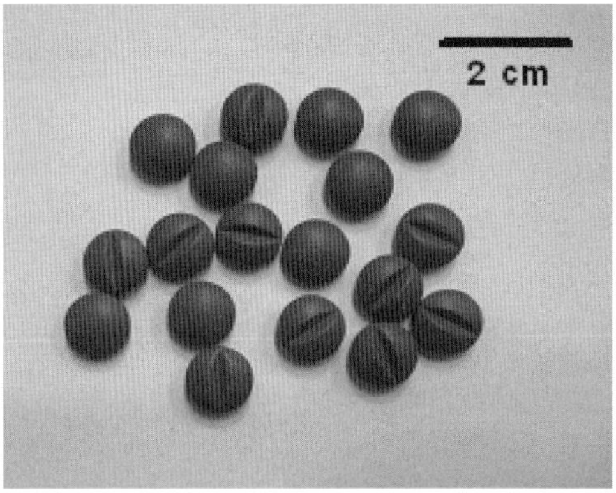

Abb. 12-3 vollständig überzogene Arzneikerne mit Bruchkerbe (s.a. Anhang)

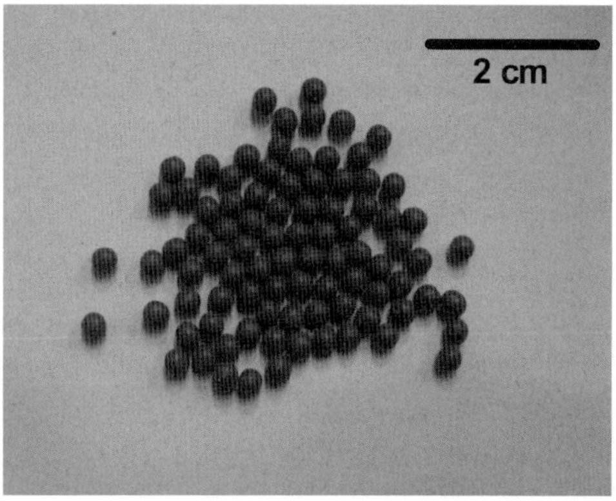

Abb. 12-4 vollständig überzogene Globulis (s.a. Anhang)

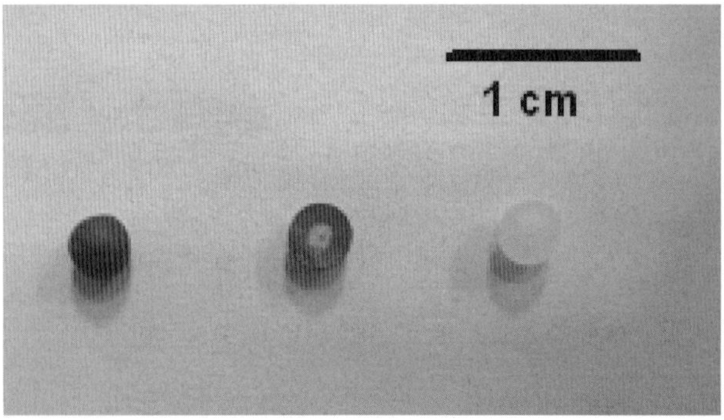

Abb. 12-5 links: überzogene Globulis, Mitte: Querschnitt, rechts: Globuli nach Abzug der Filmschicht (s.a. Anhang)

Die Quellung dagegen lässt sich lichtmikroskopisch sehr einfach verfolgen. Die REM-Abbildungen (Abb. 12-6) zeigen Untersuchungen zur Schichtbildung auf Kernen aus Dowex 88, Das Dowex 88 ist ein makroretikuläres Harz. Diese Harzkerne wurden aus einer Resin-Charge durch Siebung auf eine einheitliche Größe gebracht und mit Chlorpheniramin Maleat (CPM) als Resinat durch einfache Adsorption aus einer Lösung beladen. Die so beladenen Kerne wurden anschließend in einem Orbitalschüttler mit Eudragit RS 100 überzogen, wobei die Konzentration der Eudragit-Lösung zwischen 1% und 20% variiert worden ist. Ab der Konzentration von 10% Eudragit-Lösung traten Störungen z.B. Klebung in der Schichtbildung auf [6].

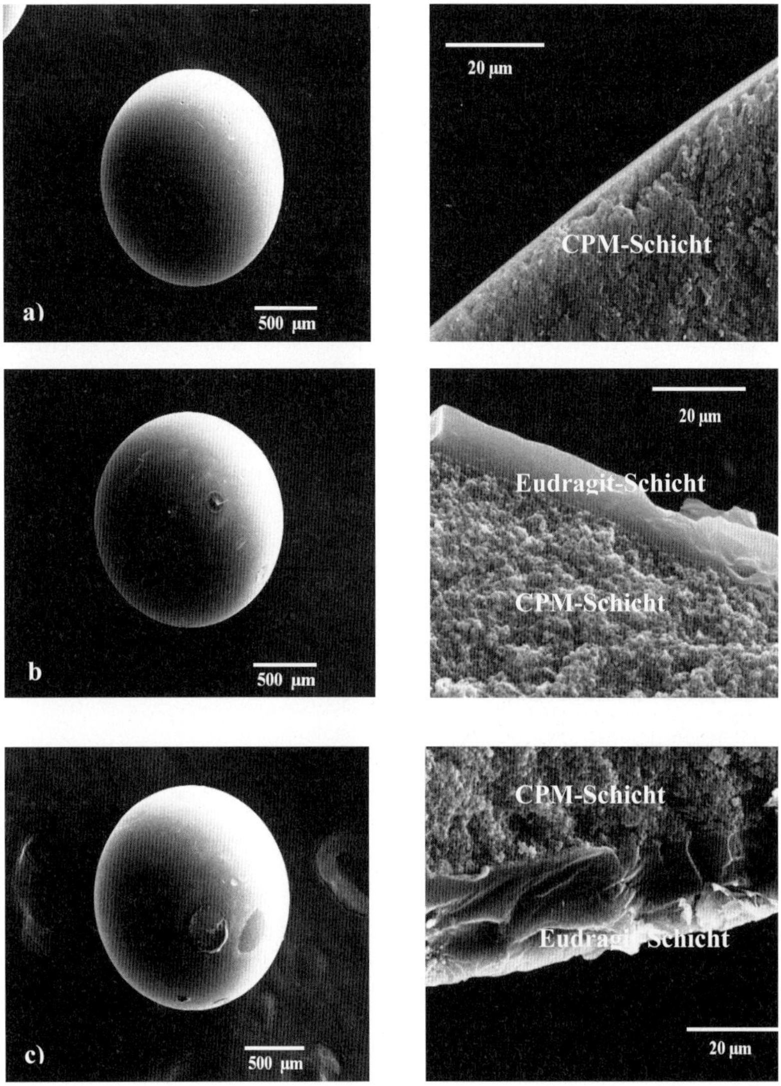

Abb. 12-6

REM-Aufnahmen von Eudragit-Überzügen auf Dowex 88 (links) und zugehörige Bruchaufnahmen der Überzüge (rechts) [6]:

a) Dowex 88 beladen mit Chlorpheniramin Maleat (CPM) als Resinat (CPM-Dowex88): glatte ungestörte Oberfläche - keine Unterschiede zu reinen Dowex-Kernen

b) CPM-Dowex-Substrat überzogen mit Eudragit aus 5%igen Eudragit RS 100-Lösung: porenfreier Eudragit-Überzug, Schichtdicke ca. 8 µm

c) CPM-Dowex-Substrat überzogen mit Eudragit aus 10%igen Eudragit RS 100-Lösung: es sind zunehmende Störungen des Überzuges zu erkennen, Schichtdicke ca. 11 µm

12.6 Prüfmethoden an isolierten Filmen

Freie Filme (isolierte Filme) werden häufig zur Untersuchung von Freisetzung (Dissolution) und Barrierewirkung von Coatings eingesetzt. Isolierte Filme können durch Gießen („casted films“) oder Sprühen („sprayed films“) hergestellt werden. Gießfilme sind reproduzierbarer herzustellen, sind jedoch weniger praxisnah als Sprühfilme. Gute Ergebnisse bei der Herstellung von Gießfilmen lassen sich erreichen, wenn dazu ein Streichgerät aus der Dünnschichtchromatografie (DC-Applikator) verwendet wird und die Filme auf sehr ebenen Platten ausgestrichen werden. Die Platten sollten ein einfaches Abziehen („Peeling“) des getrockneten Filmes erlauben [8].

Ein Beispiel der Apparatur zur Herstellung von Sprühfilmen ist in Abb. 12-7 skizziert. Auf eine rotierende Walze aus geeignetem Material (z.B. Teflon) wird die Coatingflüssigkeit aufgesprüht. Auch hier ist es wichtig, dass der Film sich leicht von der Walze ablösen lässt.

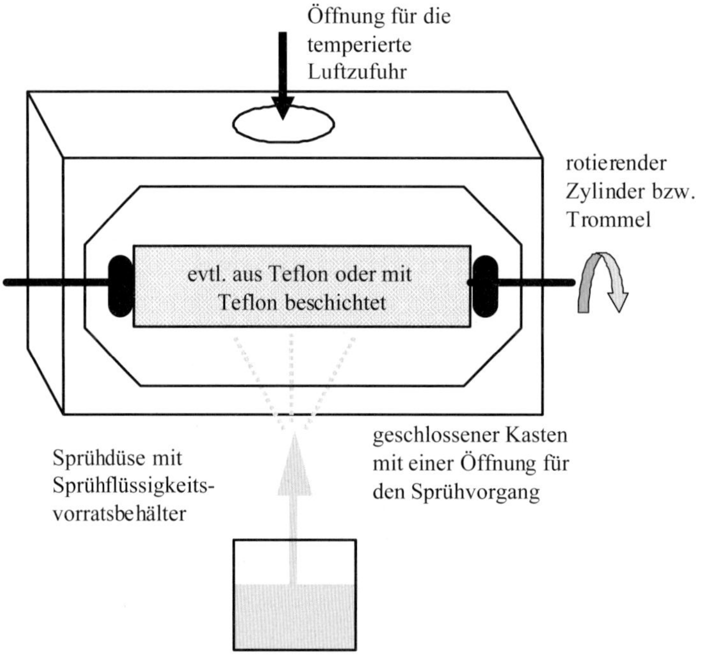

Abb. 12-7 Apparatur zur Herstellung von isolierten Filmen [9]

Gängige Prüfmethoden an isolierten Filmen sind in Tab. 12-4 zusammengefasst.

Tab. 12-4 Prüfmethoden an isolierten Filmen [9]

Verfahren	Beispiele der Methoden
Lösungseigenschaften	siehe Tabelle 12-5
Mechanische Eigenschaften	Texturanalyse
Benetzungsverhalten	Kontaktwinkel
Permeabilitätseigenschaften	Gase (DIN 53380) Wasserdampf (DIN 53122) Wirkstoffe (Wirkstofffreisetzung)
Oberflächeneigenschaften und Schichtdicke	Computer-Tomographie AFM, REM, Lichtmikroskopie Tetrahertz Pulse Bildgebungsverfahren
Identität	IR-Spektroskopie Tetrahertz Pulse Bildgebungsverfahren
Thermische Eigenschaften: (Glasübergangstemperatur bzw. minimale Filmbildungstemperatur)	DSC-Methode (DIN 51005) Torsionsschwingungsversuch (DIN 53445) Thermogravimetrie Minimum Film Formation Temperature Tester (DIN 53787)

Das Lösungsverhalten eines Polymers hängt u.a. von der isothermen Lösungsgeschwindigkeit ab. Sie definiert die Substanzmenge, die sich von einer Filmoberfläche (1 cm^2) in einem wässrigen Medium bei T = 37 °C in einer Zeit von t = 1 min lösen lässt. Die Einheit wird angegeben in $\mu g/cm^2 \cdot min$.
Für die Charakterisierung der Lösungseigenschaften insbesondere magensaftresistenter Filmen wird die Lösungsgeschwindigkeit in Abhängigkeit verschiedener pH-Medien untersucht. Bei der Darstellung als Grafik ergibt sich dadurch eine sigmoidale Kurve für die mechanischen Eigenschaften der Filme. Die praktische Durchführung ist in der Tab. 12-5 dargestellt.

Tab. 12-5 Ermittlung der Lösungsgeschwindigkeit

Methode	Ermittlung der Lösungsgeschwindigkeiten (LG)	Beschreibung
1.	Isolierte Film in Pufferlösung	Visuelle Beobachtung: Niedrigster pH-Wert, bei dem sich ein Film innerhalb von 24 Stunden noch löst. Er wird Lösungs-pH-Wert des Filmes genannt. Dieser ist auch von der Schichtdicke des Films abhängig.
2.	pH-Stat-Titrator: Ermittlung der Lösungsgeschwindigkeit von Filmen mit sauren oder basischen Gruppen	Filmstückchen werden in schwach puffernden, künstlichen Verdauungsflüssigkeiten bewegt und gegen Säure bzw. Lauge titriert. Aus den Titrationskurven lässt sich die Lösungsgeschwindigkeit berechnen.

12.7 Benetzungsverhalten der Überzugszubereitung

Ein Maß für das Benetzungsverhalten eines Festkörpers ist der sich ausbildende Kontaktwinkel zwischen einem Flüssigkeitstropfen und einer Festkörperoberfläche (Abb. 12-8). Genauer gesagt: Es stellt sich ein Kräftegleichgewicht zwischen Flüssigkeit, Gas und Festkörper ein. Die dafür notwendige Adhäsionsarbeit ist das Ergebnis der Summe der Wechselwirkungskräfte zwischen den verschiedenen Molekülen. FOWKES spezifizierte die Wechselwirkungen, in dem er postulierte, dass nur gleichartige Wechselwirkungen zwischen den Phasen stattfinden können. Ein rein dispersiv wechselwirkender Festkörper kann demnach auch nur mit den dispersiven Anteilen einer angrenzenden Flüssigkeit wechselwirken. Während dispersive Wechselwirkungen ubiquitär sind treten polare Wechselwirkungen nur in bestimmten Molekülen auf. Aus der Kenntnis der Oberflächenspannung sowie des dispersiven und polaren Anteils lässt sich die Grenzflächenspannung zwischen Fluiden berechnen. Ist der Kontaktwinkel zwischen Flüssigkeit und Festkörper bekannt, kann daraus die Oberflächenenergie des Festkörpers ermittelt werden.

Dazu wird ein definierter Flüssigkeitstropfen in Kontakt mit der zu vermessenden Oberfläche gebracht. Im Tripelpunkt wird durch Anlegen einer Tangente an die Tropfenkontur der Kontaktwinkel Θ zwischen Tropfen- und Festkörperoberfläche ausgebildet.

Bei vollständiger Spreitung Θ = 0° und bei vollständiger Unbenetzbarkeit Θ =180°. Je kleiner der Kontaktwinkel ist, desto besser ist die Arzneiformoberfläche mit der gewählten Flüssigkeit benetzbar. Bei gleicher Flüssigkeit nimmt der Kotaktwinkel mit steigender Oberflächenenergie des Festkörpers ab.

Die YOUNG-Gleichung liefert nun den Zusammenhang zwischen Kontaktwinkel und Oberflächenenergie als Maß für die Benetzbarkeit:

$$o_S = \gamma_{SL} + o_L \cdot \cos\Theta$$

Θ… Kontaktwinkel

σ_S…Oberflächenspannung Festkörper

γ_{SF}…Grenzflächenspannung Festkörper/Flüssigkeit

σ_L…Oberflächenspannung Flüssigkeit

In der Praxis werden die Kontaktwinkel mit dem Benetzbarkeitsprüfgerät ermittelt [1].

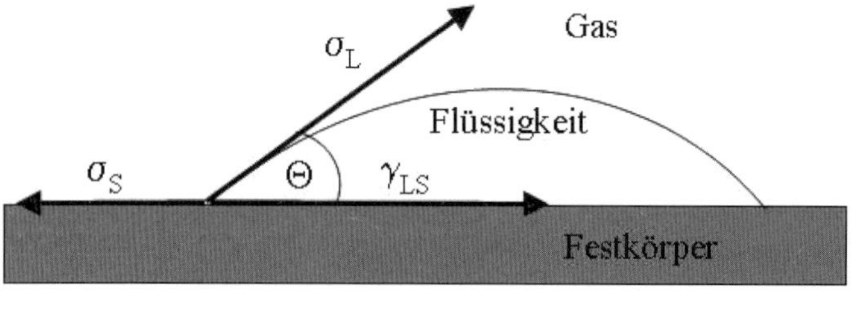

Abb. 12-8 Definition des Kontaktwinkels

12.8 Gas- und Wasserdampfdurchlässigkeit

Um die Schutzwirkung eines Filmes auf Kernen zu untersuchen, wird die Durchlässigkeit des Überzuges für gasförmige Stoffe bestimmt.

Die Gasdurchlässigkeit q ($ml/m^2 \cdot d \cdot atm$) (DIN 53380) ist definiert als das auf 0 °C und 760 Torr umgerechnete Volumen eines Gases, das während eines Tages bei einer bestimmten Temperatur und Druckgefälle durch 1 m^2 des zu prüfenden Filmes hindurchgeht.

$$q = \frac{T_o \cdot P_u}{P_o \cdot T \cdot A(P_b - P_u)} 24 \cdot Q \frac{\Delta x}{\Delta t} \cdot 10^4$$

P_0...Normaldruck in atm
T_0...Normaltemperatur in K
T...Versuchstemperatur in K
A...Probenfläche in m^2
t...Zeitintervall zwischen zwei Messungen in h
P_u...Druck im Prüfraum zwischen Probe und Quecksilberfaden in atm
P_b...Atmosphärendruck in atm
Q...Querschnitt der Meßkapillaren in cm
$\frac{\Delta x}{\Delta t}$ ...Absinkgeschwindigkeit des Quecksilberfadens in cm/h

Als Wasserdampfdurchlässigkeit (WDD) wird die Menge Wasserdampf in g definiert, die an einem Tag unter festgelegten Bedingungen durch 1 m^2 Probenfläche diffundiert (nach DIN 53122):

$$\text{WDD} = \frac{24 \cdot \Delta \text{m}}{\text{A}\Delta \text{t}} \cdot 10^4$$

Δm...Gewichtsdifferenz der beiden letzten Wägungen in g
Δt...Zeitabschnitt zwischen den beiden letzten Wägungen in h
A...Probenfläche in m^2

Die Wasserdampfdurchlässigkeits-Apparatur besteht aus einer Schale, die mit Adsorptionsmittel gefüllt ist. Diese wird durch den zu untersuchenden Film verschlossen.

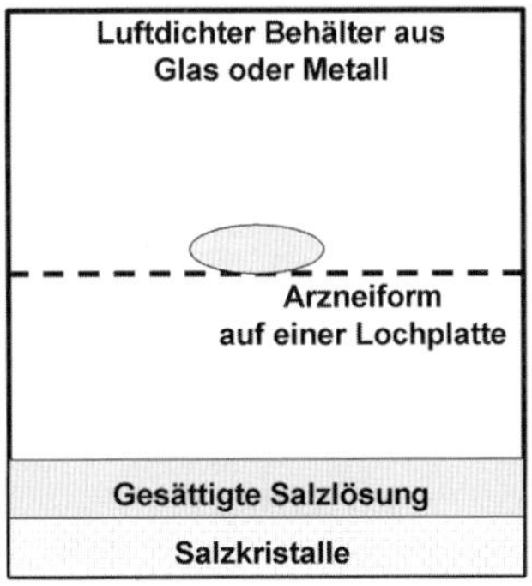

Abb. 12-9

Apparatur zur Bestimmung der Wasserdampfdurchlässigkeit von Filmen [2]

Die Diffusion von Gasen oder Dämpfen verläuft in 3 Phasen [1]:

- Adsorption der Gasmoleküle an der Oberfläche des Films (chemische Affinität)
- Diffusion durch den Film und
- Desorption an der anderen Seite des Films

Je nach Nutzungszweck der Filme sind hohe oder niedriger Gas- und Wasserdampfdurchlässigkeit erwünscht, die durch nachstehende Parameter beeinflusst werden können:

- Weichmacher erhöhen oder erniedrigen, je nach Hydro- bzw. Lipophilie und Menge, die Wasserdampfdurchlässigkeit.
- Lösungsmittelreste erhöhen die Wasserdampfdurchlässigkeit eines Films.
- Mit steigender Kristallinität des Filmbildners fällt die Permeabilität.
- Pigmente erniedrigen die Durchlässigkeit, da sie selbst nicht permeabel sind; wodurch der Querschnitt der Probe vermindert und der Diffusionsweg verlängert wird.
- Die Hydrathülle hydrophiler Farbstoffe begünstigen die Wasserdampfdurchlässigkeit
- Gesprühte Filme sind permeabler als gegossene Filme.
- Diethylphthalat und Triethylcitrat als Weichmacher sowie Talkum reduzieren die Wasserdampfdurchlässigkeit, während Titandioxid sie erhöht.
- Zusätze von Polyethylenglykol (PEG) erhöht die Wasserdampfdurchlässigkeit von HPMC-Filmen.

12.9 Weitere Prüfmethoden

Weitere Prüfmethoden, die zur Charakterisierung von Filmen, Sprühflüssigkeiten (z.B. Emulsionen und Dispersionen) dienen, sind in Tab. 12-6 zusammengefasst.

Tab. 12-6 Prüfmethoden für Filme und Flüssigkeiten [5,7]

Eigenschaften	Prüfmethode
Partikelgröße und -verteilung, Stabilität von dispersen Systemen	Photonenkorrelation-Spektroskopie (PCS), Laserdiffraktometrie (LD)
Filmstrukturanalyse	Klein- (SAXS) und Weitwinkelröntgenstreuung (WAXS)
Partikel- bzw. Tröpfchengröße, Filmdicke und Struktur	Licht-/Polarisationsmikroskopie, Elektronenmikroskopie
Thermische Übergänge, Strukturaufklärung	DSC, Thermogravimetrie
Adsorption/Desorptionskinetik, Filmrheologie (z.B. Lipid-Wasser Grenzfläche)	Tensiometer, Grenzflächendilatations- und Scherrheometer
Fließverhalten von Suspensionen / Emulsionen	Scher- und Oszillationsrheometer

12.10 Zusammenfassung

Die Überprüfung des Überzugs ist daher sehr bedeutend und kann durch verschiedene Methoden erfolgen. Bestimmte Eigenschaften, wie z.B. die Wasserdampfdurchlässigkeit sind von der Technik des Filmauftrags und den Verfahrensbedingungen abhängig.

Die Arzneikerneigenschaften, wie z.B. Porosität, Oberflächenrauheit und Abriebfestigkeit nehmen einen wesentlichen Einfluss auf die Filmbildung. Deshalb kann nur an fertig überzogenen Arzneiformen eine endgültige Überprüfung und Beurteilung der Filmqualität stattfinden. Bei den Vorprüfungen werden die Lösungen bzw. Dispersionen in dünnen Schichten auf Teflonoberflächen mit geringer Haftung ausgestrichen, gesprüht oder gegossen und bei geringer Luftbewegung getrocknet. Gegebenenfalls ist die Verwendung von gesprühten Filmen vorteilhafter, um das Sprühverfahren zu simulieren.

Eine weitere Möglichkeit, den Polymerfilm zu überprüfen, ist die Auftragung der Filmschicht auf inerte Glasperlen. Dadurch können Untersuchungen unabhängig von Einflüssen des Arzneikerns vorgenommen werden. Mit diesem Verfahren lassen sich Überzugs-, Zerfallseigenschaften und mikroskopische Untersuchungen durchführen. Die Widerstandsfähigkeit eines Films gegenüber mechanischen Belastungen wird beeinflusst durch:

- Sprödigkeit
- Plastizität, Elastizität
- Härte
- Dehnbarkeit

12.11 Quellenverzeichnis

[1] Workshopskript Kurs 156, 1995: Wässrige Filmüberzüge für feste Arzneiformen, Arbeitsgemeinschaft für Pharmazeutische Verfahrenstechnik e.V., Darmstadt

[2] Europäisches Arzneibuch, 2005, 5. Ausgabe, Govi-Verlag/Pharmazeutischer Verlag GmbH, Eschborn, Deutscher Apotheker Verlag Stuttgart

[3] Bauer K.H., Lehmann K., Osterwald H.P., Rothgang G. 1988, Überzogene Arzneiformen, Grundlagen, Herstellungstechnologien, biopharmazeutische Aspekte, Prüfungsmethoden und Rohstoffe, Wissenschaftliche Verlagsgesellschaft mbH Stuttgart

[4] Vergnaud J.M. 1993, Controlled drug release of oral dosage forms, Ellis Horwood Limited, West Sussex, United Kingdom

[5] Bühler V. 2007, Kollicoat Grades, Functional Polymers for the Pharmaceutical Industry, BASF, Ludwigshafen

[6] Gögebakan E. 2007, Kontrollierte Wirkstofffreigabe aus oberflächenmodifizierten Resinaten mit Hilfe von Sigmacote® und Eudragit® RS 100, Masterthesis, Technische Fachhochschule Berlin

[7] Schaal G. 2004, Untersuchungen einer Befilmungsmöglichkeit fester Arzneiformen mit modifizierten Triglycerid-Dispersionen, Dissertation der Biologisch-Pharmazeutischen Fakultät der Friedrich-Schiller-Universität Jena

[8] Cole G., Aulton M.E., Hogan J. 1995, Pharmaceutical Coating Technology, Informa Healthcare, London, United Kingdom

[9] Felton L.A. 2007, Characterization of coating systems, AAPS Pharm. Sci. Tech. 8, E112

13 Rheologie von Beschichtungen

Michael Schäffler

Einleitung

Die Rheologie beschreibt die Fließ- und Deformationseigenschaften von Materialien. Der Begriff Rheologie ist aus dem Griechischen abgeleitet: rhein - fließen. Erst im Jahre 1930 entwickelte E.C. Bingham und M. Reiner in Easton (USA) die Rheologie zu einer eigenständigen Wissenschaft. Aber bereits seit dem 17. Jahrhundert wurden wesentliche Einzelbeiträge zu Fließphänomenen veröffentlich, so z.B. 1676 von R. Hooke (Hookesches Gesetz) und 1687 von I. Newton (Newtonsches Gesetz). Die Rheologie hat sich bis heute immer mehr zu einer interdisziplinären Wissenschaft entwickelt, die die mechanischen Eigenschaften von Materialien charakterisiert. Sie setzt sich aus folgenden Teilgebieten zusammen:

- Rheologie, die Beschreibung der rheologischen Phänomene von Materialien, nochmals unterteilt in die phänomenologische Rheologie (beschreiben), die theoretische Rheologie (mathematisieren) und die angewandte Rheologie (erklären und anwenden).
- Rheometrie, die Messung der rheologischen Eigenschaften.

Die rheologischen Eigenschaften eines Materials sind für Industrie und Wissenschaft von großer Bedeutung. In fast allen Branchen werden rheologische Daten benötigt, um z.B. die Fließeigenschaften in Rohrströmungen, das Verhalten eines Materials beim Beschichten oder die Sedimentationsneigung bei der Lagerung zu charakterisieren.

Ziel dieses Kapitels ist es, die Grundlagen der Rheologie zu vermitteln und die Möglichkeiten zur rheologischen Charakterisierung disperser Systeme durch Rotations- und Oszillationsmessungen aufzuzeigen.

13.1 Grundlagen, Definitionen und Begriffe

Disperse Systeme unterscheiden sich in ihrer Zusammensetzung, der Art und Größe der Teilchen sowie durch den Bindungs- und den Dispersionstyp. Alle diese Faktoren beeinflussen das mechanische Verhalten eines Materials und damit dessen rheologische Eigenschaften.

Die wichtigsten mikrostrukturellen Einflüsse auf das rheologische Verhalten sind:

- Primäre (kovalente und ionische Bindungen) und sekundäre (Dipol- und Van-der-Waals-Wechselwirkungen) Bindungskräfte,
- elektrostatische und sterische Wechselwirkungen,
- Konzentration und pH-Wert.

Eine wissenschaftlich brauchbare Einteilung von dispersen Systemen kann nach der Teilchengröße und dem Dispersionstyp erfolgen (Abb. 13-1).

Größenordnung	Grobdisperse Systeme	Kolloiddisperse Systeme	Homogene Systeme
Optische Auflösung	Optische Mikroskopie	Optische / Elektronen-Mikroskopie	Elektronen-Mikroskopie
Dimension	≥ 1mm - 10µm	10µm – 1nm	1nm – 0,1nm
Beispiele	Makro-emulsionen Suspensionen	Mikroemulsionen Mizellen Makromoleküle	Silikonöl Wasser ionische Lösung

Dispersionstyp	Beispiel
fest/gasförmig	fester Schaum
fest/flüssig	Suspension
fest/fest	Legierung
flüssig/gasförmig	Schaum
flüssig/flüssig	Emulsion

Abb. 13-1 Einteilung disperser Systeme nach Teilchengröße (links) und Dispersionstyp (rechts) mit Beispielen

Für rheologische Untersuchungen gibt es primär zwei Zielsetzungen:

- Die Materialcharakterisierung und Strukturaufklärung, oftmals verbunden mit weiteren Methoden, wie z.B. rheooptischen Methoden, im Bereich der Forschung und Entwicklung von Materialien.
- Das Verhalten von Materialien unter Einfluss von äußeren Kräften, z.B. bei Pump- und Beschichtungsprozessen oder bei der Lagerung.

In Abb. 13-2 ist das rheologische Verhalten verschiedener Materialien dargestellt.

Flüssigkeit		Festkörper	
(Ideal)viskoses Fluid	Viskoelastisches Fluid	Viskoelastischer Festkörper	(Ideal)elastischer Festkörper

Niedermolekulare Lösungen und Mischungen	Dispersionen ohne „Fließgrenze“ Polymerlösungen und -schmelzen	Dispersionen mit „Fließgrenze“, vernetzte Polymere	Stahl, Stein
Gesetz von Newton	Modell von Maxwell	Modell von Kelvin/Voigt	Gesetz von Hooke

Abb. 13-2 Rheologisches Verhalten von Materialien, Beispiele und Gesetze / Modelle

Um das unterschiedliche Deformations- und Fließverhalten zu veranschaulichen, machen wir folgendes Experiment und beobachten das Verhalten von drei rheologisch unterschiedlichen Materialien (Abb.13-3):

Wir lassen einen Wassertropfen (a), eine Knetmasse (b) und eine Stahlkugel (c) aus gleicher Höhe auf eine Steinplatte fallen.

- Der Wassertropfen (a) läuft nach dem Auftreffen solange auseinander, bis sich ein sehr dünner Film gebildet hat, dessen Dicke von der Grenzflächenspannung abhängt (**idealviskos**).

- Die Knetmasse verformt sich nach dem Auftreffen teilweise und behält diese Form dauerhaft bei (**viskoelastisch**).
- Die Stahlkugel springt nach dem Auftreffen wieder hoch und bleibt am Ende unverformt am Boden liegen (**idealelastisch**).

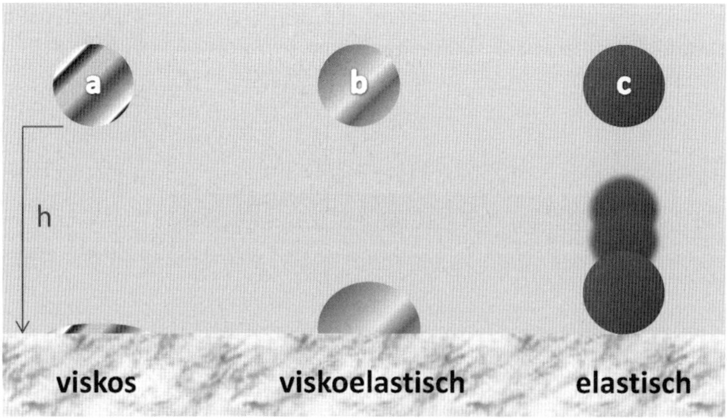

Abb. 13-3 Experiment Verformungsverhalten

Die rheologischen Eigenschaften hängen sehr stark von äußeren Einflüssen ab. Die wichtigsten Einflüsse sind:

- Belastungsart, Höhe der Belastung und Belastungsdauer,
- Temperatur und Druck,
- magnetische und elektrische Felder.

Deformationen werden durch äußere Kräfte erzeugt. Es gibt drei unterschiedliche rheologische Beanspruchungsformen:

- Stationäre Scherströmung (Rheometrie in Rotation).
- Instationäre Scherströmung (Rheometrie in Oszillation, Kriech-/ Relaxationsversuch)
- Dehnströmung (Rheometrie in Dehnung).

Die dehnrheologischen Beanspruchungsformen werden in diesem Kapitel nicht weiter behandelt. Diese sind bei dispersen Systemen nur schwer zugänglich. Weiterführende Literatur zu dieser Beanspruchungsart finden Sie unter [5,8]. Ebenso wird nicht weiter auf den sogenannten Kriech-Erholungs-Versuch und den Relaxationsversuch eingegangen. Diese Versuche haben an Bedeutung verloren und werden, bis auf Spezialfragestellungen, durch Versuche in Oszillation ersetzt. Weiterführende Literatur dazu finden Sie unter [3,4,6,7,9].

13.2.1 Definition rheologischer Begriffe (Fließverhalten)

Die für die quantitative Beschreibung des Fließverhaltens verwendeten physikalischen Größen werden mit Hilfe des „Zwei-Platten-Modells“ definiert, siehe Abb. 13-4.

Zwischen zwei parallel angeordneten Platten befindet sich das zu messende Material. Die untere Platte ist stationär, die obere Platte mit der Fläche A bewegt sich durch eine Kraft F in Scherrichtung. Unter der Voraussetzung der Wandhaftung erhöht sich die Geschwindigkeit linear von v = 0 an der nicht bewegten Platte auf den Wert v der bewegten Platte. Es wird also vorausgesetzt, dass sich eine stationäre laminare Strömung ausbilden kann und keine turbulente Strömung auftritt.

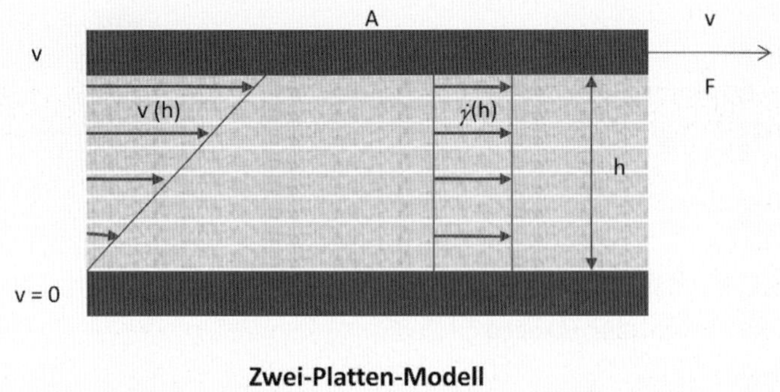

Abb. 13-4 Geschwindigkeits- und Schergeschwindigkeitsverteilung im Spalt für Scherversuche

Die **Schubspannung τ** wird definiert als das Verhältnis der Kraft F zur Fläche A der oberen Platte:

$$\tau = \frac{F}{A}$$

Die Einheit der Schubspannung τ ist [Pa], Umrechnungen:

$$1Pa = 1\frac{N}{m^2} = 1\frac{kg}{m \cdot s^2}$$

Wie bereits beschrieben, bildet sich bei einer stationären Scherströmung in dem gescherten Material ein höhenabhängiger Geschwindigkeitsgradient v(h) in Scherrichtung aus. Daher wird eine höhenabhängige Größe definiert: die **Scherrate** $\dot{\gamma}$. Sie wird folgendermaßen berechnet:

$$\dot{\gamma}(h) = \dot{\gamma} = \frac{dv}{dh}$$

Die Einheit der Scherrate ist [1/s] oder [s^{-1}].

Bei der Verarbeitung, dem Transport oder der Anwendung, wird das Material immer einer Scherbeanspruchung ausgesetzt. Typische Scherratenbereiche sind in der Abb. 13-5 dargestellt. Das Verhältnis Scherrate zur Schubspannung ist der Proportionalitätsfaktor η. Dieser Faktor wird als **Viskosität** η bezeichnet und wird auf I. Newton zurückgeführt:

$$\tau = \eta \cdot \dot{\gamma}$$

Die Viskosität, besser Scherviskosität, wird auch als Zähigkeit eines Materials bezeichnet und gibt die inneren Reibungskräfte oder den Fließwiderstand gegenüber einer von außen wirkenden (Scher)Kraft wieder.

Die Einheit der (Scher)Viskosität η ist [Pas], Umrechnungen:

$$1 \text{ Pas} = 1 \frac{\text{N} \cdot \text{s}}{\text{m}^2} = 1 \frac{\text{kg}}{\text{s} \cdot \text{m}}$$

Vorgang	Scherrate (s^{-1})
Sedimentation	< 0,001 bis 0,01
Oberflächenverlauf	0,01 bis 0,1
Ablaufen	0,001 bis 1
Tauchen	1 bis 100
Rohrströmung, Pumpen, Abfüllen	1 bis 10000
Streichen, Pinseln	100 bis 10000
Sprühen, Spritzen	1000 bis 10000
(Hochgeschwindigkeits-) Beschichten, Rakeln	100000 bis 1 Mio.

Abb. 13-5 Typische Scherratenbereiche bei der Verarbeitung, also unter Prozessbedingungen

Beispiele für unterschiedliche Materialviskositäten, siehe Abb. 13-6:

Material bei 20°C	Viskosität
Wasser	1 mPas
Olivenöl	ca. 100 mPas
Glycerin	1480 mPas

Abb. 13-6 Viskositätswerte für einige Materialien, bei T = +20 °C

Die Darstellung des Materialverhaltens erfolgt entweder als „Fließkurve“ (τ gegen $\dot{\gamma}$) oder als „Viskositätskurve“ (η gegen $\dot{\gamma}$).

Wird die Scherviskosität auf die Dichte des Materials bezogen, wird daraus die **kinematische Viskosität υ** berechnet:

$$\upsilon = \frac{\eta}{p}$$

Die Einheit der kinematischen Viskosität υ ist $[mm^2 / s]$.

Die kinematische Viskosität wird hauptsächlich in der Hydrodynamik verwendet.

Idealviskoses Fließverhalten

Die Scherviskosität ist bei idealviskosen Materialien (Newton-Fluid) eine Stoffkonstante bzw. Materialfunktion und nur von den Größen Druck und Temperatur abhängig (Abb. 7).

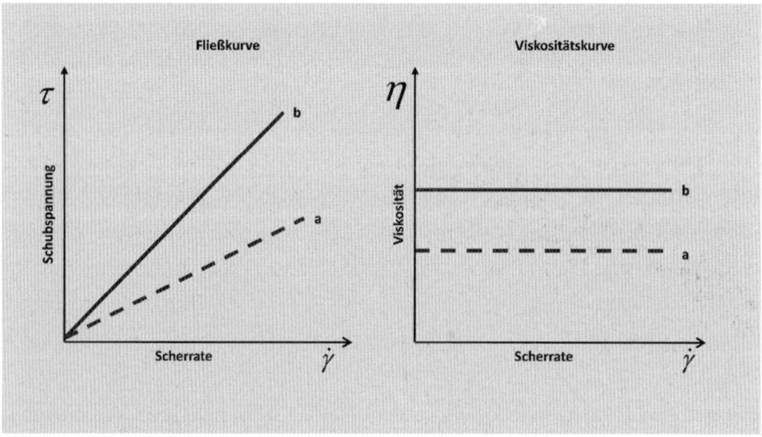

Abb. 13-7 Fließ- und Viskositätskurve von zwei idealviskosen Fluiden. (a) Fluid mit niedriger Viskosität, (b) Fluid mit höherer Viskosität

Diese Materialien (niedermolekulare Lösungen, -Mischungen, sowie Öle) zeigen keine Scherraten- und Zeitabhängigkeit.

Nicht idealviskoses Fließverhalten

Das idealviskose Verhalten haben wir jetzt bereits kennengelernt. Die meisten Materialien, so auch disperse Systeme, zeigen jedoch eine Scher- und/oder Zeitabhängigkeit in ihrem Fließverhalten.

Scherabhängiges nicht ideales Fließverhalten

Die Viskosität ist von der Scherbelastung abhängig: $\eta = f(\dot{\gamma})$. Dieses Materialverhalten wird grafisch als Fließ- oder Viskositätskurve dargestellt (Abb. 8).

Nicht-lineare Abhängigkeiten, dargestellt als Fließ- und Viskositätskurve (Abb.13-8).

- **Scherverdünnend** (strukturviskos): Die Viskosität und die Steigung der Schubspannung nehmen mit steigender Scherbelastung ab. Grund dafür ist ein Strukturabbau bzw. –umbau im Material (Abb. 13-8a und b). Beispiele Abb.13-9.
- **Nullviskosität** und **Unendlichviskosität**: Die Viskositätskurve hat bei niedrigen und hohen Scherraten jeweils ein newtonsches Plateau und damit keine Scherbelastungsabhängigkeit. Im mittleren Scherbelastungsbereich tritt Scherverdünnen auf (Abb. 13-8b). Dieses Verhalten zeigen Polymerlösungen und -schmelzen. Bis zu einer Grenzscherrate stehen die Entschlaufungs- und Verschlaufungsvorgänge im Gleichgewicht. Ab einer bestimmten Scherrate überwiegen dann immer mehr die Entschlaufungsvorgänge, und das Polymer verhält sich scherverdünnend. Wenn alle Makromoleküle gestreckt sind, ist der Bereich der Unendlichviskosität erreicht.
- **Fließgrenze:** Bei Materialien mit einer Fließgrenze muss erst eine Grenzschubspannung überwunden werden, um das Material zum Fließen zu bringen. Unterhalb dieser sogenannten scheinbaren Fließgrenze verhält sich das Material wie ein viskoelastischer Festkörper. Die Fließkurve schneidet die Schubspannungsachse bei $\tau > 0$ (Abb. 13-8a).
- **Scherverdickend** (dilatant): Die Viskosität und die Steigung der Fließkurve nehmen mit steigender Scherbelastung zu (Abb. 8d). Das scherverdickende Verhalten kommt nicht so häufig vor wie das scherverdünnende Verhalten. Es tritt z.B. bei hochgefüllten Suspensionen auf, weil bei steigender Scherbelastung sich die Partikel im Scherfeld anfangen zu stören und dadurch eine größere innere Reibung erzeugen. Beispiele: Keramiksuspensionen, Zahnzement, Plastisol.

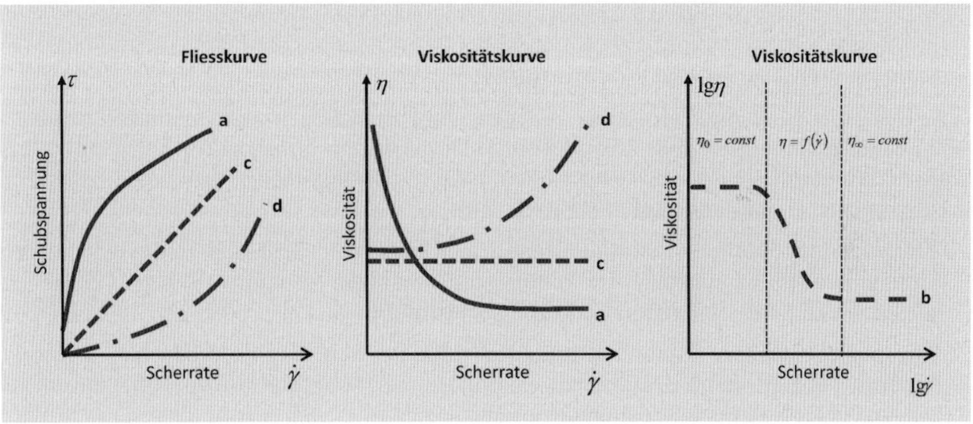

Abb. 13-8 Fließ- und Viskositätskurven. (a) scherverdünnend mit Fließgrenze / (b) scherverdünnend mit Nullviskosität und Unendlichviskosität / (c) idealviskos / (d) scherverdickend

Bei Materialien, die nicht idealviskoses Verhalten haben, wird statt des Begriffes Viskosität, auch der der **scheinbaren Viskosität** verwendet, um den Unterschied zur scherratenunabhängigen Viskosität von idealviskosen Materialien deutlich zu machen.

Scherverdünnendes Verhalten verschiedener Dispersionstypen (Abb. 13-9):

- Anisotrope Partikel orientieren sich in Scherrichtung.
- Isotrope Partikel in konzentrierten Dispersionen lagern sich in parallelen Scherebenen an (gestichelte Linien).
- Deformierbare Partikel werden je nach Form und Elastizität durch die Scherung verformt.
- Agglomerate (Aggregate) zerfallen im Scherfeld in ihre Primärpartikel.
- Polymerketten werden im Scherfeld entschlauft und gestreckt.

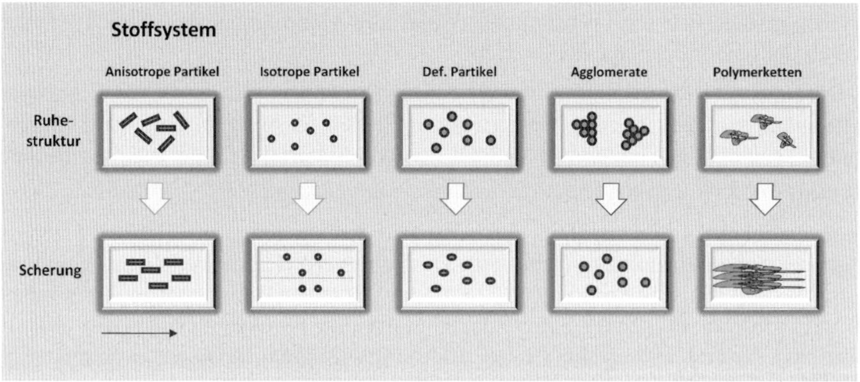

Abb. 13-9 Unterschiedliche scherverdünnende disperse Stoffsysteme

Zeitabhängiges nicht ideales Fließverhalten

Viele Dispersionen, wie z.B. Ketschup, Cremes und Pasten zeigen einen zeitlichen Strukturabbau bei konstanter Scherung. Einige wenige Dispersionen, insbesondere hochgefüllte keramische Suspensionen, Latex-Dispersionen oder Plastisolpasten zeigen einen zeitlichen Strukturaufbau bei konstanter Scherung (Abb. 10).

- **Thixotrophie**: Zeitlicher Strukturabbau unter konstanter Scherung und vollständigen Strukturaufbau bei Entlastung. Definitionsgemäß muss der Strukturaufbau zu 100% reversibel sein und unter isothermen Bedingungen stattfinden.
- **Rheopexie**: Zeitlicher Strukturaufbau unter konstanter Scherung und vollständigen Strukturabbau bei Entlastung. Definitionsgemäß muss der Strukturabbau zu 100% reversibel sein und unter isothermen Bedingungen stattfinden.

Temperatur- und druckabhängiges Fließverhalten

Alle Materialien zeigen eine Temperaturabhängigkeit bei den ermittelten Viskositätswerten. Materialien mit höheren Viskositäten zeigen dabei eine größere Temperaturabhängigkeit. Soweit es sich um physikalische Vorgänge handelt, nimmt die Viskosität mit Temperaturzunahme ab. Ausnahmen bilden Materialien, die chemisch oder physikalisch vernetzen und dabei Strukturen aufbauen, die die Viskosität erhöhen. Beispiele dafür sind z.B. Stärkegelierungen, thermische Aushärtung von Klebersystemen oder Kristallisation. Das zu untersuchende Material kann in Funktion der Zeit unter isothermen Bedingungen oder in Funktion der Temperatur unter dynamischen Bedingungen gemessen werden.

Die Temperatur hat bei rheologischen Messungen einen entscheidenden Einfluss auf die ermittelten Messwerte, deshalb muss die Probentemperatur bei rheologischen Messungen genau und gradientenfrei eingeregelt werden.

Die Druckabhängigkeit spielt bei dispersen Systemen eine untergeordnete Rolle, da es sich bei diesen Systemen um viskoelastische Fluide oder Festkörper handelt, die bei niedrigen bis mittleren Drücken nahezu inkompressibel sind.

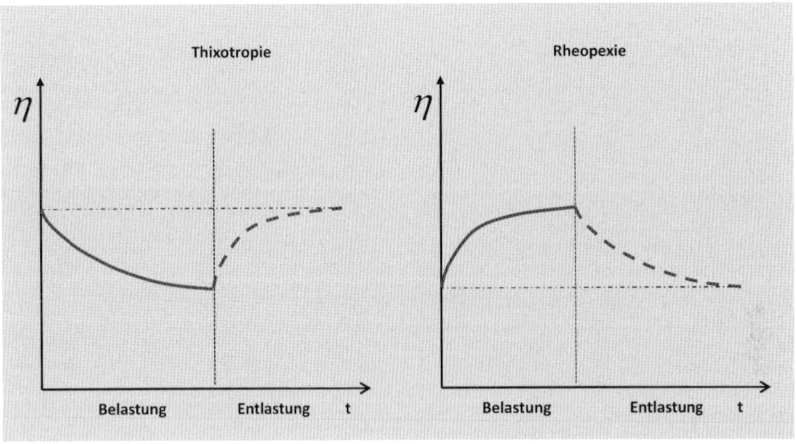

Abb. 13-10 Zeitabhängige Viskositätsfunktionen. Sprungexperiment zur Überprüfung eines zeitabhängigen Strukturaufbaus oder -abbaus.

13.2.2 Definition rheologischer Begriffe (Deformationsverhalten)

In den vorhergehenden Kapiteln wurden die verschiedenen Typen des Fließverhaltens beschrieben. Die Untersuchung erfolgt bei großen Deformationen, das Material befindet sich nicht in Ruhe, sondern die innere Struktur wird durch die Scherbelastung verändert oder zerstört.

In den letzten Jahrzehnten sind kommerzielle Rheometersysteme mit Luftlagertechnologie entwickelt worden, die immer besser und empfindlicher schwingungsrheometrische Experimente zulassen. Damit ist es möglich, die Struktur eines Materials in Ruhe zu untersuchen und die viskoelastischen Eigenschaften zu messen. Oszillationsmessungen erlauben z.B. die Messung des zeit- oder frequenzabhänigen Verhaltens. Bei der Untersuchung disperser Systeme können damit Aussagen über die Stabilität gemacht werden; auch die Untersuchung zeit- oder temperaturabhängiger Veränderungen ist möglich (Aushärtungen).

Die Grundlagen der oszillatorischen Scherbeanspruchung können in einfacher Form wieder durch das Zwei-Platten-Modell erklärt werden (Abb. 13- 11).

Die obere Platte wird durch ein Rad mit exzentrisch angebrachter Schubstange in Bewegung gesetzt, die untere Platte ist unbeweglich. Zwischen den beiden Platten mit dem Abstand h befindet sich das zu messende Material. Das Material muss Wandhaftung an beiden Platten haben und es soll sich im gesamten Messspalt homogen verformen. Durch die Schubstange wird die obere Platte in beide Richtungen mit gleicher Amplitude ausgelenkt. Betrachtet man einen Punkt an der Platte ergibt sich eine sinusförmige Bewegung, wie in Abb. 11 dargestellt. Die obere Platte wird durch die Kraft $\pm F$ bewegt, und es ergibt sich daraus die Auslenkung $\pm s$ mit dem Auslenkwinkel $\pm\varphi$.

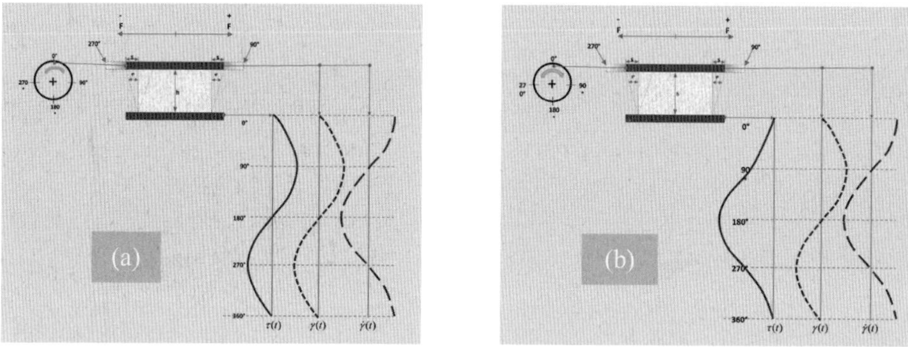

Abb. 13-11 Zwei-Platten-Modell: Idealelastisches (a) und idealviskoses (b) Verhalten in Oszillation

Die Deformation ist als:

$$\pm\gamma = \pm s / h = \pm \tan\varphi$$

definiert, und die Schubspannung ist als:

$$\pm\tau = \pm F / A$$

definiert.

Die sinusförmige Änderung der Deformation $\gamma(t)$ mit der Amplitude $\hat{\gamma}$ bei einer Kreisfrequenz $\omega = 2\pi f$ wird mit folgender Gleichung beschrieben:

$$\gamma(t) = \hat{\gamma} \cdot \sin(\omega t)$$

Die für diese Bewegung notwendige Schubspannung $\tau(t)$ ist ebenfalls sinusförmig, sie ist ist jedoch gegenüber der Deformation phasenverschoben. Der Phasenverschiebungswinkel δ hängt von den viskoelastischen Eigenschaften des untersuchten Materials ab. Damit ergibt sich:

$$\tau(t) = \hat{\tau} \cdot \sin(\omega t + \delta)$$

Die zeitliche Ableitung der Deformation, die Scherrate $\hat{\gamma}(t)$, oszilliert mit gleicher Kreisfrequenz, ist aber in der Phase um den Winkel $+\pi/2$ (90°) verschoben:

$$\dot{\gamma}(t) = \hat{\gamma} \cdot \omega \cdot \cos(\omega t)$$

Bei idealelastischem Verhalten ist die Deformationsvorgabe „in Phase“ mit der Schubspannungsantwort des Materials, dem Phasenverschiebungswinkel $\delta = 0°$ (Abb.13-11(a)).

Bei idealviskosem Verhalten ist die Deformationsvorgabe zur Schubspannungsantwort der Probe um 90° verschoben und als cos-Funktion „in Phase“ mit der Scherratenfunktion, dem Phasenverschiebungswinkel $\delta = \pi / 2 = 90°$ (Abb. 13-11(b)).

Ist der Phasenverschiebungswinkel $0° \leq \delta \leq 90°$, entsteht viskoelastisches Verhalten. In Abhängigkeit der vorgegebenen Kreisfrequenz (ω) ist bei einem gemessenen Phasenverschiebungswinkel von $\delta \leq 45°$ viskoelastisches Festkörperverhalten und bei einem Phasenverschiebungswinkel von $\delta \geq 45°$ viskoelastisches Flüssigkeitsverhalten vorhanden.

Über die Messung des Phasenverschiebungswinkels ist also der Dämpfungsfaktor des Materials bestimmbar. Je größer der gemessene Winkel, desto größer ist der viskose Anteil im Material.

In Analogie zum Hookeschen Gesetz lässt sich das viskoelastische Verhalten über den frequenzabhängigen komplexen Schubmodul G^* darstellen:

$$G^*(\omega) = \frac{\tau(\omega,t)}{\gamma(\omega,t)}$$

$G'(\omega)$ bezeichnet den Speichermodul (elastischen Anteil) und $G''(\omega)$ den Verlustmodul (viskosen Anteil) des Materials.

Der Verlustmodul G´´ ist proportional der durch das Fließen irreversibel dissipierten Energie. Der Speichermodul G´ reflektiert die reversibel elastisch im Material gespeicherte Deformationsenergie.

Das Verhältnis von G´´ zu G´ bezeichnet man als Verlustfaktor $\tan\delta$, er ist folgendermaßen definiert:

$$\tan\delta = \frac{G''}{'G'}$$

In Analogie zum Newtonschen Gesetz lässt sich das viskoelastische Verhalten auch über die frequenzabhängige komplexe Viskosität η^* darstellen:

$$\eta^*(\omega) = \frac{\tau(\omega,t)}{\dot{\gamma}(\omega,t)}$$

In der Praxis wird das viskoelastische Verhalten über den komplexen Schubmodul G* und dessen realen und imaginären Anteil G´ und G´´ dargestellt. Der Betrag der komplexen Viskosität η^* wird insbesondere in der „Polymer-Rheologie“ für die Darstellung der Frequenzabhängigkeit von η^* verwendet. Der Verlustfaktor $\tan\delta$ findet primär in der dynamisch mechanischen Analyse als Messgröße seine Anwendung.

Mit Hilfe der definierten Größen G*, G´ und G´´ kann das viskoelastische Verhalten von Materialien auch über ein Vektordiagramm bildlich dargestellt werden, siehe Abb. 12.

Dabei gilt für den Betrag des komplexen Schubmodul G* folgende Beziehung nach dem Satz des Pythagoras:

$$\left|G^*\right| = \sqrt{(G')+(G'')^2}$$

Der viskose und der elastische Anteil wird über den Vektor „Re" aufgetragenen Speichermodul G´ und über den Vektor „Im" aufgetragenen Verlustmodul G´´ dargestellt. Die vektorielle Summe G* repräsentiert das gesamte viskoelastische Verhalten des Materials. Die Größe des komplexen Schubmoduls (resultierender Vektor G*) repräsentiert die Gesamtstrukturstärke des Materials.

Bei Auswertungen von Oszillationsexperimenten ist bei Verwendung der oben beschriebenen Gleichungen zu beachten, dass diese nur im linear-viskoelastischen Bereich (LVE-Bereich) Gültigkeit haben. In diesem LVE-Bereich gilt folgende Beziehung:

$$G^* = i\omega \cdot \eta$$

Experimentell ist dieser Gültigkeitsbereich mit einem Amplitudentest überprüfbar. Bei diesem Test werden die Materialfunktionen wie z.B. G´ und G´´ bei konstanter Kreisfrequenz als Funktion der Deformation gemessen. Der Gültigkeitsbereich wird bei einer vorgegebenen Deformation verlassen, bei der das Verhältnis G´´ zu G´ nicht mehr konstant ist. Dieser Punkt wird in der Praxis auch als Nachgebegrenze τ_γ (yield point) bezeichnet.

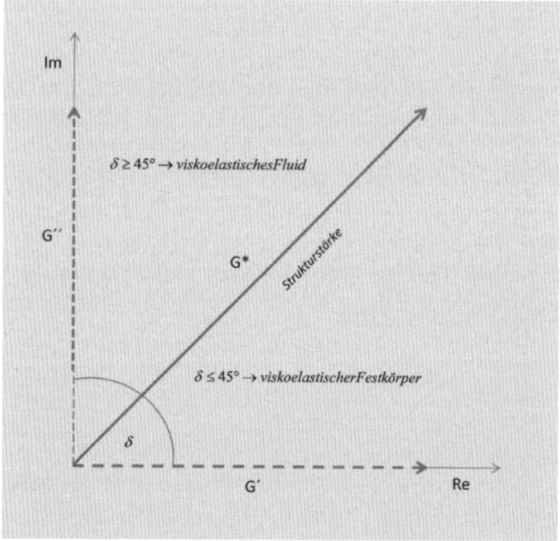

Abb. 13-12 Vektordarstellung vom realen Anteil G´ (Speichermodul) und imaginären Anteil G´´ (Verlustmodul) und dem daraus resultierenden Vektor G*

Zusammenfassung der physikalischen Größen in der Schwingungsrheologie

Folgende physikalische Größen werden bei Messungen in Oszillation üblicherweise verwendet (Abb. 13-13). Weiterführende Literatur zur Schwingungsrheologie, insbesondere zu den Modellen nach Maxwell, Kelvin/Voigt und Burgers, werden in [3,4,6,7,9] ausführlich behandelt.

Rheologische Eigenschaften von Fluid/Fluid(Luft)-Grenzphasen unter Einfluss von grenzflächenaktiven Substanzen, wie Tenside, Proteine oder Emulgatoren

In diesem Kapitel wird grundlegend auf die „3D-rheologischen Eigenschaften“, also volumenrheologische Eigenschaften, von Materialien eingegangen. Insbesondere bei Fluid/Fluid-Grenzphasen spielen aber die „2D-rheologischen Eigenschaften“, also die grenzflächenrheologischen Eigenschaften (dabei insbesondere die Adsorptionsvorgänge) in der Grenzphase von Emulsionen und Mikroemulsionen eine wichtige Rolle für die Stabilität und Verarbeitungseigenschaft von aktuellen „Easy-Coatings“. Ausführliche und grundlegende Informationen zur „2D-Rheologie“ sind in [8] zu finden.

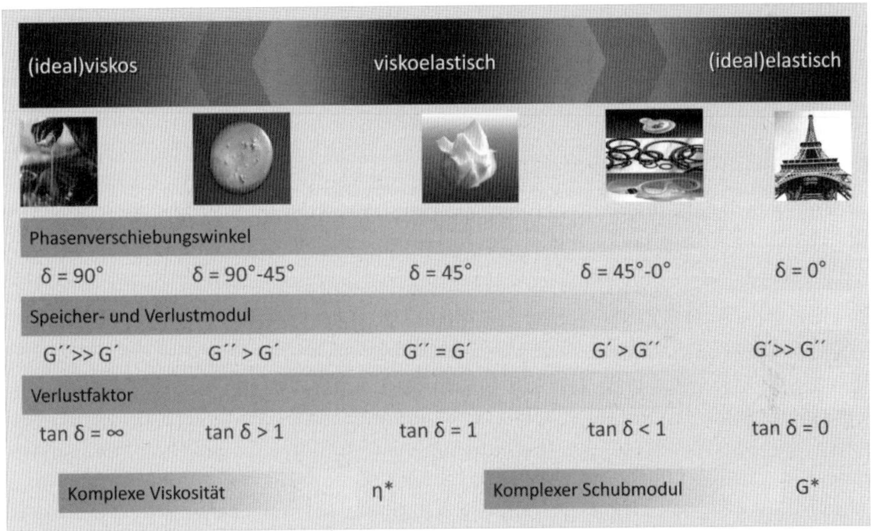

Abb. 13-13 Darstellung der physikalischen Messgrößen in der Schwingungsrheologie, bezogen auf das viskoelastische Verhalten von Materialien

13.3 Rheometrie und rheologische Versuchsführung

Rheometrie ist, wie in der Kapiteleinleitung definiert, die Messung der rheologischen Eigenschaften von Materialien mit Hilfe von geeigneten Messgeräten, sogenannter Viskosimeter und Rheometer.

Für idealviskose Materialien werden häufig Auslaufbecher, Kugelfall-Viskosimeter oder unterschiedlichste Kapillar-Viskosimeter benutzt. Diese Messgeräte sind für die Messung von viskoelastischen Materialien jedoch nicht geeignet und werden deshalb nicht weiter beschrieben. Ausführliche Informationen zu diesen Messgeräten sind in [7,9] enthalten.

Seit 1945 hat sich die Entwicklung der Rotations- und seit 1970 die zusätzliche Entwicklung von Oszillations-Rheometersystemen stetig weiterentwickelt. Der Hauptvorteil dieser Messgeräte besteht darin, dass das scherabhängige Viskositätsverhalten von viskoelastischen Materialen in Rotation und das gesamte viskoelastische Verhalten in Oszillation gemessen werden kann.

Zu Rheometer-Messgeräten (Stativ, Antrieb- und Messaufnehmereinrichtung, sowie Temperiereinrichtung) werden Messsysteme benötigt, die das Material in einem definierten Probenraum messen.

Es gibt für diese Messsysteme (Zylinder-, Kegel/Platte- und Platte/Platte-Messsysteme) seit 1976 die DIN-Normen: DIN 53018 und 53788, die 1980 mit der DIN 53019 für Zylindermesssyteme mit engem Messspalt und 1982 mit der DIN 54453 für Doppelspalt-Zylindermesssysteme erweitert wurden. 1991 wurde die internationale Norm (ISO 3219) für Zylinder- und Kegel/Platte-Messsysteme eingeführt.

13.3.1 Messgeräte und Messsysteme

Wie bereits beschrieben unterteilt sich ein **Rheometersystem** in das Messgerät, eine optionale **Temperiereinrichtung** und ein geeignetes **Messsystem**, das in Abhängigkeit vom zu messenden Material gewählt werden sollte.

Messgerät:

Ein Rheometer (Abb. 13-14) besteht aus einem verwindungsarmen Stativ (1) mit einem üblicherweise integrierten Hubmotor (2). Dieser Hubmotor kann den Antriebsmotor (4) und weitere Steuer- und Messeinrichtungen des Rheometers (3,4,5,6,7) für die Probenpräparation und Probenmessung entsprechend bewegen. Die Messvorgabe in Rotation und Oszillation erfolgt durch den Motor (4), das Lager (5) und die Kupplung (6). Die Bewegung wird über einen optischen Decoder (3) detektiert. Das zu messende Material befindet sich in diesem Beispiel zwischen dem direkt mit dem Antrieb gekoppelten oberen Messsystem (7) und der unteren statischen und temperierten Messplatte (8,9).

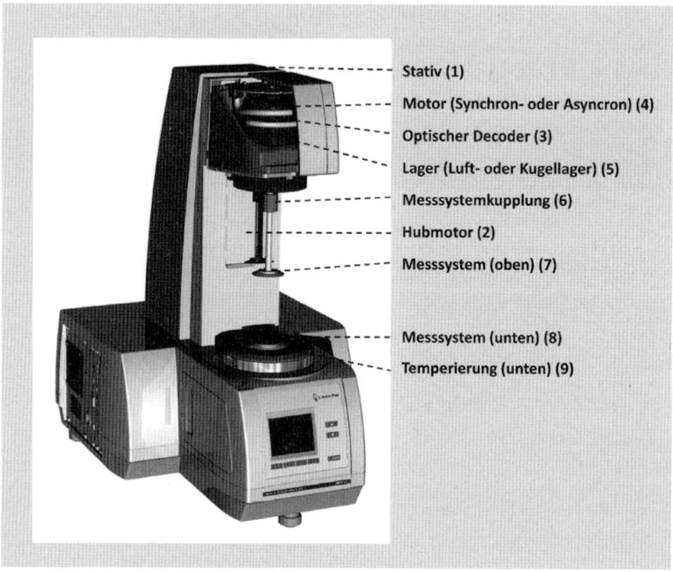

Abb. 13-14 Aufbau des Rheometersystems am Beispiel einer kombinierten Antriebs- und Messeinrichtung (Bild Anton Paar)

Grundlegend unterscheidet man „CSS"- und „CSR"-Rheometer. **CSS-Rheometer** (controlled shear stress) geben die Schubspannung vor und messen die „Scher"- bzw. die „Deformations"-Antwort des Materials. Zu diesen Rheometersystemen gehören alle Rheometer mit Asynchronmotor und kombinierter Antriebs- und Messeinrichtung. **CSR-Rheometer** (controlled shear rate) geben die Scherrate, bzw. Deformation vor und messen die „Schubspannungs"-Antwort des Materials. Zu diesen Rheometersystemen gehören alle Rheometer mit getrennter Einrichtung für Antrieb und Messwertaufnahme, sowie Rheometer mit Synchronmotor und DSO-Regelung (**D**irect **S**train **O**scillation).

Mögliche Messvorgaben (physikalische und rheologische Größen) in Rotation und Oszillation und die resultierende physikalische, bzw. rheologische Messantwort sind in Abb. 13-15 aufgeführt.

Detaillierte Informationen zu unterschiedlichen Messeinrichtungen, zur Lagerung und Temperierung von Rheometersystemen sind in [6,7,9] beschrieben.

Versuchstyp	Messtechnische Vorgabe	Ergebnis
Rotation (Drehzahl-Steuerung)		
Rohgrößen	Drehzahl n [min^{-1}]	Drehmoment M [mNm]
Rheologische Messgrößen	Scherrate [s^{-1}]	Schubspannung τ [Pa]
Rotation (Moment-Steuerung)		
Rohgrößen	Drehmoment M [mNm]	Drehzahl n [min^{-1}]
Rheologische Messgrößen	Schubspannung τ [Pa]	Scherrate [s^{-1}]
Oszillation (Deformations-Steuerung)		
Rohgrößen	Auslenkwinkel φ (t) [mrad]	Drehmoment M(t) [mNm], Phasenverschiebungswinkel δ [°]
Rheologische Messgrößen	Deformation γ(t) [%]	Schubspannung τ(t) [Pa], δ [°]
Oszillation (Moment-Steuerung)		
Rohgrößen	Drehmoment M(t) [mNm]	Auslenkwinkel φ(t) [mrad], Phasenverschiebungswinkel δ [°]
Rheologische Messgrößen	Schubspannung τ(t) [Pa]	Deformation γ(t) [%], δ [°]

Abb. 13-15 Messvorgaben Rheometer

Messsysteme:

Ein Messsystem besteht immer aus einem beweglichen und einem unbeweglichen Teil. Der bewegliche Teil sitzt an einer Kupplung und wird über diese von einem Motor definiert bewegt. Der unbewegliche Teil wird zusätzlich für die Temperierung des gesamten Messsystems benutzt (Abb. 13-14). Es wird zwischen **Relativ-Messsystemen** und **Absolut-Messsystemen** unterschieden. Relativ-Messsysteme (z.B. Flügelrührer) werden in [7] ausführlich beschrieben. Absolut-Messsysteme sind genormte (ISO und DIN) Messgeometrien, für die die erzeugten physikalischen Rohdaten in die rheometrischen Rohdaten über Faktoren umgerechnet werden können.

Folgende Messgeometrien (Abb. 13-16) gehören zu den Absolut-Messsystemen:

Zylinder-Messsysteme bestehen aus einem Messkörper (innerer Zylinder) und einem Messbecher (äußerer Zylinder) und werden auch als koaxiale Zylinder-Messsysteme bezeichnet (Abb. 13-16). Diese Zylinder können mit zwei unterschiedlichen Betriebsarten gesteuert werden: Nach der „Searle-Methode", dabei wird der Messkörper angetrieben oder nach der „Couette-Methode", dabei wird der äußere Zylinder angetrieben. In der Praxis hat sich die „Searle-Methode" durchgesetzt, da bei der „Couette-Methode" eine aktive Temperiereinrichtung nur schwer zu bewerkstelligen ist. Diese Bauart eignet sich für idealviskose und viskoelastische niederviskose Fluide.

Doppelspalt-Messsysteme sind eine besondere Bauart von Zylinder-Messsystemen. In der Mitte des Messbechers befindet sich zusätzlich ein innerer Zylinder, und der Messkörper hat die Form eines Hohlzylinders. Damit ergibt sich eine wesentlich größere Scherfläche, die aus einer inneren und äußeren Scherfläche besteht (Abb. 13-16). Diese Bauart eignet sich speziell für sehr niederviskose Fluide < 150mPas.

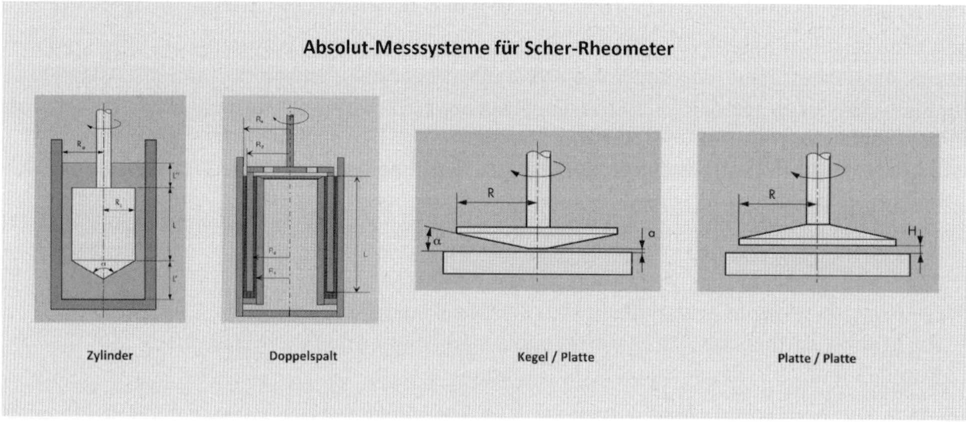

Abb. 13-16 Absolut-Messsysteme nach DIN EN ISO 3219, DIN 54453, DIN 53019, ISO 6721-10

Kegel/Platte-Messsysteme bestehen aus einem oberen bewegten Messkegel mit einem bestimmten Durchmesser und einem bestimmten Kegelwinkel α αund einer unteren statischen Platte (Abb. 13-16). Die Kegel haben eine Kegelspitzenabnahme a, mit dem auch die Spalthöhe H definiert ist. Als Kegelwinkel empfiehlt die ISO-Norm 1°, ein Winkel von 3° soll nicht überschritten werden. Der Hauptvorteil des Kegel/Platte-Messsystems liegt gegenüber den anderen Messsystemarten in der schergradientenfreien Messung: $\dot{\gamma} = v / h = const.$. Diese Bauart eignet sich für alle viskoelastischen Materialien, von niederviskos bis pastös. Einschränkungen für die Verwendbarkeit gibt es bei dispersen Systemen durch die Partikelgröße und bei Materialien mit dreidimensionaler Netzwerkstruktur, wie Gele oder Festkörper.

Platte/Platte-Messsysteme bestehen aus einer oberen bewegten Messplatte mit einem bestimmten Durchmesser und einer unteren statischen Platte (Abb. 13-16). Der Hauptvorteil des Platte/Platte-Messsystems liegt gegenüber den anderen Messsystemarten in der variablen Spalteinstellung, wodurch auch Materialien mit größeren Partikeln und dreidimensionaler Netzwerkstruktur messbar werden. Der Nachteil ist, dass im Messspalt ein Schergradient auftritt: $\dot{\gamma} = v / h \neq const$.

Die vom Rheometer aufgenommen physikalischen Messgrößen, wie Drehmoment M [mNm], Drehzahl n [$\min^{-1}$] und Auslenkwinkel φ [mrad] werden über Messsystemfaktoren in die rheologischen Messgrößen Schubspannung τ [Pa], Scherrate [s^{-1}] und Deformation γ [%] umgerechnet.

Ausführlichere Informationen zu Messsystemen und ihren Berechnungen sind in [7] nachzulesen.

13.3.2 Versuchsführung: Rheometrische Messvorgaben für disperse Systeme

Entweder bestehen bereits für QS- oder Entwicklungsaufgaben rheometrische Messvorgaben oder es müssen für neue, rheologisch unbekannte Materialien entsprechend angepasste Messvorgaben entwickelt werden. Bestehende Messvorgaben (Messvorschriften), die häufig schon mehrere Jahrzehnte alt sind, sollten auch eine kritische Betrachtung durchlaufen, um festzustellen, ob sie unter Berücksichtigung der aktuellen rheologischen Erkenntnisse in der Form noch sinnvoll sind.

Eine rheologische Versuchsführung setzt sich grundlegend aus vier Teilschritten zusammen:

1. Die Probenvorbereitung, inkl. Anfahren des Messspalts,
2. die Festlegung der Messvorgaben, also der Messparameter,
3. die Messwertaufnahme, inkl. Interpretation und Auswertung der Messwerte,
4. Reinigung des Messsystems nach der Messung.

Folgende Vorüberlegungen sind notwendig, um später auch mit den geeigneten Messvorgaben verlässliche Messwerte zu erzeugen:

- Messbereich des Rheometers, verbunden mit der Auswahl des richtigen Messsystems, um noch mit der gewählten Messgerät/Messsystem-Kombination im Messbereich messen zu können.
- Probenpräparation, -befüllung und erforderliche Wartezeiten nach dem Anfahren des Messspalts, bedingt durch Relaxationsvorgänge in dem Material.
- Temperierung des Messspalts, Sicherstellung einer temperaturgradientenfreien Messung.
- Ist eine Trocknung der Probe zu erwarten? Wenn ja, müssen Vorkehrungen getroffen werden, die ein Eintrocknen der Probe verhindern, bzw. minimieren.

Zu diesen Vorüberlegungen sind in [7] viele hilfreiche praktische Tipps nachzulesen.

Sind diese Vorüberlegungen getroffen, gibt es für disperse Systeme verschiedene rheometrische Messvorgaben, um die unterschiedlichen mechanischen Materialeigenschaften zu messen.

Die Standard-Messvorgaben in Rotation und Oszillation und daraus entstehenden Messantworten werden im Folgenden beschrieben.

Rotationsversuche

In der Abb. 13-17 sind die Standard-Versuchsführungen für disperse Systeme dargestellt:

Fließ-/Viskositätskurve (Abb. 13-17a): Typische Messvorgabe ist die Scherrate im Scherratenbereich von 0,01 oder 1 (je nach Rheometertyp) → 100 s^{-1}. Bei Scherraten < 1 s^{-1} ist zu beachten, das durch zeitabhängige Effekte eine Messpunktdauer von $t \geq 1/\dot{\gamma}$ als Start-Messpunktdauer gewählt werden sollte. Als Messantwort erhält man Diagramme als Fließ- oder Viskositätskurve aufgetragen, z.B. mit folgendem Verhalten: (1) idealviskos, (2) scherverdünnend, (3) scherverdickend. Über Anpassungs- und Auswertemodelle lassen sich diverse Fließfunktionen bestimmen.

Scheinbare **Fließgrenze** (Abb. 13-17b): Typische Messvorgabe ist die Schubspannung mit einem logarithmisch verteilten Schubspannungsbereich von 0,05 oder 500 µNm (je nach Rheometertyp) → 5 mNm. Als Messantwort erhält man die Deformation gegenüber Schubspannung im log/log-Maßstab aufgetragen. Mit der Tangenten-Methode wird die Fließgrenze als Grenze des linear elastischen Bereichs berechnet.

Sprungversuch in Rotation (Abb. 13-17c): Messung des **Strukturaufbaus** („Thixotropie") nach einer Belastungsphase mit vorherigem Referenzabschnitt. Typische Messvorgabe mit drei Messabschnitten $\dot{\gamma} = \langle 0{,}1 | 100 | 0{,}1 \rangle$. Als Messantwort erhält man eine Viskositätskurve in Funktion der Zeit. Der erste Messabschnitt ist die Quasi-Ruhestruktur vor der Belastungsphase im zweiten Messabschnitt und der Strukturerholung, -strukturaufbau im dritten Messabschnitt.

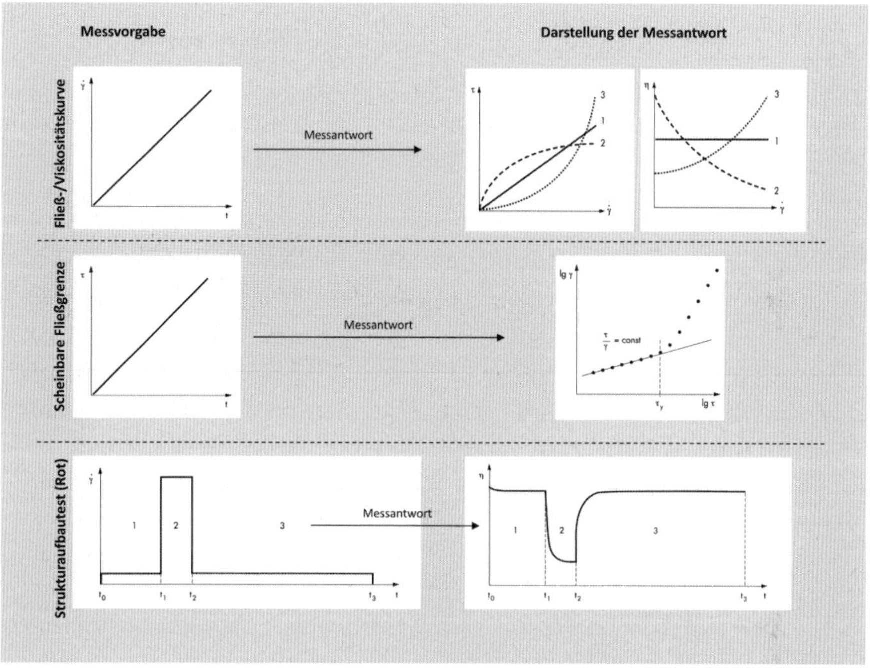

Abb. 13-17 Rotationsversuche mit Messvorgabe und Messantwort. Fließ-/Viskositätskurve (a), Schubspannungsvorgabe zur Bestimmung der scheinbaren Fließgrenze (b), Strukturaufbautest in Rotation (c)

Oszillation

In der Abb. 13-18 sind die Standard-Versuchsführungen für disperse Systeme dargestellt. **Amplitudentest** (Abb. 13-18a): Typische Messvorgabe ist die Deformation mit einem Deformationsbereich von 0,01 – 100% und konstanter Kreisfrequenz, typisch bei 10 rad/s. Als Messantwort erhält man Messwerte, üblicherweise im log/log-Maßstab, mit G´ und G´´ gegenüber der Deformation oder Schubspannung aufgetragen. Die Grenze des LVE-Bereich ist bei $\gamma_y oder \tau_y$ erreicht. Im LVE-Bereich gilt: G´> G´´ = viskoelastischer Festkörper;

G´´ > G´= viskoelastisches Fluid. Bei G´= G´´ entspricht der gemessene Schnittpunkt von G´ und G´´ der Fließgrenze τ_f.

Frequenztest (Abb. 13-18b): Typische Messvorgabe ist die Kreisfrequenz mit einem Messbereich von 0,01 – 100 rad/s und konstanter Deformation im LVE-Bereich. Als Messantwort erhält man Messwerte, üblicherweise im log/log-Maßstab, mit G´ und G´´ gegenüber der Kreisfrequenz aufgetragen. Hohe Kreisfrequenzen repräsentieren das Kurzzeitverhalten, niedrige Kreisfrequenzen (ω < 0,1) das Langzeitverhalten (Stabilität / Nichtstabilität) von dispersen Systemen.

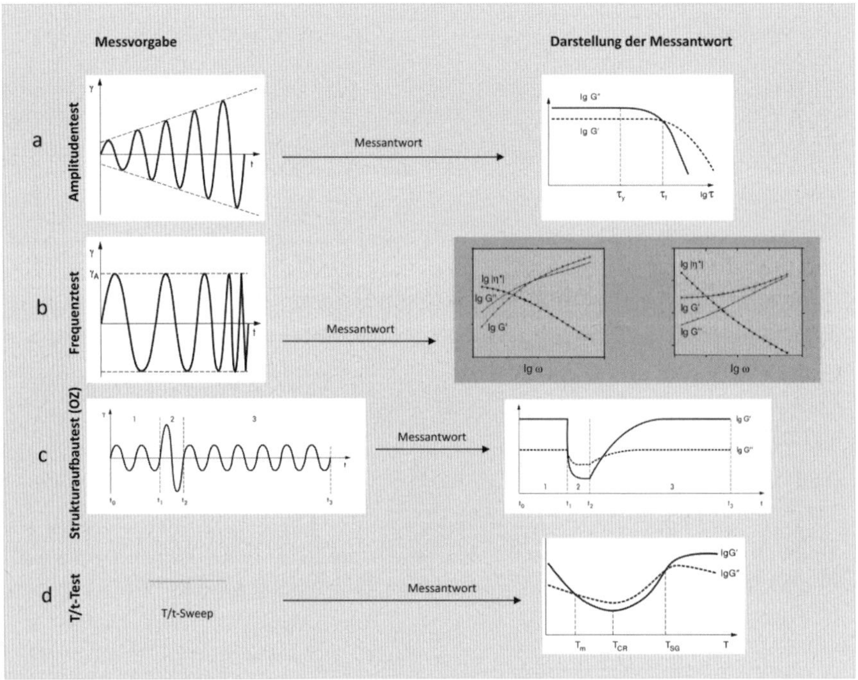

Abb. 13-18 Oszillationsversuche mit Messvorgabe und Messantwort. Amplitudentest (a), Frequenztest (b), Strukturaufbau in Oszillation (c), Temperatur-/Zeittest (d)

Sprungversuch in Oszillation (Abb. 13-18c): Messung des **Strukturaufbaus** („Thixotropie“) nach einer Belastungsphase mit vorherigem Referenzabschnitt. Typische Messvorgabe mit drei Messabschnitten (Abschnitt 1 und 3 mit einer Deformation im LVE-Bereich), z.B.: γ = {0,1|100|0,1}%, alternativ kann der zweite Messabschnitt auch in Rotation durchgeführt werden. Als Messantwort erhält man die G´/ G´´ Moduli in Funktion der Zeit. Der erste Messabschnitt zeigt die Ruhestruktur vor der Belastungsphase im zweiten Messabschnitt und der Strukturerholung, -strukturaufbau im dritten Messabschnitt. Gegenüber dem Sprungversuch in Rotation, wird bei dem Sprungversuch in Oszillation zusätzlich der elastische Anteil des Materials mit berücksichtigt.

Temperatur- und Zeittest (Abb. 13-18d): Messung der Temperatur- oder Zeitabhängigkeit. Typische Messvorgaben sind: Deformation (im LVE-Bereich) = konstant und Kreisfrequenz = konstant mit T oder t-Funktion. Als Messantwort erhält man zeit- oder temperaturabhängige Phasenübergänge, z.B. Schmelz- und Kristallisation, Glasübergänge oder Gel- / Aushärtungspunkte.

13.5 Quellenverzeichnis

[1] Brezesinski G., Mögel H. J. 1993, Grenzflächen und Kolloide – physikalisch-chemische Grundlagen, Spektrum Akademischer Verlag, Heidelberg

[2] Dörfler H. D. 2002, Grenzflächen und kolloid-disperse Systeme, Springer Verlag, Berlin

[3] Giesekus H. 1994, Phänomenologische Rheologie - eine Einführung, Springer Verlag, Berlin

[4] Kulicke W. 1986, Fließverhalten von Stoffen und Stoffgemischen, Hüthig & Wepf Verlag, Basel

[5] Lagaly G., Schulz O., Zimehl R. 1997, Dispersionen und Emulsionen, Steinkopff Verlag, Darmstadt

[6] Macosko C. 1994, Rheology - Principles, Measurement and Application, VCH-Pulishers, New York

[7] Mezger T. 1006: Das Rheologie Handbuch, Vincentz Verlag, Hannover

[8] Miller R., Liggieri L. 2009, Progress in Colloid and Interface Science, Vol. 1 – Interfacial Rheology, Brill

[9] Pahl M., Gleißle W., Laun H.-M. 1991, Praktische Rheologie der Kunststoffe und Elastomere, VDI-Verlag, Düsseldorf

[10] Teipel U. 1999, Rheologisches Verhalten von Emulsionen und Tensidlösungen, IRB Verlag, Stuttgart

Anhang

Abbildungen zum Kapitel 2

Abb. 2-2

Mit einer wasserabweisenden Schutzschicht ummantelte Deponiesickerwassergranulate

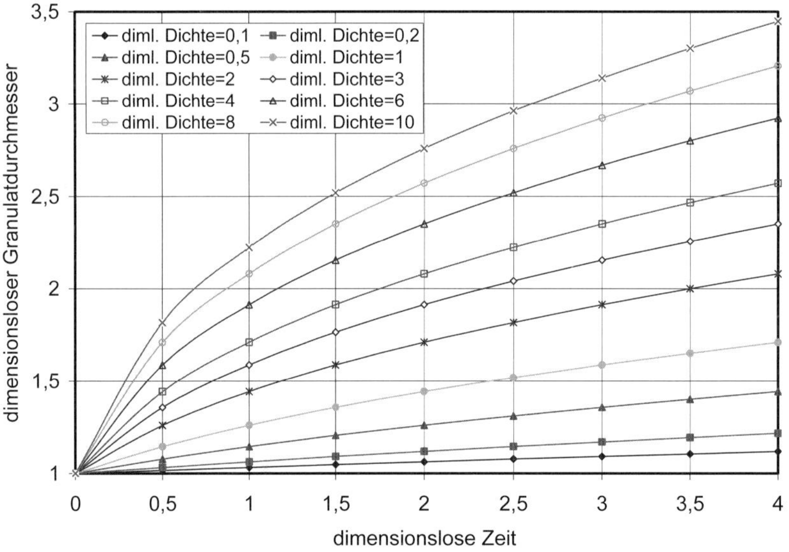

Abb. 2-13 Dimensionsloser Partikeldurchmesser als Funktion der dimensionslosen Zeit mit dem dimensionslosen Dichteverhältnis als Parameter

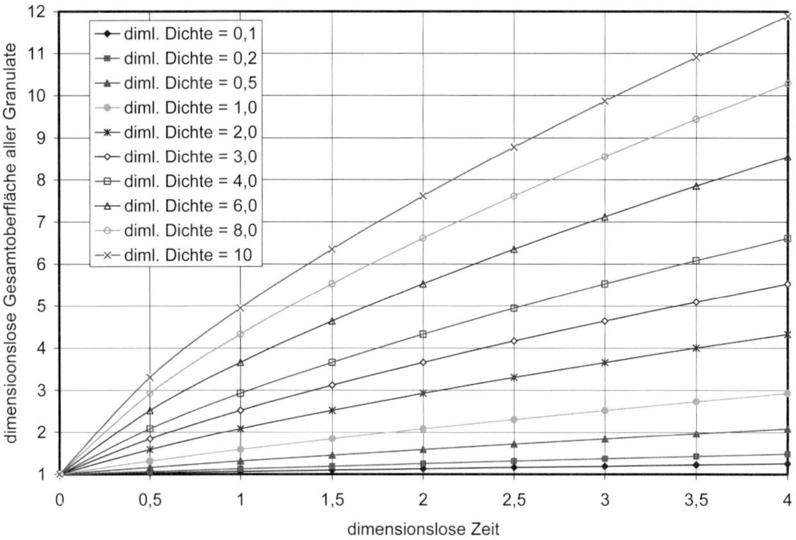

Abb. 2-14 Dimensionslose Oberfläche aller Granulate als Funktion der dimensionslosen Zeit mit dem dimensionslosen Dichteverhältnis als Parameter

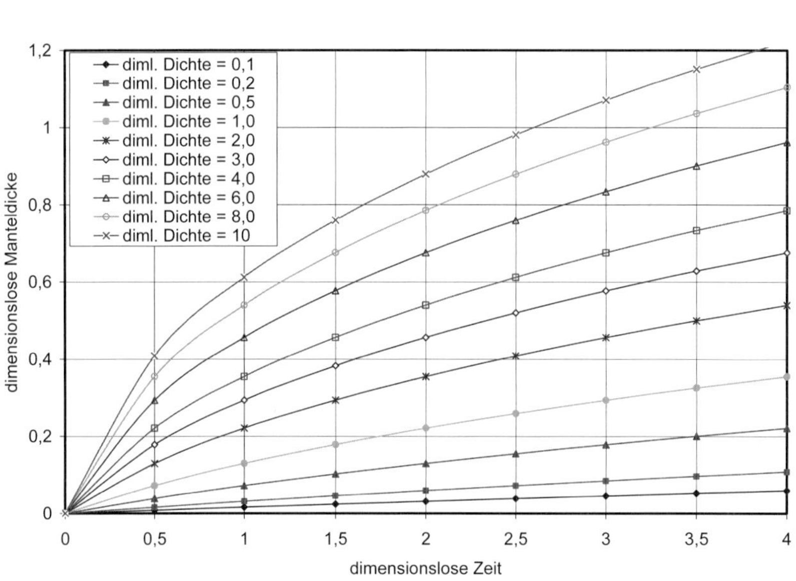

Abb. 2-15 Dimensionslose Manteldicke als Funktion der dimensionslosen Zeit mit dem dimensionslosen Dichteverhältnis als Parameter

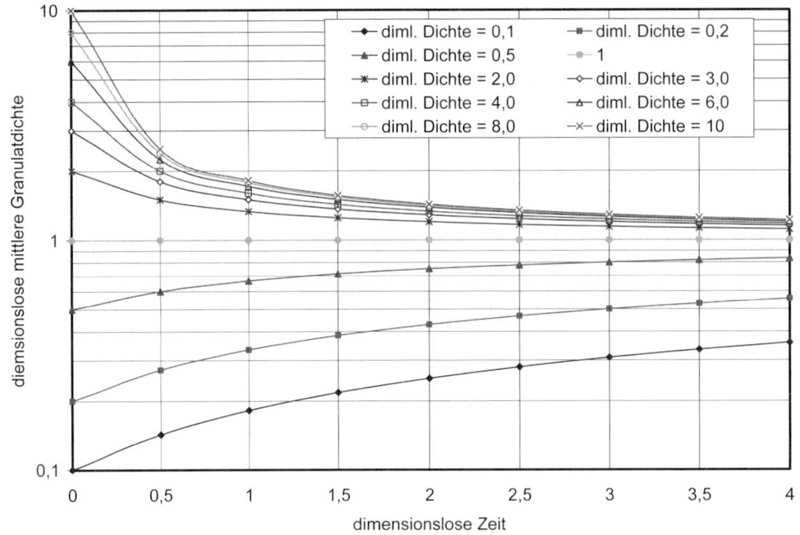

Abb. 2-16 Dimensionslose mittlere Granulatdichte als Funktion der dimensionslosen Zeit mit dem dimensionslosen Dichteverhältnis als Parameter (farbig im Anhang)

Abbildungen zum Kapitel 3

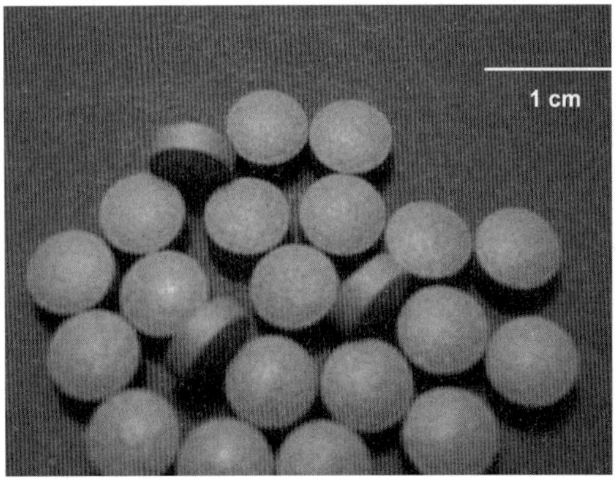

Abb. 3-10 Orangenhaut („Orange Skin“)

Abb. 3-11 Abblättern an der Kante der Tablette („Peeling and Flaking“)

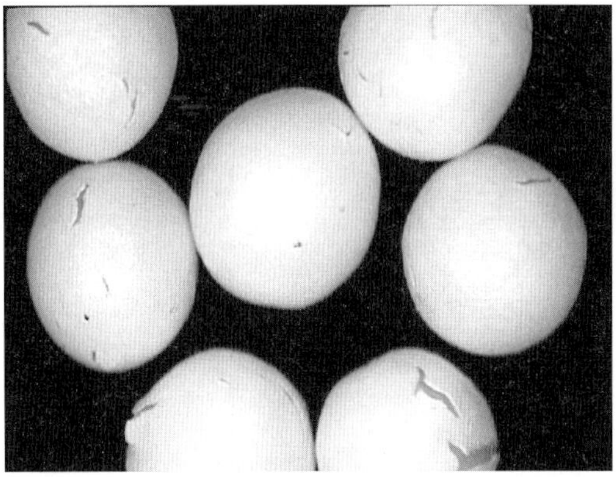

Abb. 3-12 Abplatzen des Films durch Quellung des Kerns

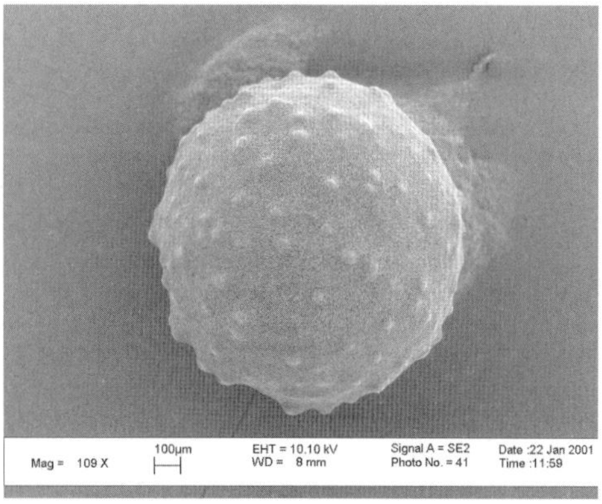

Abb. 3-13 Pickelbildung an den Oberflächen des Pellets

Abb. 3-14 Agglomeratbildung

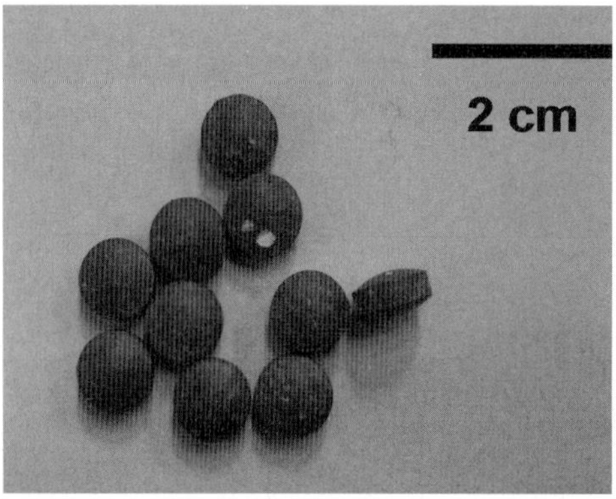

Abb. 3-15 Bruchstellen / Krater

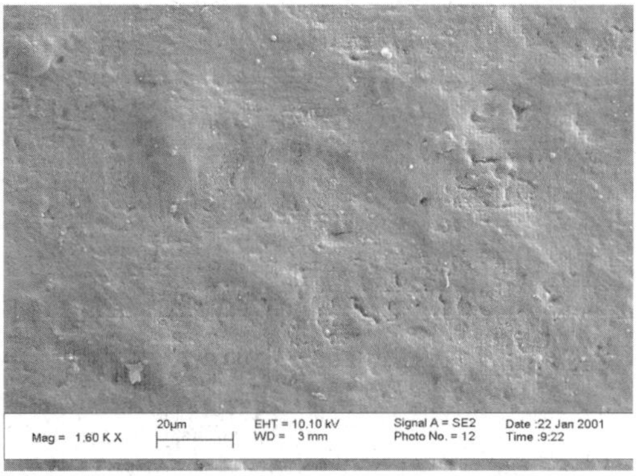

Abb. 3-16 Porenbildung an der Oberfläche

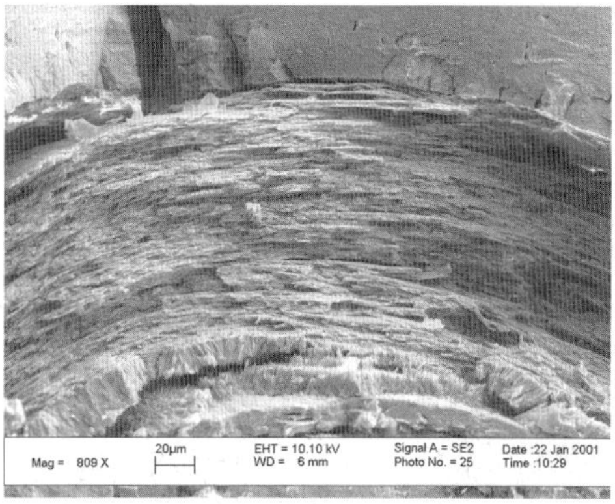

Abb. 3-17 Faserige Struktur der Filmschicht

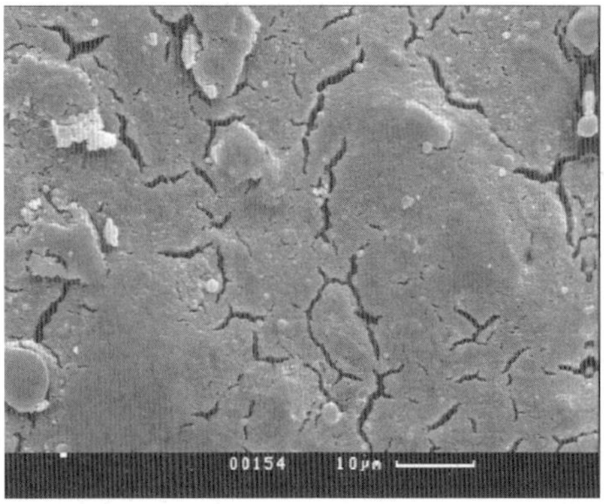

Abb. 3-18 Rissbildung und Spaltung an einer Oberfläche („Cracking and Splitting“)

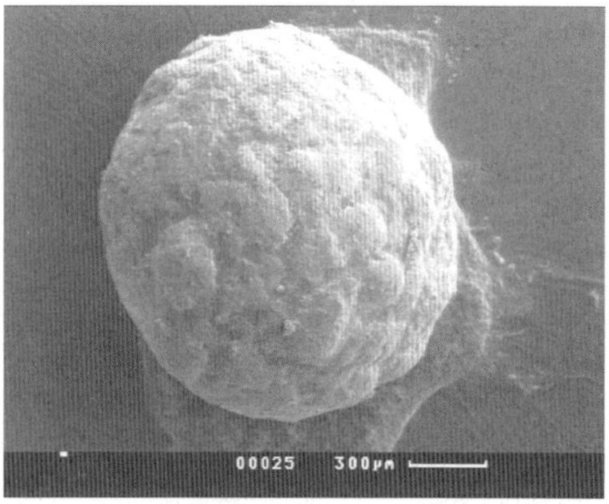

Abb. 3-19 Inselbildung („Island“)

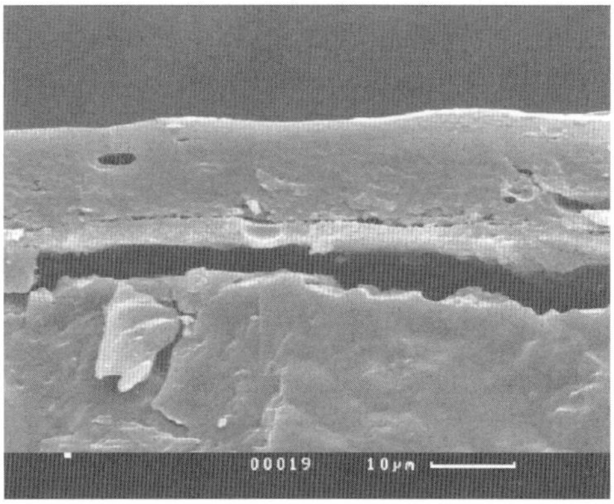

Abb. 3-20 Luftblaseneinschlüsse an der Filmschicht

Abb. 3-21 Nasenbildung

Abb. 3-22 Deckelbildung

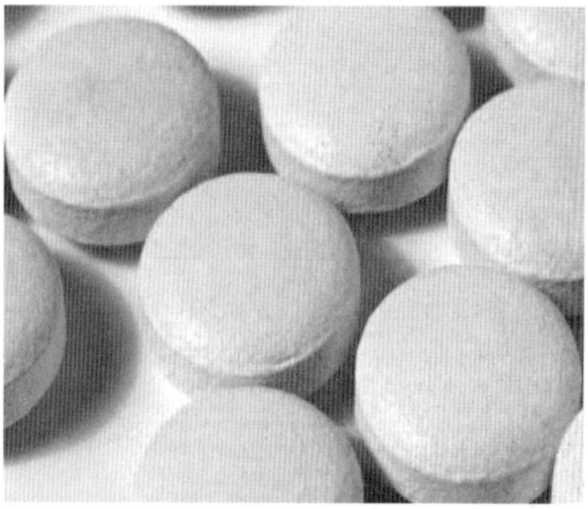

Abb. 3-23 Scuffing

Abb. **3-24** Farbvariation durch Ausbleichen

Abb. 3-25 Wolkenbildung

Abildungen zum Kapitel 12

Abb. 12-3 vollständig überzogene Arzneikerne mit Bruchkerbe

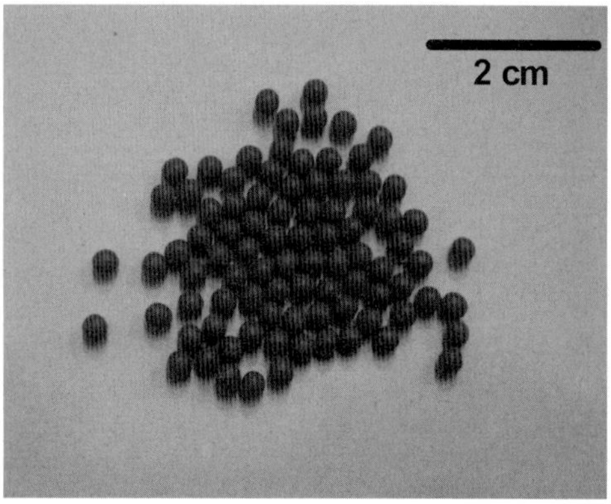

Abb. 12-4 vollständig überzogene Globulis

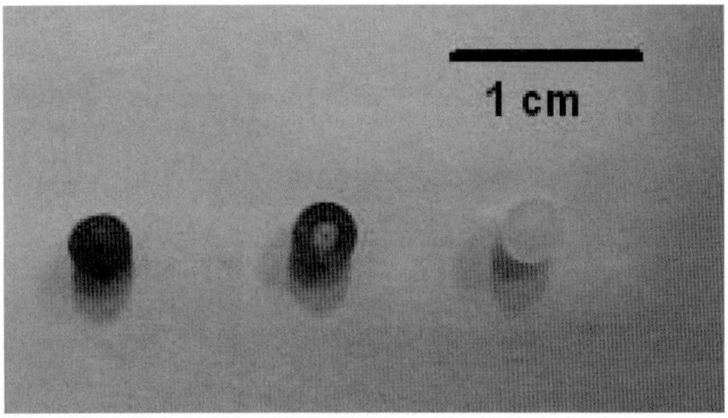

Abb. 12-5 links: überzogene Globulis, Mitte: Querschnitt, rechts: Globuli nach Abzug der Filmschicht

Sachwortverzeichnis